U0178536

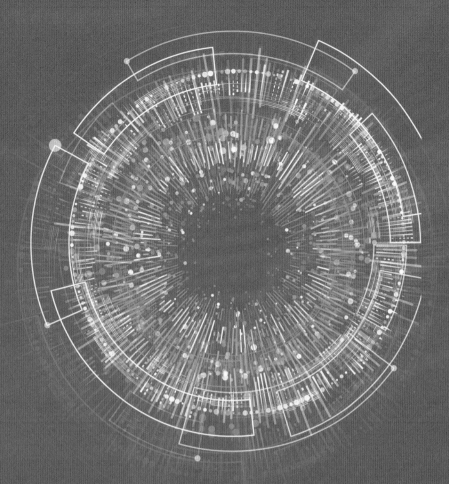

Introduction to
Digital Intelligence Maintenance

数智维修导论

栗琳 等著

机械工业出版社
CHINA MACHINE PRESS

本书系统论述了装备维修保障数智化变革的理论与实践，是对数智维修这一全新领域的一次极为有益的探索。本书基于作者数十年的装备维修保障研究经验，全面梳理了数智维修的概念内涵及其生态系统，论述了数智维修的数据管理与应用方法，研究了面向数智维修的状态感知与评估、故障诊断与寿命预测、信息融合、决策与优化、资源供应保障等方面的关键技术，并通过典型案例展示了数智维修的具体形态及发展趋势。

本书兼具顶层理论体系及技术框架，对我国数智维修领域变革具有重要的指导意义，值得相关领域的专家、学者、工程技术人员及项目管理人员研读。

图书在版编目（CIP）数据

数智维修导论/栗琳等著. —北京：机械工业出版社，2023.8
ISBN 978-7-111-73343-0

Ⅰ.①数… Ⅱ.①栗… Ⅲ.①数字设备-维修 Ⅳ.①TN911.7

中国国家版本馆 CIP 数据核字（2023）第 107993 号

机械工业出版社（北京市百万庄大街 22 号　邮政编码 100037）
策划编辑：李万宇　　　　　　　责任编辑：李万宇　王春雨
责任校对：郑　婕　张　征　　　封面设计：马精明
责任印制：邸　敏
北京瑞禾彩色印刷有限公司印刷
2023 年 8 月第 1 版第 1 次印刷
169mm×239mm·20.5 印张·3 插页·283 千字
标准书号：ISBN 978-7-111-73343-0
定价：188.00 元

电话服务　　　　　　　　　　网络服务
客服电话：010-88361066　　机 工 官 网：www.cmpbook.com
　　　　　010-88379833　　机 工 官 博：weibo.com/cmp1952
　　　　　010-68326294　　金 书 网：www.golden-book.com
封底无防伪标均为盗版　　机工教育服务网：www.cmpedu.com

序　一

当今世界，大数据、人工智能、云计算、物联网等新兴技术的兴起与运用，将人类文明从信息时代带入了智能时代。战争作为人类社会无法消除的基本活动形态，势必会随着生产方式的变革进入高级形态，即智能化战争。为适应智能化战争的需求，装备维修保障领域也急需进行数智化变革，与新兴技术深度融合并构建数智维修生态，实现装备维修保障管理、流程、信息、体系的全面创新。

维修信息化的核心是运用网络、计算机、数据库等信息技术，实现维修业务流程和管理模式的优化。数智维修则重点关注"数据驱动"，需要把信息化过程中长期累积下来的海量数据迭代融入到维修活动中，实现装备维修保障持续创新与发展。在数智化变革过程中，维修信息化是基础，没有信息化就无法沉淀出海量数据；没有准确、完整的数据，数智化变革就无法实现。为实现我军装备维修保障机械化、信息化、智能化融合发展，开展数智维修理论及实践研究迫在眉睫。

栗琳研究员等所著的《数智维修导论》就是这样一本开创维修领域新方向的理论成果。该书系统论述了数智维修的理论与实践，是对数智维修这一全新领域的一次极为有益的探索，推动了维修理论的发展。作者基于数十年的装备维修保障研究与实践，明确提出了数智维修的新理念，厘清了数智维修的概念内涵，提出了数智维修生态系统的基本架构，论述了数智维修数据管理与应用方法。该书兼具顶层理论体系及技术框架，不仅对军队数智维修具有重要的指导意义，对民用设备维修的转型升级也具有重要参考价值。该书值得相关领域的专家、学者、工程技术人员及项目管理人员研读。

甘晓华

中国工程院院士

序 二

　　未来战争，人、装、物泛在互联，数据流将主导维修保障活动，装备维修保障模式必将发生革命性变化，数智维修理论的构建是引领装备维修保障数智化变革的基础。近年来的多场局部战争表明，维修的地位和作用日益凸显，已逐步演变为一个具有战略性影响的领域。随着战争模式的变革，装备维修保障对战争胜负全局的影响更加深远。面对日益复杂的作战环境，部队须在更短的时间内使用更少的资源保证武器装备具有更高的战备完好水平，装备维修保障的重要性不断提升。

　　数智维修的目标是将装备维修保障的要素优势转变为能力优势，需要将一系列方法、技术和手段进行综合运用，其核心特征是精准定量，将对维修理念、模式和方法产生极为深远的影响。在战术层，数智维修意味着可以将系统状态数据以及环境因素转换成维修人员的主动行动。在战役层，数智维修能够提高装备满足任务需求的能力，增加武器装备可用度，提高作战效能。在战略层，数智维修可以极大地降低装备维修保障的规模，减少维修保障费用。

　　当前，我军装备维修保障尚处于维修信息化的初级阶段，为实现机械化、信息化、智能化融合发展，迫切需要数智维修理论的强有力指导。《数智维修导论》一书重点回答了数智维修是什么、数智维修做什么、数智维修怎么做等科学问题。在此基础上，该书深入研究了数智维修状态感知与评估、故障诊断与预测、信息融合、资源保障、决策优化等方面的关键方法与技术,并通过典型案例生动展示了数智维修的具体形态及发展趋势。

栗琳研究员是我国首批高端智库军事科学院国防科技创新研究院的资深专家,从事外军装备维修保障研究几十年,并从 2008 年开始受聘于北京大学任博士生导师,具有深厚的学术造诣和宽广的研究视野。近年来,她带领研究团队在数据智能技术驱动的装备维修保障发展方面开展了卓有成效的研究工作。作为一名既有维修领域专业知识,又有数据科学背景的跨领域专家,其独特的学术、工作、研究经历,为该书的完成奠定了坚实基础。

该书作为第一本系统论述数智维修理论与实践的学术专著,填补了数智维修领域学术著作的空白,为装备维修保障数智化变革提供了理论指导。数智维修的广泛应用将产生巨大的军事效益、经济效益和社会效益。

再制造国家重点实验室主任

前　言

当前，数据量以前所未有的速度快速增长，已成为支撑社会经济发展和军事变革的重要战略资源，数智化变革成为各行各业的战略选择。数智维修是维修信息化发展的高级阶段和必然结果。维修信息化以信息基础设施和信息系统为核心，服务于装备维修保障业务流程，可提升维修保障效率；而数智维修以数据管理为核心，以数据的开发和应用为内容，以数据分析和挖掘为手段，以人工智能、算法、模型为基础，可提高装备维修保障的感知、处理、分析、决策能力。装备维修保障数智化变革是一项长期而艰巨的任务，是持续采用数据智能技术赋能装备维修保障的过程。

近年来，维修领域各种新概念、新技术、新理念层出不穷，故障预测与健康管理、预测性维修、增强型基于状态的维修、自主式保障等概念既有关联，又各有侧重，在一定程度上造成人们对维修领域知识的认识和理解不一致，不利于维修保障的创新发展。因此，探索数智维修理论框架和内容既是一项极具时代特征、迫在眉睫的理论研究工作，也是一项非常艰辛的创新工程。

目前，国内外都没有关于数智维修的理论专著，但已经开展了大量的技术应用，拥有广泛的实践案例，对本书的成稿具有参考、借鉴、检验、评估价值。本书以武器装备维修保障为主要研究对象，但所提出的数智维修理论同样适用于民用维修领域。

本书共9章，由栗琳统稿，并由多位学者合作完成。第1章是绪论，明确了数智维修的特征、产生背景、体系架构、业务模型及现状趋势，由栗琳撰写；第2章是数智维修生态系统，从顶层战略、技术驱动、平台赋能、组织变革等视角明确了数智维修生态系统的构成要素，由栗琳撰写；第3章是数智维修数据管理，从数据管理、评估、安全等方面，明晰了数智维修的数据基础，由周岩、曾照洋、周鹏远撰写；第4章是数智维修状态感知与评估，论述了数智维修感知技术、特征提取技术，以及健康状态评估模型与方法，由冯辅周、栗琳、王晓晶撰写；第5章是数智维修故障诊断与寿命预测，重点讨论了数智维修的故障诊断、寿命预测方法与技术，由韩天、栗琳、尉询凯撰写；第6章是数智维修信息融合，阐述了数智维修信息融合的范围、特点，以及模型和方法，由栗琳、姚秋彦、罗晓亮撰写；第7章是数智维修资源保障，分析了数智维修资源保障模式的数据分析、建模技术，由栗琳、王铁宁、阮旻智撰写；第8章是数智维修决策与优化，在分析数智维修典型应用场景的基础上，设计了适应不同维修场景的决策生成与优化方法，由杨辉、栗琳、陈龙撰写；第9章是数智维修实践和应用展望，由崔建锋、胡华波、刘宸宁撰写。此外，本书在撰写过程中，多次邀请相关领域专家研讨，可以说，书中的很多观点，是集体智慧的结晶，在此一并表示感谢。

数智维修是一个全新的领域，而且仍然处在快速发展变革之中，书中的部分观点难免有不成熟，甚至不完善的地方，恳请读者批评指正，以便在后续的研究中调整深化。

作　者

目　录

第 1 章 绪 论

本章首先提出数智维修的概念内涵,分析数智维修产生的背景、特征,之后在梳理维修发展阶段的基础上,对比分析维修信息化与数智维修的区别和联系,最后从数据应用的视角,提出数智维修发展的四个阶段,明确单装数智维修体系架构以及装备体系数智维修的运行架构,构建数智维修业务模型,从智能精确的装备维修理念以及先进维修技术等方面,分析数智维修的现状与发展趋势,为数智维修理论的构建奠定基础。

1.1 数智维修概念内涵

目前,国内外对数智维修还没有统一的定义。我们认为,数智维修,即数据驱动和智能演进的维修,是在装备维修保障领域应用云计算、大数据、移动互联、人工智能、物联网、区块链等新兴技术,助力新的数字化和智能化维修生态的构建,驱动装备维修保障模式的变革,实现装备维修保障管理、流程、信息、体系的创新与重构。

数据智能是指基于大数据引擎,通过大规模机器学习和深度学习等技术,对海量数据进行处理、分析和挖掘,提取数据中所包含的有价值的信息和知识,使数据具有"智能",并通过建立模型寻求现有问题的解决方案以及相关预测等。数据智能旨在降低决策过程中的不确定性。激发数据潜力的核心是数据分析与挖掘。数据智能技术应用于装备维修保障，其目标是利用一系列智能算法和信息处理技术实现海量数据条件下对维修数据的深度理解和维修决策智能化，以提高装备维修保障的效率和效益。数据智能的三要素包含数据、算法和算力，即以数据为基础，算力为引擎，以数据分析工具与人工智能的算法为核心。在三要素基础上结合行业知识、专家经验等业务背景，可以产生更为精准的数据决策和高效的业务流程。

1.1.1 维修理念的发展

随着武器装备的发展，装备维修保障经历了事后维修、定时维修、视情维修等阶段，之后在此基础上进一步扩展，将新的和改进的维修技术、方法和程序引入到维修实践中，更强调故障预测与寿命预测，逐渐发展成为增强型基于状态的维修。特别是近年来，随着维修信息化建设取得重大进展，大数据、人工智能技术在维修领域广泛应用，以美军为代表的发达国家军队装备维修保障正在进入数智维修的新阶段。

总体上看，装备维修保障理念的发展经历了以下四个阶段，如图1-1所示。

事后维修：20世纪五六十年代，由于装备结构相对简单，装备维修保障主要采用事后维修方式。事后维修是修复性维修，是指装备发生故障或遭到损坏后，使其恢复到规定技术状况所进行的维修活动，通常包括故障定位、故障隔离、部件拆解、零件更换、组装调试、技术检验等工作。对于平时维修，由于装备发生故障是随机的，很难事前做出预测并计划安排修理，因此事后维修是一种非计划性的维修；对于战时而言，事后维修主要是对战场损伤装备进行抢修，快速恢复装备的基本作战性能，保持部队战斗力。

定时维修：20世纪七八十年代，为了提高装备完好性，"定时（定

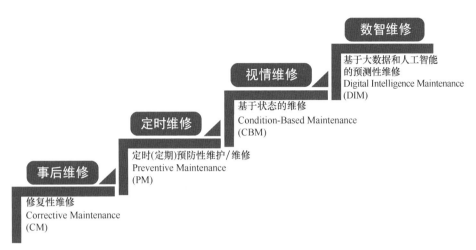

图 1-1　维修理念发展的四个阶段

期)"开展的预防性维修成为重要的维修方式。在这一阶段，人们开始逐渐认识到，装备故障是可以预防的。定时（定期）维修是依据规定的装备使用时间、累计工作时间或行驶里程等进行的预防性维修。主要是基于装备可靠性理论，按照预先确定的计划对装备进行定期维护和小修、中修、大修。其突出优点是便于安排维修工作，组织维修人力和准备维修器材，适用于已知寿命分布规律且有耗损期的装备，以及装备的故障与使用时间有明确关系，大部分项目能工作到预期时间的装备。定时维修必须按规定的维修范围对零部件进行拆卸分解，而不能依据装备实时、实际的技术状况变化需求进行维修。所规定的装备使用时间或固定的累计工作时间或行驶里程，往往受多种因素特别是偶然性故障的影响，会造成维修不足或维修过剩，导致人力、物力和财力的浪费。

视情维修：20 世纪 90 年代以来，随着信息技术的飞速发展，传感器、机内测试及计算机等各种先进技术在维修中的应用日益广泛，开始通过外部检测设备或装备内部植入的传感器获得装备运行时的状态信息，运用数据分析与维修决策技术对装备状态进行实时或周期性评价，做出科学的维修决策。逐渐地，视情维修开始广泛应用，形成了"基于状态的维修"新的维修方式。由于没有固定的维修间隔期和修理范围，视情维修能充分利用装备或部件的可用寿命，减少维修工作量和维修器材消耗，大大提高了维修的效益。但是，视情维修必须具备先进的状态监测技术和手段，同时装备或部件必须存在可以定义的潜在故障状态，有能反映潜在故障状态的可检测参数和能反映故障征兆的参数依据，因此视情维修主要应用于大型复杂装备的维修。

数智维修：近年来，大数据、人工智能、物联网等技术与业务领域深度融合，装备健康与状态管理、增强型基于状态的维修等维修技术取得突破，数智维修成为发展方向。虽然数智维修与基于状态的维修密切相关，但从关键技术以及维修管理的角度看，两者还是有很大不同。数智维修的目标是以数据为基础，使维修业务的变化快速反馈在数据上，各相关机构能迅速感知并做出反应。同时，数据是"活"的，是流动的，越用越多，越用越有价值。随着数据驱动的业务场景不断交融，业务场景将逐步实现数据自主优化，进而推动装备维修保障向数据应用的更高阶段发展。

1.1.2 维修信息化与数智维修

维修信息化与数智维修既有区别，又有联系，如图 1-2 所示。

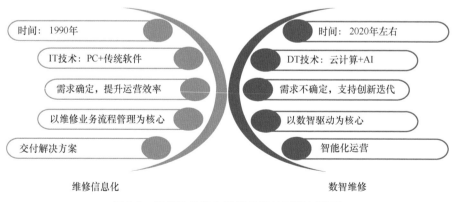

图 1-2　维修信息化与数智维修的区别与联系

维修信息化的核心是运用网络、计算机、数据库等信息技术，实现维修业务流程管理和业务数据记录，其重点关注的是业务流程优化，典型的工具是信息系统。例如，业务资源规划、产品寿命周期管理（PLM）等。数智维修是把信息化过程中长期累积下来的数据，不断融入维修活动中。其重点关注的是"数据驱动"，典型的工具是数据湖、智能分析平台、算法平台、数据资产管理平台等。在整个数智化变革过程中，维修信息化是基础，没有信息化就无法沉淀出数据，而没有准确、完整的数据，数智化变革就无法实现。

数智维修的本质是以数据为处理对象，以基础设施平台为生产工具，以软件为载体，以维修精准实施为目的的过程。数智维修是数据智能时代装备维修保障的基本特征。数智维修更加强调基于物联网的装备状态感知与评估模型，通过传感器、射频识别、二维码等技术收集各类装备不同时刻的状态信息，根据实时数据与历史数据的分析比对和数据挖掘，探索装备状态信息要素的数学表征，为维修决策生成提供先验知识。在此基础上，基于聚类算法的海量装备指标聚类与状态评估方法，实现面向多特征要素关联的装备状态预测与评估。美军正在全力推进装备维修保障的数智化变革，预测性维修是美国国防部人工智能中心首批"国家使命计划"的项目之一。

从数据应用的视角看维修的变革过程，其发展分为四个阶段，如图 1-3 所示。

第一阶段：维修数据电子化。这一阶段维修的信息化程度不高，在某些局部业务范围出现了系统空白，需要人工介入，以文件和表格的方式管理和维护业务数据。

第二阶段：维修流程信息化。这一阶段已经开发了业务迫切需要的部分核心功能，比如，美国陆、海、空三军都从 20 世纪 90 年代开始信息系统综合集成，业务对数据的依赖度高，基本上完成了与各业务系统的对接，数据开始自动化采集。这一阶段数据的应用只局限于"描述"业务，数据并没有真正参与到业务中，只是辅助性角色。

第四阶段 维修决策智能化

数据应用能力的最高阶段，借助AI可以实现"深度洞察与预测"，提供智能化的维修决策，为领导层的决策提供辅助支持

第三阶段 维修业务数字化

具备大数据处理能力，可以将多种维度的数据进行融合，并在此基础上开展机器学习和数据挖掘的应用，数据分析影响维修业务结果并接反馈并影响维修业务

第二阶段 维修流程信息化

维修保障系统综合应用，完成与相关业务系统的对接，实现流程驱动的维修业务，数据可自动化采集，但这一阶段数据的应用局限于"描述"业务

第一阶段 维修数据电子化

维修保障的信息化程度较低，以电子文件或表格的方式管理和维护维修业务数据

图 1-3 维修数据应用发展阶段

第三阶段：**维修业务数字化**。这一阶段具备了大数据处理能力，可以借助 AI 和机器学习，使数据分析的结果直接反馈到维修业务，是业务系统某些关键操作的输入；具备实时的数据处理能力，并可以将多种维度的数据进行融合，甚至准确刻画数据背后的事实。此外，这一阶段的基础设施平台已经成熟且稳定，出现了有关机器学习、数据挖掘的应用，可以在某些局部业务中应用深度学习技术。

第四阶段：**维修决策智能化**。这一阶段是数据应用能力的最高阶段，可以实现深度洞察与预测。

以上四个阶段并不一定要从上到下逐层构建。在四个阶段之外，还有两个贯彻始终的维度：决策支持和业务创新。这两个维度既是构建数据平台进行数据分析的价值导向，也是数据应用能力持续输出的效果。

在四个阶段中，"维修数据电子化""维修流程信息化"属于维修信息化阶段；"维修业务数字化""维修决策智能化"属于数智维修阶段。从发展过程看，美军 20 世纪 90 年代末开始进入"维修流程信息化"阶段，经历 30 年左右的持续转型，维修保障信息化取得很大进展，从其 2017 年底将"陆军全球作战保障系统"配发至所有基层部队、2020 年空军提出采用数智维修的飞机数量增加一倍等举措看，美军已经进入"维修业务数字化"阶段。而目前大多数国家军队装备维修保障数据应用还处于"维修数据电子化"阶段或者"维修流程信息化"阶段。

1.1.3　数智维修的特征

为适应信息化、智能化战争需求，数智维修必须通过各种方式和途径整合或融合可能的数据和信息，以支撑装备维修保障业务精准智能，确保装备维修保障行动敏捷高效。数智维修具有如下特征：

（1）装备维修保障需求精准预测

实现对装备维修需求的精准预测是数智维修的重要目标和特征。数智维修能使装备通过自我学习，具备对已知事件、未知事件或原始数据进行故障精准诊断与预测的能力。精准预测的关键环节包括数据获取、数据处理和数据分析。随着装备上使用越来越多的传感器，从装备上获取的数据量正在快速大幅增长，能够逐步有效满足装备集群预测研究对大量数据的需求。在多系统集成的数据智能时代，传感器能够比以前监测更多的参数，支撑装备维修的数据来源于多台装备甚至多个维修基地。为了有效地处理数据，数据过滤和信息融合等方法正在快速应用于多源异构维修数据处理工作。在获取和处理海量数据的基础上，利用大数据、人工智能技术的发展成果，快速学习、分析、提取数据特征，发现装备潜在故障征兆或模式，可实现对装备故障和维修需求的精准预测。

（2）装备维修保障规划智能决策

数智维修能根据预测的结果，以及战场态势和维修需求，自动生成维修规划、计划，自动进行供应规划和运输调度，并解决需求、库存、调度、生产、运输等所有参数之间的冲突。此外，数智维修能基于对装备未来状态的预测，动态调整维修计划，且这种动态调整只能在数智维修环境中进行；可利用优化的算法生成最具成本效益的维修方案，并当有新的装备预测信息时不断更新计划。因此，与传统的、一成不变的维修策略不同，数智维修的维修计划是动态调整的。在战时，数智维修基于数据驱动感知战场态势，并利用作战部队的数据分析，与维修相关机构共享数据，自主确定装备使用、维修策略和方式。基于对数据的分析，通过基于数据驱动的智能决策构建方法以及基于人工智能的最优化调度方案设计等，构建数据驱动管理、决策和调度系统，智能进行维修任务下达以及维修资源调度，减少维修人员的决策和调度时间。

（3）装备维修保障行动精确实施

保障及时响应、维修精确实施是提高装备出动能力的主要途径。数智维修能根据维修需要，智能、主动响应。未来作战趋势更加注重分布式保障，通过云网络共享维修信息和数据，能极大提升维修效率。为此，建立基于云服务的分布式智能保障信息平台，达到维修保障高效、精确、快速的目标。未来的数智维修应更多地使用远程数据存储、数据访问技术，以创建更集中、更网络化、更高效的数智维修系统。这对于拥有多个维修基地的军队来说尤其重要，当在一个远程位置能够访问和处理每个维修基地的所有信息时，就可以实现对资源的更高效分配。此外，由于数据处理是远程进行的，维修设备只需要安装传感器便可进行监测和数据收集。因此，将多个维修基地连接到一个集中的数智维修系统会产生规模效益。

（4）装备维修资源动态调供

动态调供是数智维修的重要内容，必须基于大数据和物联网，构建装备维修保障智能化供应链系统。数智维修的关键是提前确定维修的需求和时机，从而高效地计划和安排这些活动。例如，人力资源敏捷调度、器材及时供应等。人力资源是数智维修的基础，必须实现敏捷调度。器材及时供应表明器材订购与数智维修系统相关联，主要包括对各个维修层级的器材使用情况进行跟踪与定位，基于射频识别技术实现全资产可视。此外，利用机器学习方法，采用需求预测模型对器材的采购数量与周期进行预测，可自动生成器材需求与供应清单，评估器材供应链的效能。

（5）装备维修保障效能定量评估

装备规模主要包括单装和装备体系两类，装备规模的不同决定了数智维修特征的不同。单装数智维修应能在自身健康状态诊断预测的基础上进行作战保障能力评估，完成作战规划实时调整，随时遂行作战任务。而装备体系数智维修要复杂得多，因为需要处理的数据种类更多，并且各装备之间的相关性错综复杂。目前数智维修评估方法主要针对单装，装备体系数智维修的评估面临极大挑战。也有专家采用真实数据进行评估，但多数情况下，这种实验规模非常小，仅使用单个部件，无法满足装备体系数智维修评估的需求。

（6）数智维修能力持续演进

数智维修能够随着业务需求的变化、技术的发展迭代升级、持续演进,而支撑这种能力演进的关键技术,是从计算设备到计算能力的发展。随着越来越多的智能终端进入维修生态系统,算力作为数据智能时代的引擎,需要满足无处不在、集成优化、按需应用的新要求,从而提升数智维修的能力。高度弹性的军地双方维修相关机构都必须继续集成至该保障体系中,通过新的概念牵引和技术支撑,实现数智维修能力演进与升级。例如,美国陆军提出"蛛网"式保障,吸收了真实蜘蛛网所具有的独立但互联、高度弹性的特点。"蛛网"式保障是一个复杂的网络,包含保障模式、节点、路线等,具有精准保障能力的部队之间的协调、分配、远征保障、区域资源、广泛分散,通过先进技术的应用可持续提升其保障能力。

1.2 数智维修产生的背景

1.2.1 智能社会为数智维修的发展创造了基本条件

数据智能是数字化与智能化融合的产物。数据智能技术为人类社会带来了变革。随着 2006 年 Hiton 首次提出深度学习的概念,人工智能技术的发展迎来了第三次爆发期。人工智能与大数据的结合,有利于海量数据的处理、分析和挖掘,提取数据中有价值的知识,使数据具有"智能",从而为军事、互联网、金融、新零售、医疗、教育等行业带来颠覆性变革。

正是认识到数据智能技术对社会和产业变革的颠覆性影响,自2012 年发布《大数据研发倡议》、2016 年发布《国家人工智能研究与发展战略规划》以来,美国政府陆续发布了多项战略文件,将人工智能发展上升到国家战略高度。与美国相比,海量的数据资源、巨大的应用需求、开放的市场环境是我国人工智能发展的独特优势。我国《新一代人工智能发展规划》中认为"人工智能的迅速发展将深刻改变人类社会生活、改变世界""人工智能各发展要素正在引发链式突破,推动经济社会各领域向智能化加速跃升"。为抢抓数据智能技术发展的重大战略机遇，我国出台了一系列相关政策和保障措施，以促进数据智能技术研发、人才培养和产业发展。

数据智能技术同样带来了维修领域的变革。根据美国能源部的统计，数据驱动的维修可使石油和天然气公司的维修成本降低 30%，故障率降低 70%，停机时间减少 40%。使用传感器，工业物联网可基于实时、准确的数据做出智能维修决策，这些数据甚至可以检测到基准关键绩效指标（KPI）的轻微偏差。许多公司将工业物联网与大数据的功能相结合，以此来预测设备故障。随着人工智能技术和机器学习工具的发展，故障预测的准确性正在进一步提升。

梅宏院士认为，数字经济呈现三个重要特征：一是**信息化引领**，信息技术深度渗入各个行业，促成其数字化并积累大量数据资源，进而通过网络平台实现共享和汇聚，再通过挖掘数据、萃取知识和凝练智慧，使行业变得更加智能；二是**开放化融合**，通过数据的开放、共享与流动，促进各部门间、价值链上各机构间、甚至跨价值链跨行业的不同机构间开展大规模协作和跨界融合，实现价值链的优化与重组；三是**泛在化普惠**，无处不在的信息基础设施、按需服务的云模式和各种商贸、金融等服务平台降低了参与经济活动的门槛，使数字经济出现"人人参与、共建共享"的普惠格局。

数智维修与数字经济具有类似的特点。

一是维修信息化作为数智维修不可或缺的基础，信息技术的应用越来越迫切。装备维修各业务领域必须通过大数据平台等基础设施的迭代升级，积累维修数据资源，进而通过数据处理与分析、故障诊断与预测、维修保障信息融合，以及数据驱动的智能决策，促进维修变革。

二是维修数据信息的全面融合。通过数据的互操作、共享与流动，促进部队各级维修管理机关、各层级装备维修机构、地方装备维修保障单位之间的信息融合。在此基础上，还要与作战指挥控制、后勤保障等不同组织机构间开展大规模协作和跨界融合，实现维修保障链的优化与重组。

三是维修一体化、智能化程度不断提高。大数据信息基础设施、混合式云模式和各种平台使得军地双方所有维修相关机构都可以参与到数据建设中,实现了所有相关业务领域人人参与、共建共享的一体化格局。

1.2.2 智能化战争呼唤装备维修保障模式变革

未来战争的一个重要特征是作战的不确定性增加,战场态势快速变化,对装备维修保障模式提出了新的需求,感知与响应保障应运而生。新的保障方式充分应用数据智能等高新技术,在完善的通信基础设施支持下,实现保障各要素的网络化,通过传感器、保障信息系统、智能分析工具和仿真工具实时"感知"用户的维修需求,利用射频识别、智能化库存管理工具和实时跟踪定位系统准确地控制维修资源,运用知识管理工具搜集、过滤、处理所有的保障相关信息,建立维修知识库。在对战场有充分态势感知的基础上,利用认知决策工具制定最佳的维修方案,及时、合理地响应部队的需求。感知与响应保障是数智维修的重要目标之一,其与传统保障模式的对比见表 1-1。

表 1-1 感知与响应保障模式与传统保障模式对比

传统保障模式	感知与响应保障模式
线性、链条式	非线性、网络化
"烟囱"式业务领域信息系统	横跨整个保障体系的一体化信息系统
预先计划的	基于效果的
作战与保障的集成度差	动态连续规划与执行
预防式	预测性
基于参数分析	基于知识
分层式	网络化、分布式、模块化、适应性强
不灵活	敏捷、灵活
以消耗为基础	适应不断变化的作战态势
衡量指标是数量	衡量指标是效果达成的速度
各军种独立运行	多军种融合
供应链脆弱、僵化	有稳健、灵活的需求网络

感知与响应保障能力与数据智能技术的应用程度、未来战场的特征与性质、未来战争的指挥控制方式、未来战场的保障需求有密切关系，是战争各要素与技术、知识、资源充分结合的产物，不仅能通过保障网络实时了解部队的直接保障需求，还能通过智能分析工具发现保障系统中存在的潜在需求，通过仿真工具预测部队的保障需求。因此，与传统保障有本质的不同，感知与响应保障表现出实时、动态、快速、精确、适应性等符合信息化战争保障需求的特征，其能力主要体现在以下三个方面。

（1）全态势感知能力

全态势感知是实现感知与响应保障的基础，直接关系保障行动的规划与实施，主要包括：①战略、战役、战术各级的态势感知，即战场空间内的地理环境、军队各级各类单位以及地方相关机构位置的分布信息，这些信息对保障行动规划与决策有重要的影响，是决定保障方式、规划保障路线不可缺少的重要信息；②部队状态，包括各部队以往执行过的任务、当前正在执行的任务、具备的能力、拥有的资源等信息，是影响保障规划与决策的重要信息；③维修资源状态，包括保障相关的人力、物力资源的功能、地理位置、当前状态等信息，主要通过全谱资源可视能力提供；④其他信息，如以往各军事行动的全部信息以及最新获得的经验教训，这些信息可以为当前的军事行动提供借鉴。

感知与响应保障对全态势感知的质量和实效性要求很高，数智维修通过在所有机构之间实现态势感知的全面共享互通，实现对战场态势实时、准确的把握，全态势感知信息成为各级维修保障机构制定最优化维修方案、实施保障的重要依据。

（2）全谱资源可视能力

全维可视、全程可控、全域配送是对未来联合作战保障系统控制维修资源能力的概括。在内容上，全谱资源可视不仅包括保障物资的可视性，还包括人力资源与保障能力的可视性。具体来说，全谱资源可视的对象包括消耗性资源、器材、维修人员、维修设备和各种保障力量的信息。在范围上,全谱资源可视不仅监控各部队携行的维修资源,还监控各保障部队运行的维修资源以及军地双方机构拥有的维修资源等。此外,全谱资源可视要监控各维修资源的使用状态、运输状态、存储状态、质量状态,以及各维修资源之间的相互关系等多方面信息。信息系统将把所有维修资源及其相互关系的信息制作成标准化知识。保障信息系统能够实时、准确地了解维修资源的状态,精确控制维修资源,能够从战场空间全局的角度动态分配维修资源的最优化使用。

(3)认知决策能力

认知决策能力是在知识管理的基础上,围绕实现任务预期效果制定保障规则和保障方案的能力。知识管理能力能够把从全态势感知中获得的数据和信息转化为维修决策所需的知识,为决策人员制定保障规则,提供战场保障需求动向信息。

认知决策的主要内容有搜集、筛选、整理保障的相关数据与信息,建立保障知识库,为保障过程、资源消耗建立模型;发现保障过程中的瓶颈与不正常的供需趋势,制定、发布保障规则,为各部队制定保障方案,对保障执行效能进行监控与评估。认知决策能力为动态适应性保障提供了分析平台,为预测保障态势、提供主动保障奠定了基础。

1.2.3 维修信息化建设为数智维修奠定数据基础

数智维修需要数据驱动,而数据来源于维修信息化建设的成果。因此,数智维修是把维修信息化过程中长期累积下来的海量数据,通过应用云计算、大数据等新兴技术,不断迭代融入维修活动中,以实现持续创新和发展,其重点关注的是数据驱动。在数智化变革的过程中,信息化是基础,没有信息化就无法沉淀出海量数据,而没有准确、完整的数据,数智化变革就无从实现。因此,为实现我国军队装备维修保障领域机械化、信息化、智能化融合发展，开展数智维修理论及实践的顶层设计研究迫在眉睫。

维修信息化是指在装备维修保障领域广泛应用信息技术，以信息系统建设为主线，以信息资源的开发、利用和管理为基础，引入维修信息化的方式、方法、平台与手段，全面实现装备维修保障指挥、管理、供应、训练等诸多领域的信息化。维修信息化是在装备维修保障的各个环节，通过对信息资源的开发利用，广泛获取装备维修保障的数据信息，为数智维修奠定基础。

维修信息化的核心是加快装备维修保障技术创新、管理创新乃至装备维修保障模式创新。维修信息化建设，信息技术的应用是关键，以便提高装备维修保障作业的效率和效益以及武器装备的战备完好性。管理创新是维修信息化的重要内容，信息技术物化为信息系统，信息流代替了人工流，能够更加高效地对维修活动进行管理与协调。在维修信息化中，大规模流动的不仅是人员和物资流，更重要、更多的是保障信息流，保障信息的获取、共享与运用成为维修活动的重点，也直接引发了维修模式的创新。

维修信息化的基础是获取相关的信息资源。与维修相关的信息资源不仅包括武器装备、维修设施与设备、维修器材、维修人员、维修与供应需求等多方面的信息，还包括装备制造商、供应商以及合作伙伴的信息，涉及领域广、部门多。只有在能够实时获取准确、可靠的维修信息资源的基础上，才能根据信息准确做出决策并快速对维修需求进行响应。

1.2.4　故障预测与健康管理技术推动了数智维修的发展

武器装备体系具有自己的特点，最典型的是整体性和对抗性。联合作战条件下武器装备体系研究的核心与重点应该是其内部系统之间的相互关系，以及通过这些相互关系产生的整体涌现性，不同类型、不同用途，甚至不同时代的武器装备主要是通过信息建立起相互联系。人类社会变革、战争形态改变以及武器装备信息化智能化快速发展，对维修提出了更高要求，其中最关键的技术进步就是故障预测与健康管理（PHM）系统。

故障预测与健康管理是指利用尽可能少的传感器来采集装备的各种数据信息，借助多种智能推理算法来评估装备自身的健康状态，在系统故障发生前对其故障进行预测，并结合各种可利用的资源提供一系列维修措施，最终实现数智维修。主要有两层含义：一是故障预测，即对装备当前及未来的状态进行诊断、评估及预测，包括装备健康状态的确定和寿命预测等；二是健康管理，即根据装备的故障诊断、健康状态评估及预测结果信息，对维修资源、使用计划及维修活动等进行综合管理与计划。

装备状态感知是实施健康状态评估的数据基础，主要任务是运用先进的传感器、检测设备和数据传输网络获取装备的性能及健康状态参数。武器装备是融光、机、电、液、气为一体的复杂装备，不同类型的装备及其部件的性能和健康状态变化规律不尽相同，其性能及状态的变化可体现在功率、转速、振动、噪声、温度、压力、电流、电压等性能及状态参数的变化上，为此必须运用先进的传感器技术，为装备健康状态评估提供可靠的数据源。

随着装备结构和功能复杂程度不断增加，维修难度随之增加。事后维修和定时维修等传统维修方式已经难以满足装备智能保障和维修优化需求。而预测性维修可以有效实现由被动维修向主动维修的转变，预先识别故障的早期征兆，制定最佳维修方案，减少维修费用，提高系统安全性。预测性维修通过预测特定部件何时失效，仅在真正需要时才进行维修，降低维修成本的同时还能延长装备的使用寿命，正确预测可能导致灾难性的故障，并根据预测结果制定适当的策略，从而避免发生此类故障，故障诊断与预测是实现预测性维修的重要方法和手段。

数智维修基于数据智能技术，充分利用传感器采集的数据信息，借助多种智能算法评估装备系统自身的健康状态。数智维修可以在装备发生故障前对其故障类型进行判断并预测剩余运行时间，从而更快、更安全地开展维修活动。相比于传统的维修方式，数智维修采用自动化、智能化的维修策略，可以提高维修效率和准确性，降低维修成本。

1.3 数智维修体系架构与业务模型

1.3.1 单装与装备体系数智维修

数智维修可以分为单装数智维修和装备体系数智维修两大类。单装一般指单个平台或者单型装备。装备体系是为一定的作战任务，由不同装备系统组成的更高层次的系统，各装备系统间不是孤立的，在功能上相互联系、相互作用。此外，装备体系呈现涌现性，整体效果超过各部分效果之和；以及演化性，这种演化时刻发生，并且与外界环境关系密切。装备体系的这些特点，决定了装备体系数智维修与单装数智维修既有联系又有区别。

单装数智维修主要依托故障预测与健康管理系统，强调的是故障诊断和预测，是指通过不定期或连续地对装备进行状态监测，并根据其结果，掌握装备有无状态异常或故障趋势，适时安排维修。装备体系数智维修立足于装备体系的全局视角，将装备状态预测、历史数据与维修决策结合，是一个系统的过程。装备体系数智维修将维修管理纳入了数智维修的范畴，通盘考虑整个维修过程，直至得出与维修活动相关的内容。

数智维修的机理与装备规模密切关联，从单装数智维修到装备体系数智维修，其基本属性发生了显著变化，主要体现在以下四个方面：

从物理域看，单装数智维修主要取决于其自身特性，而装备体系数智维修主要体现在维修机构之间的协同，因此协调成为装备体系数智维修的关键要素，应当科学协调维修器材、维修人力、维修设施/设备等各类维修资源。

从信息域看，单装数智维修所依托的故障预测与健康管理系统的信息具有较高的确定性，而装备体系数智维修信息不确定性突显。一方面是对外部感知的不确定性，装备维修保障与作战进程密切相关，而作战结果瞬息万变，装备维修保障通用态势图必须随时动态更新，另一方面是信息在装备维修保障体系内部的传递存在不确定性，如有可能出现信息融合失真、理解错误或传递丢失等。

从知识域看，单装数智维修所依托的故障预测与健康管理系统主要依赖于个体的知识经验，在决策方式上，通常基于规则进行决策；而装备体系数智维修的关键环节是全寿命周期、全业务流程以及全体系要素之间共享感知和态势理解所形成的共同认知，决策方式通常基于预案，即在筹划阶段就要进行周密决策，并制定各类预案。

从社会域看，单装数智维修所依托的故障预测与健康管理系统主要限于个体行为，而装备体系数智维修则涉及维修机构之间的协同和指挥机构各职能部门之间的配合，社会属性明显，指挥机构的编组、团队设计、维修机构之间的指挥关系等，在很大程度上决定了装备体系数智维修的效能。

1.3.2 单装数智维修体系架构

数智维修要在充分掌握历史数据、需求数据和装备运行状态数据的基础上，根据装备使用计划，自动生成维修备选方案。装备故障预测与健康管理系统通过传感器和机内测试设备等采集装备状态特征数据，由于传感器工作性质、所处工作环境以及装备工作状态等的影响，采集的数据不可避免地存在噪声数据、空缺数据和不一致数据等，且具有随机性、模糊性、不确定性和灰性等特征，因此需要对采集的数据进行处理，主要包括数据清洗、数据分析、特征提取和数据挖掘等。

故障预测与健康管理技术是面向单装的典型数智维修的关键技术，其体系架构如图1-4所示。

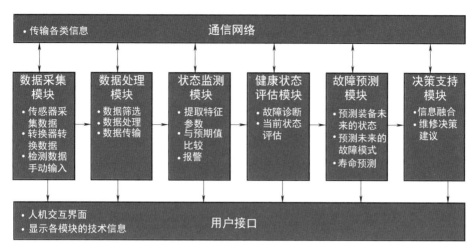

图 1-4　故障预测与健康管理体系架构

数据采集模块：利用各种传感器探测、采集被检系统的相关参数信息，并将收集的数据进行有效的数据转换。

数据处理模块：基本功能是执行数据处理功能，负责将接收到的信号转换为可用形式。该模块负责提供高质量数据，在将数据传递给下一模块时，保留传感器信号的重要特征。上述过程可能包括去噪、信号频率和小波分析等任务，主要方法涉及傅里叶变换、小波变换等。

状态监测模块：负责接收转换之后的数据，并与过去的预期值和使用限制进行比较，目的是产生报警。

健康状态评估模块：负责执行诊断功能，能够评估来自状态监测模块的数据，并对某一特定组件、子系统或系统的健康状态是否发生退化做出相关规定。目前使用的部分诊断方法包括信号处理、机器学习和融合方法。

故障预测模块：根据历史状态预测装备未来的状态，预测未来的故障模式以及装备的剩余寿命，同时提示未来的使用方式。

决策支持模块：主要包括信息融合和维修决策等内容。

图 1-4 给出了各模块相互作用以形成一个完整的系统的机制。上层的通信网络代表模块之间的通信，可以使用流行的通信和中间件技术来完

成。因此，模块不需要驻留在同一台机器上，可以驻留在本地或全球网络的任何位置。开放的系统结构设计使得在新的或现有的系统设计中能够集成改进的故障预测能力，为系统未来的功能升级提供较大的灵活性。

要了解装备的性能和健康状况需要从数据中抽象出知识，这种抽象需要一定的计算处理。简单采集所有传感器数据并在任务完成后对其进行处理是不现实的。在装备运行过程中实时汇总、描述或以其他方式处理所有数据，并在任务结束时提供结论同样不现实。前者受到平台载数据记录技术和处理数据转储所需时间的限制，后者则受限于带宽和吞吐能力。

采用体系架构技术的目的是提高互操作性，这意味着在系统各层之间需要进行信息交换，以便在系统各子组件之间进行集成，并能够在不同研究背景的人员之间架起桥梁。因此需要创建一个软件框架，用于开发通用工具，支持可扩展和高效的模块，并能够按照以下两种方式简化装备故障预测与健康管理集成：一是集成能够改善装备故障预测与健康管理的软件模型、软件、算法、数据、通信和嵌入式处理器；二是集成能够促进装备故障预测与健康管理以及指挥、控制、通信、任务、使用、维修和其他装备主要系统的使用。

美国通用电气公司提出的故障预测与健康管理体系架构如图 1-5 所示。信息流从机载传感器采集原始数据感知各个部件或系统的工作情况，并进行分段、滤波、特征提取等预处理，得到时间标签特征、事件信息和参数化数据。处理后的数据通过异常检测器进行第一等级的解译和判读，发出早期故障告警，并记录故障检出时间，粗略判断异常出现的位置。之后，经过诊断模块进行第二等级的解译和判读，对子系统失效模式进行分类，并评估子系统的健康状况。然后，对确定的故障部位进行第三等级的解译和判读，通过预测确定故障部件运行至失效的剩余寿命。数智维修决策则利用机载诊断和预测结果，以及可用重构配置、任务目标和要求、部件完好率、可用资产等进行离线规划，确定最佳的维修、运行以及供应链操作/方案和措施。

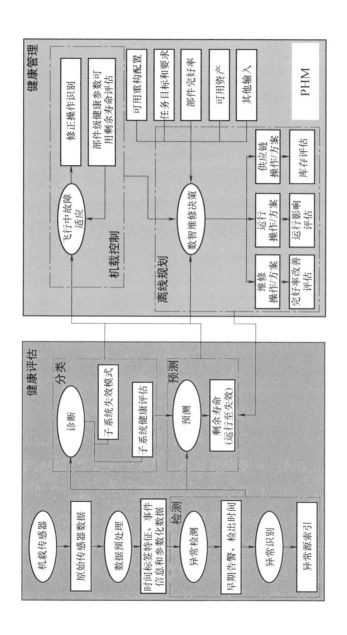

图 1-5　美国通用电气公司故障预测与健康管理体系架构

随着故障预测与健康管理技术应用的范围扩大到整个装备，这种结构化、模块化的故障预测与健康管理系统设计和构造方法的重要性日益提升。故障预测与健康管理系统开发的难点在于所有相关研发机构的专家、数据管理平台的设计人员以及人工智能专家必须采用清晰、合理和简单的方法，将整个故障预测与健康管理系统分解成几个部分进行管理。之后，再将不同的部分整合起来。

1.3.3　装备体系数智维修运行架构

装备体系数智维修强调了物理域的协同控制、信息域的不确定性应对、认知域的感知与理解共享以及社会域的组织行为，这些基本属性的变化使得装备体系数智维修与单装数智维修有明显区别。装备体系数智维修的基本过程由筹划→准备→执行→反馈（PREA 环）四个环节构成，不同的环节对应不同的态势需求和决策方式，基于 PREA 环的装备体系数智维修运行架构如图 1-6 所示。

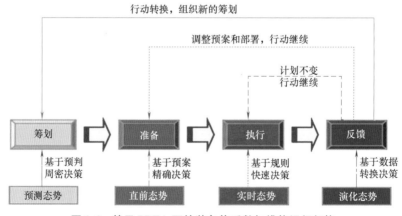

图 1-6　基于 PREA 环的装备体系数智维修运行架构

在筹划环节，通常有足够的时间进行谋划，决策的时间窗口大，因此一般采用基于意图（预判）的周密决策方式，通过对未来做出各种假设，预先做出完备的预案。这一环节所依据的决策信息以动态情报及历史演绎为主。历史演绎是指通过历史统计数据寻找规律，预测未来变化，包含各类维修要素的预测和预报数据，构成筹划活动所需要的演绎态势。

在准备环节，决策的时间窗口相对变小，但与此同时，保障态势趋于明朗，部分维修要素可进行计算推理和科学预测。在这一环节，通常采取基于预案的决策方式，以筹划进行协同决策。同时，在执行任务前的"直前"准备环节还需要开展两个方面的工作：一方面是部署准备，即组织相关力量进入保障部署，为维修计划执行做好准备；另一方面是对下级准备工作的指导，在上级完成筹划后，指导下级的筹划工作，确保下级的筹划符合上级意图。

在执行环节，决策窗口进一步变小，指挥决策已不具备深思熟虑、周密审慎的条件，仅限于规则与程序的选择，不具备方案预案重新选择的条件，其决策方式通常是基于规则的快速决策，对应的态势需求是实时态势，包含各类要素的实时数据，在行动上，以提高装备战备完好性，在准确的时间、地点，为部队提供精确保障为目标。

在反馈环节，对过去行动的复盘分析，伴随计划执行过程，既有计划执行中的过程评估，也有计划结束的评估。评估内容包括保障态势评估、效果评估、能力评估等，评估的基本依据是维修的历史数据。在评估环节同样存在决策活动，即根据评估进行决策转换：若态势按预期演化，则计划不变，行动继续；若态势演化不在预期范围内，表明行动按计划实施已不能促进态势向预期演化，需要调整行动预案；若态势演化超出预期，则结束行动，再次筹划，转入新的行动准备。

1.3.4　数智维修业务模型

数智维修业务模型是以数智维修技术为基础，以网络通信要素为支撑，以装备维修保障指挥、维修保障活动、维修资源等要素为基础，按照联合作战对装备维修保障提出的需求，灵活编组维修保障力量，合理分配维修保障任务，精准调控维修资源，打通维修信息从"筹划—准备—执行—反馈"环节的链路，构建可靠、灵敏、快速反应和可持续生存的维修保障链，利用信息化、智能化手段，实现维修资源在保障需求之间适时、适地、适量流转，以满足不同作战场景、作战任务、作战空间和作战能力条件下的装备维修保障需求，如图1-7所示。

维修任务层，主要是开展维修任务筹划，按照维修保障任务"筹划—准备—执行—反馈"环节的链路，基于装备保障体系及典型作战样式、作战场景、作战流程和装备运用与保障模式，形成联合作战装备维修保障通用任务清单和典型作战样式条件下的专用维修保障任务清单，将保障任务灵活组配，构建形成保障链，支撑装备有效遂行联合作战。

维修活动层，主要是各级联合作战指挥机构、任务部队筹划和运用人力、财力、物力，基于差异化保障需求完成等级修理、装备维护、技术检查、技术支援、战场抢修、战场装备管理、维修器材供应等装备维修保障任务，目的是充分发挥装备维修资源的作用，满足联合作战需要，保障任务完成。

维修资源层，包括人力资源、物质资源与非物质资源等要素，其中人力资源包括现役、预备役和高新技术动员装备维修力量，是维修资源调用与保障行动实施的主体；物质资源包括装备维修器材、维修设施/设备等；非物质资源包括装备维修保障理论知识、工艺技术、维修数据（设计数据、标准数据、消耗数据、演练数据），是装备维修保障有效构建和发挥的重要支撑。

在数智维修实施的过程中，会产生包含维修业务信息数据、维修流程信息数据、维修状态信息数据等在内的海量异构数据。构建数据驱动的装备维修保障理论框架及技术体系，结合基于物联网的装备状态感知与评估模型，基于数据云的装备全寿命周期保障信息融合方法以及模型驱动的智能保障决策支撑技术，可以实现维修状态的自我感知与自我评估和异构多源维修信息的综合集成。

通过单装数智维修体系架构、装备体系数智维修运行架构以及数智维修业务模型，描述数智维修要素之间的关系，确保各要素之间形成有效衔接、深度融合、协调高效的精准定量维修保障能力。

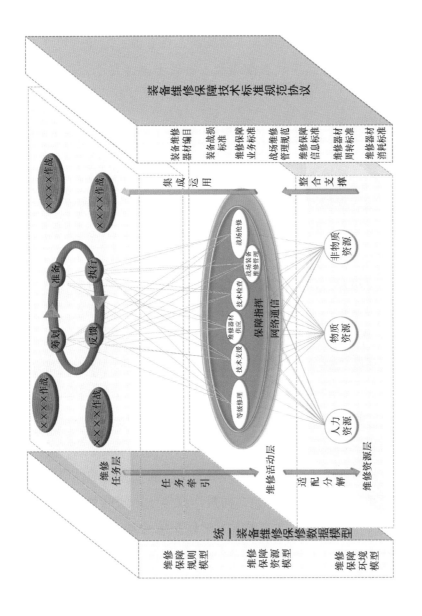

图 1-7　数智维修业务模型

1.4 数智维修现状及趋势

未来战场，人、装、物泛在互联，各类作战、保障实体有机融为一体，数据流主导信息流、技术流、物资流、资金流，主导一切维修保障活动，装备维修保障新模式初露端倪，显现出融合蓄能、联合聚能、精准释能的新趋势。

1.4.1 智能精确的保障理念在实践中不断发展

智能化保障，是以人工智能为核心的前沿科技在保障组织与指挥、保障流程与方法、保障技术与设备工具、保障网络与设施等领域渗透、拓展的必然发展方向。其核心理念是"制智为要、泛在云联、多域一体、智能自主、无人争锋"等。

精确化保障纵深发展。"为部队提供适时、适地和适量的精确化保障"是装备保障永恒的追求。信息主导、精兵制胜，平台作战、体系支撑，战术行动、战略保障，是联合作战的显著特点，要求更加精细而准确地组织实施装备维修保障行动。加强维修信息化建设，实时、准确地了解部队的需求、资源种类数量及所处的位置，资源的流向和流量以及战场环境、敌情我情，以精确信息支持精准保障来驱散保障的需求迷雾和资源迷雾。

一体化保障渐入佳境。联合作战决定了未来战争对抗的性质不是单元与单元、要素与要素之间的对抗，而是作战体系之间的对抗。纵观近几场局部战争，单纯依靠作战编成内的维修保障力量，以及某一军种、某一地区和某一局部的力量是难以完成保障任务的。只有紧紧围绕作战决心，将国家力量、社会力量、各军兵种力量和战略、战役、战术各级的保障要素联成统一整体，推进各种维修保障单元、保障要素高度融合，最佳地合并同类因素，适度有效地超越某些环节和层次，才能形成一体化保障态势，发挥整体保障效能。

智能化保障初现端倪。军事智能化作为新一轮军事革命的核心驱动力，将深刻改变未来战争的制胜机理、力量结构和保障方式。美国等发达国家都在积极研究探索应对智能化战争的作战和保障体系，将智能科技渗透到战争全要素全过程，开创了无人装备从辅战走向主战的实战先例，保障模式正在发生根本性变革。"智能抢修""智能维修""智能投送"加速了作战与保障领域的融合，并且以"意想不到"的新方式、新面貌，打破了对联合作战装备维修保障的固有认知和思维，拉开了智能化保障的大幕，人工智能在装备维修保障中的地位和作用越来越重要。

1.4.2 管理创新将成为一种战略性方法技术

从各行各业转型实践来看，成功的数智化变革并不是从技术开始，而是从转型战略开始，技术只是实现战略的手段，管理创新的地位和作用日益突出，已经成为一种战略性的方法技术。维修技术和资源的创新使维修的重点从传统的以故障修复为主，转变为以信息获取、处理和传输（装备状态监控、故障检测、隔离和预测、资源信息获取）以及做出维修决策为主，成为缩短维修时间、提高效率、节约资源的关键。据统计，与 F-16C 战斗机相比，F-35 联合攻击战斗机通过有效采用信息化的维修技术和资源，使维修人力减少 20%~40%，保障规模缩小 50%，出动架次率提高 25%。未来，随着基于作战数据集成网络的数智维修模式的应用，F-35 联合攻击战斗机的维修保障效率和效益有望取得新的进展。

实现数智维修的前提是海量维修相关数据的收集和管理。装备维修保障业务涉及的专业方向众多，其中既包括从维修资源规划筹措到装备战场管理，也包括从供应链管理到装备战损抢修，以及从装备研制生产阶段的维修性设计与维修方案制定，到装备的使用与报废阶段多个方面的维修活动，在不同的应用场景下，各级对维修数据的需求和使用目的各不相同，如何满足平时和战时、研制阶段和使用阶段以及战略战役战术各层级不同用户对维修数据的需求是一项复杂的系统工程，在此过程中采用与数据管理学科相适应的创新方法和技术十分重要。

装备维修保障多种要素动态交互、互相制约，采用基于维修业务的分析方法，从而建立大数据与分析方法之间的联系，即广泛使用数据、统计和定量算法进行描述性、预测性模拟。通过传感器、物联网、信息系统等技术，可以实现装备维修保障领域态势实时捕获、跟踪、监控和数据可视化。开展装备维修保障业务流程的变革，可以根据作战任务预测装备维修保障需求，开展装备维修保障实时动态规划。实现基于战备完好性的维修器材储备，可以基于任务的维修以及技术创新，促进装备维修保障模式向精准定量转型。在此过程中，必须采用创新的管理方法与技术。

此外，管理创新还包括采用虚拟试验台的一体化环境，引导和加速数智化变革。为此，必须摒弃"自成体系、条块分割"的维修理念，实现维修资源的统一规划与统筹调配。实现基于云技术的，以部队为中心的统一服务。通过技术创新、管理创新等手段，连接需求终端与资源云端，形成装备维修保障"一张网"。依托云计算等新兴技术，建立融合共享的装备维修保障机制，构建智能化军民融合、区域共享的装备维修保障云平台。

1.4.3 先进维修技术在数智维修中的应用不断拓展

增材制造、远程支援、机器人以及物联网等新技术的发展，为装备的平时维修和战场抢修提供了新手段。例如，增材制造设备可以对因腐蚀、磨损或机械损伤而丢失的关键外形特征的零部件进行部队级快速修复；机器人技术可以用于太空、深海、极地等人类很难涉及的场所，应用场景日益广泛；远程支援、物联网、5G 等技术可以为专家诊断与评估、抢修资源动态调度、维修支援与远程制造等提供支撑，解决评估能力、修理能力、维修资源等受限问题。综合各种技术可以为战场抢修的体系化、作战模式等需求提供解决方案。智能检测与辅助维修技术，可以实现损伤快速检查，并形成损伤报告及维修建议，可显著减少检测所需的时间。

增材制造技术是智能制造"工业 4.0"的核心技术之一，也是维修的关键技术，可以满足复杂精密构件快速制造的需求，昂贵材料降本增效的需求，重型材料轻量化的要求，以及材料强度的需求等。2021 年 6 月 10 日，美国防部发布 5000.93《增材制造在国防部的使用》指示，作为其首份面向增材制造的顶层政策文件，明确了使用经批准的增材制造零件来源，以完善供应链流程和程序，满足装备完好性需求；提供了增材制造零件数据和增材制造需求信息，并在必要时在其国防部内共享。此外，美军还在制定通用的增材制造数据标准以及零件验收标准等。增材制造正在渗透到美军的作战行动装备维修保障中。例如，美国海军目前已经有 9 个配备增材制造技术的装备完好性中心（FRC），这些中心可以快速实施维修器材的生产、重构，以满足战场抢修的需求。

数字化和自动化是增材制造技术工业化应用的瓶颈，增材制造的海量数据和技术的数字化特性，为数字化和人工智能提供了广阔空间。增材制造中的逆向工程以数据采集为基础，而人工智能可在短时间内处理大量的复杂数据，从装备零件模型设计、数据处理、工艺规划全过程采集大量实时数据，通过机器学习等人工智能技术赋能，分析工艺的实际状态，找到并整合适当的测量工具来捕捉数值，并不断重新定义，为工艺优化和实施提供实时决策。

先进维修技术不仅是平时装备维修保障的抓手，更是战时维修的关键，随着新技术的不断应用，维修作业效率和效益将有质的跃升。

1.5 本书框架结构

本书构建了数智维修的理论框架，明确了数智维修的特征、产生背景、体系架构、业务模型，提出了数智维修生态系统的构成要素，并以装备全寿命周期数据为基础，分析了单装故障预测与健康管理的关键技术，以及数智维修信息融合、资源调供、决策优化等模型和方法，最后以相关领域的实践案例，展示了其应用前景。本书框架结构如图 1-8 所示。

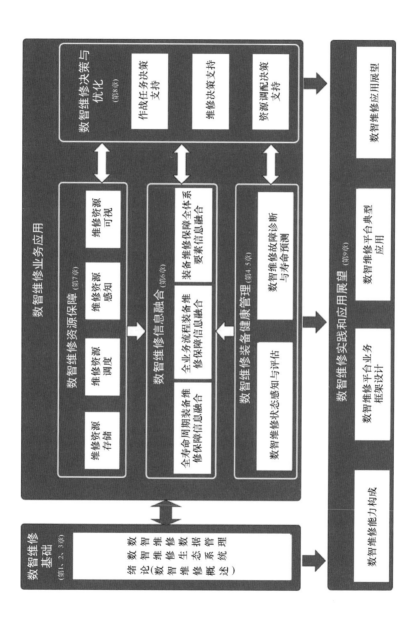

图 1-8 本书框架结构

（1）数智维修基础

数智维修基础主要由前 3 章组成。第 1 章明确了数智维修的概念内涵、发展阶段以及发展特征，并从数智维修产生的背景、体系架构、闭环过程、业务模型等方面分析了数智维修的核心内容，以及数智维修的现状与趋势。第 2 章构建了数智维修生态系统，提出了"1+2+3"的数智维修生态系统要素，即 1 项数智维修顶层战略；"维修业务+数智技术"驱动，以及数智维修运行平台 2 个关键基础；组织变革、观念转变、标准化治理 3 个支撑条件。第 3 章论述了数智维修数据管理。无论是单装数智维修，还是装备体系数智维修的实现，都离不开数据的支撑。但由于两类场景目标不同，采用的算法模型不同，其数据的来源以及所需的数据类型也有所不同。在不同的场景中，数据的采集与分析会受到错综复杂的环境因素和决策需求的影响。

详细内容详见第 1 章"绪论"、第 2 章"数智维修生态系统"和第 3 章"数智维修数据管理"。

（2）故障预测与健康管理

单装是装备体系的基本单元，单装故障预测与健康管理是装备体系数智维修的基础，同时也影响着各层级（战术、战役、战略）维修决策的制订。装备故障预测与健康管理是通过对装备实施周期性或持续监测，基于算法模型或装备的运行机理来分析评估其健康状况的一种方法，以便预测故障发生的时间和应当实施维修的具体时间。通过在装备内部或外部设置传感器，可实现对装备运行状态数据的全面采集，并与数字孪生、人工智能等技术相结合，借助各种算法和智能模型实现装备状态感知、状态监控与评估、故障诊断、故障及寿命预测，并不断优化诊断和预测结果，提升诊断和预测的置信度与可靠性，为装备维修方案的有效制订提供输入。

详细内容见第 4 章"数智维修状态感知与评估"和第 5 章"数智维修故障诊断与寿命预测"。

（3）数智维修信息融合

信息融合是对多种不同来源的信息进行处理的过程，是面向多层次、多方面、多粒度、多阶段信息的一种综合处理。信息融合不是一门单一的技术，而是涉及数据处理、人工智能、模糊数学、人机交互、科学可视化等领域的理论、方法和手段，并与保障体制、运行机制、业务流程等产生关联影响的技术群。数智维修信息融合有三层含义：

全寿命周期信息融合，是装备从立项论证到研制生产、试验鉴定、订购交付、使用保障等从"生"到"死"的各阶段维修保障信息的融合。

全业务流程信息融合，是对维修业务流程的全程跟踪，如在任务过程中对保障需求和保障态势的感知与分析，在供应链领域实现对需求、订购、申领与发放全过程跟踪。

全体系要素信息融合，是战略层、战役层、战术层各层级保障行动相关要素的融合，包括装备（海、陆、空、火等）、各级机构（各级装备部门、各级装备保障机构、用装部队、装备承制单位、维修企业等）、维修资源（人力、维修器材、维修设备、维修设施、技术资料）等要素。

详细内容见第 6 章"数智维修信息融合"。

（4）数智维修资源保障

维修资源是维持装备满足战备完好性与持续作战能力所需的全部物资与人员，是数智维修的物质基础，是装备战斗力的重要保证，对提高部队保障能力和提高装备的可用度都十分重要。

在数智维修背景下，装备维修资源筹措与供应模式需要将感知与响应相结合。通过全面利用物联网等新一代信息技术，构建起网络化的维修资源管理体系，利用全方位数据信息采集渠道，保证信息的快速感知和快速流动，实现实时感知保障网络各节点的需求，以快速的分发配送能力实现保障需求的快速响应，同时以维修资源的存储及调拨需求为基础，结合自动化的维修信息管理工具和智能化的保障决策工具分析保障信息，支持制定最佳的保障决策。总体目标是为联合作战建立起具备很强适应性与灵活性、能够积极主动提供精确集约保障的分布式保障网络体系，实现对作战保障需求的快速响应和应急处置，为军事行动提供精准维修保障。为满足数智维修要求，保证装备的维修资源满足率和供应及时性，需要着重解决维修资源的筹措与供应，重点工作包括维修资源存储、维修资源调度、维修资源感知和维修资源可视等。

详细内容见第 7 章 "数智维修资源保障"。

（5）**数智维修决策与优化**

面向多级应用场景的智能决策支持，以采集的装备运行和状态数据为基础，驱动并支持数智维修业务的执行，为战术、战役和战略层的维修保障决策提供支持。

作战任务决策支持。以满足作战任务需求为目标，结合装备的健康状态、故障预测结果、性能趋势预测结果，以及作战任务特点，借助智能化辅助决策模型，为指挥员快速确定最适合参与作战任务的装备提供支撑，实现对战术、战役和战略层作战任务的决策支持。

维修决策支持。以装备健康状态为基础，结合装备战备训练任务需求、装备部署情况、保障能力分布情况和维修资源配置情况，借助智能化决策模型，为维修决策制订提供辅助支持。

资源调供决策支持。基于维修资源的部署情况，结合装备维修任务需求，借助智能化决策模型，为维修资源的配置优化、采购供应、调拨决策等提供辅助支持。

详细内容见第 8 章 "数智维修决策与优化"。

（6）**数智维修实践和应用展望**

第 1~8 章对数智维修基础和数智维修业务应用进行了阐述，为了明晰数智维修如何应用、进展如何等具体内容，第 9 章通过对数智维修在国内主要行业和领域的相关实践和应用的系统梳理，分析了数智维修的应用特点。并在此基础上，设计了数智维修平台业务框图，梳理了数智维修平台的典型应用场景，对数智维修平台应用的预期成效进行了展望。详细内容见第 9 章 "数智维修实践和应用展望"。

参考文献

［1］ SULLIVAN G, PUGH R, MELENDEZ A P, et al. Operations and maintenance best practices-a guide to achieving operational efficiency (release 3) ［R］. Pacific Northwest National Lab. (PNNL), Richland, WA (United States), 2010.

［2］ 梅宏. 大数据与数字经济 ［G］. 求是, 2022 年 1 月.

［3］ 阳东升, 闫晶晶. 宏观作战体系 C2 活动及过程机理分析 ［J］. 指挥与控制学报, 2020, 6 (4): 393-401.

［4］ BONISSONE P P. Information Fusion for PHM Models (Anomaly Detection, Diagnostics, and Prognostics) ［R］. Niskayuna, NY 12309, USA.

［5］ 易侃, 钟元蒂, 曾逸凡, 等. 联合全域指挥与控制机理模型及应用分析 ［J］. 指挥与控制学报, 2022, 8 (1): 1-13.

第2章 数智维修生态系统

实现数智维修不仅仅是将先进技术集成应用，更是要构建一个新的生态系统。构建数智维修生态系统的目的是实现装备维修保障数据信息的产生、集聚、传递、开放和利用等，该系统是由系统要素及其关系组成的具有特定结构和秩序的有机整体，是一套可以持续让数据信息用起来的机制，用于支撑维修业务运行的工作体系，也是一种战略选择和组织形态，即通过有形的产品和方法论支撑，持续不断地把数据信息应用于装备维修保障业务。

数智维修是一个持续迭代的长期过程，其本质是装备维修保障业务转型，目标是装备维修保障业务流程信息化、业务和管理数智化、业务决策智慧化。构建数智维修生态系统需要"1+2+3"个要素，即1个顶层战略、2个关键基础、3个支撑条件。

- 顶层战略——数智维修发展的顶层战略。
- 关键基础——"维修业务+数智技术"驱动，数智维修运行的基础平台。
- 支撑条件——"组织变革""观念转变""标准化治理"等支撑条件。

数智维修生态系统建设的基本要素如图2-1所示。

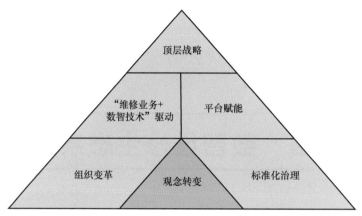

图 2-1　数智维修生态系统建设的基本要素

2.1　数智维修发展的顶层战略

数智化变革是一个自我颠覆的过程，需要拥抱革新思维，推动维修业务的全面转型，进而引领推进组织变革、观念转变，以获得持续创新、增长的动力。首先，顶层战略的确定需要理论指导，必须开展数据驱动的数智维修理论研究，通过对未来装备维修保障特征的分析，明晰装备维修保障面临的问题与挑战，研判装备维修保障的发展趋势，掌握新时期装备维修保障模式变革的基本路径。

（1）构建清晰的数智维修顶层战略

数智化变革的顶层战略主要包括战略目标、指导思想和战略举措等。

战略目标：数智维修顶层战略的内核，必须宏大而清晰。只有通过明确总体目标和分域目标、长期目标和阶段目标，实现战略解码，并且通过广泛发布，树立起推进数智维修的鲜明导向，才能统一思想、统一语言、统一行动，以解决数智化变革的整体性、协调性和可持续问题。

指导思想：数智维修顶层战略的灵魂，必须简明而准确。通过明确远期与近期、总体与局部、宏观与微观、理念与执行、业务与技术、内部与外部等各方面的关系，使装备维修保障领域各层级各部门以及每个人都能充分认清和准确把握本部门在数智维修中如何开展工作，如何处理矛盾和问题。

战略举措：数智维修顶层战略的抓手，必须突出痛点、堵点，应重点聚焦维修计划管理、装备状态感知、部队级维修作业、器材筹措供应等跨部门、跨系统、跨军地的关键业务，通过业务环节的数字化表达和数据共享，打破信息孤岛，实现相关多业务环节和流程的集成优化，进而推广到装备维修保障全体系以及与作战、训练领域的数智化的衔接中。

（2）坚持战略与执行统筹

顶层战略设计可以明确长期目标。有了顶层战略，还必须坚持战略与执行并重。战略强调自上而下，重视顶层设计，从数智维修战略逐层解码，找到行动的目标和路径，指导具体的执行。执行强调自下而上，在大致正确的方向指引下积极进行具体探索和创新，将新技术和业务场景结合，从而找到价值点。从成功的基层创新中归纳和总结经验，反过来影响和修订上层的战略和解码。

要按照"顶层牵引、军地协同、试点示范"的基本思路，在管理和建设两个方面统筹发力，推动装备维修保障提质增效。

顶层牵引。在前期工作上，研究细化数智维修发展建设的总体目标、主要工作内容、实施步骤和相关要求，形成数智维修发展建设顶层规划和实施路径，向全军进行发布，树立起推进数智维修发展建设的鲜明导向，为我军数智维修发展建设提供顶层指导。

军地协同。建立军地各相关部门协同联动的数智维修发展建设工作机制，从基础设施、关键技术、数据模型、工具手段体系化推进数智维修发展建设的基础条件。统筹军地力量，布局数智维修发展建设关键技术攻关、核心软件研发，固牢数智维修发展建设自主可控产业链、供应链，逐步替代国外软件工具，形成军地一体的装备维修保障数智化协同建设态势。

试点示范。按照先试点、后示范、再推广的推进步骤，积极稳妥地推进数智维修发展建设。优先选择基础较好的重点系统开展试点建设；然后，选择典型的装备维修保障系统进行示范建设，检验/验证数智维修效能；最后，向其他装备维修保障系统拓展，并与军队各领域数智化建设打通衔接。为作战、训练等全军各领域的数智化建设打通衔接，全面赋能装备维修保障体系建设和现代化治理。

（3）持续演进，长期迭代

数智化变革的能力需要不断积累和传承。因此，数智化建设的迭代应该是分层的，不同的分层以不同的周期进行迭代和演进，包括功能级的"短周期"迭代，平台能力级的"中周期"迭代，规划设计级的"长周期"迭代。中国电子技术标准化研究院发布的《制造业数字化转型路线图（2021年度）》白皮书中，对于制造业数字化转型提出了单点应用、局部优化、体系融合、生态重构的参考方法。基于上述转型路线图，我们认为数智维修的具体任务如下：

单点应用的目标是实现维修关键业务环节的数智化表达，通过工具和设备投入，实现某一环节的数据汇聚和互联互通、互操作。数智维修单点应用的重点是抽象出相对独立且关键的业务场景，把握数据这一核心驱动要素，将数据的价值融合到维修业务中，实现点状的从流程驱动到数据驱动。

局部优化的目标是将局限于某个设备、系统或业务环节的数据进行系统集成，打破信息孤岛，实现跨部门、跨系统和跨业务环节的集成优化。数智维修局部优化的重点是以关键维修业务为核心，实现相关多业务环节和流程的系统集成，开展业务流程优化设计和组织机构调整，形成数据驱动的系统建设、集成和持续改进。

体系融合的目标是通过开发数智维修平台汇集各要素资源，形成支撑能力，以实现装备维修保障全寿命周期、全业务流程，以及全要素的优化和协调共享。

生态重构的目标是打通信息链、创新链和价值链，实现泛在互联、深度协同、弹性供给、高效配置，开辟多种新型合作路径和业务模式，建立新的生态系统。

数智维修使得保障越来越反应灵活和敏捷，具有创新的保障流程和业务实践，为满足装备完好性需求奠定了基础。通过获取与装备状态、物资库存、费用和日常事务相关的数据，采用数据驱动的方法，为维修决策提供精准信息，同时支持更透明和更具预测性的分析功能。因此，数智维修更深层次的内涵，是在数据驱动下的维修行动和流程的全方位重构。

2.2　数智维修建设的基本原则

数智化变革是一项需要全面动员的系统工程，必须贯彻"维修业务+数智技术"驱动的基本原则，保证维修业务、组织机构和新兴技术三大领域齐头并进地驱动转型。成功的业务变革需要认清方向，明确目标，制定分阶段的路线图；同时关注全业务流程，而不是简单地从技术应用顺推转型。

2.2.1　数智维修本质上是维修业务的转型升级

要实现数智维修，首先要从维修业务的视角主动思考转型的目标和路径，将转型落实到具体的业务运作中。

装备维修保障的"精准定量"是未来保障模式的核心特征，为此需要将一系列相关技术、方法、工具、手段和理论综合运用，以装备维修保障力量的"要素优势"转化为"能力优势"为目标，战术级、战役级以及战略级的信息融合是基础。移动互联网、大数据和人工智能等新一代信息技术与制造过程的深度融合，驱动了传统制造向智能制造的转型升级，产生了数据驱动的数智维修策略。但在国防领域，由于武器装备的维修保障与制造企业的运行和管理体系有非常大的区别，数智维修有其自身的特点，难以直接复制民用制造业的设备运维或数智维修理念和技术。

作为一种新兴的维修方式，数智维修是以状态监测和故障诊断为基础，运用故障预测技术，科学评估装备的健康状态，准确预知装备的维修需求。故障诊断与预测是数智维修的核心和前提，它根据装备的实际运行状态，结合装备的结构特点、历史数据和环境条件，对装备未来一段时间内可能发生的故障进行预测、分析和判断，并在此基础上制定有效的维修策略，保证相关任务的顺利完成。内置的智能传感器主要用于收集装备内部的信息，外部设备用于收集环境信息。技术集成主要通过物联网来进行数据管理和数据积累，增强智能能够辅助进行数据处理和数据分析，而增强行为则能够通过应用、计算和服务平台等方式进行虚拟化。

新技术可以为业务带来巨大的提升潜力，因此应该在新技术的探索上进行适度的超前投入，通过持续的探索和学习，将新技术变现为实际的业务价值，推动业务持续转变。

在战术层，数智维修意味着需要新的工具、测试设备和装备嵌入内置的故障诊断系统。这些工具利用故障诊断技术，将系统状态数据（如温度、振动、周期时间等）以及环境因素（如沙漠、极地、高湿等）转换成主动的、只有在有实际需要时才实施的维修行动。维修人员能够将武器系统的状态数据转换成主动维修行动，定期检查将作为补充手段，甚至被完全替代。

在战役层，对指挥员来讲，数据智能技术的创新应用提高了满足任务需求的能力，增加了武器系统的可用度。从内置传感器采集的数据，由健康和使用监测系统将其转化成预测趋势，来预测故障什么时候发生，并确定哪些部件需要重新设计或替换，从而降低故障率，极大地提高作战效能；为指挥员、任务规划人员和维修人员提供了更优化的任务决策和任务分配所需的信息。

在战略层，数智维修可以极大地降低部队保障规模，减少保障费用。

尽管单个平台应用数智维修也会产生一定效果，但本质上，只有当整个部队应用数智维修技术时，才能够最有效地体现出新的保障方式的优势，实现对联合作战环境下保障态势的共同理解和综合决策，从而实现"精准保障"。

为此，必须做到以下几点：一是抢占战略竞争制高点，在数据挖掘及云计算应用技术、多源信息感知与融合技术、基于状态的维修及信息融合技术、全域资源精确自适应调度技术等方面持续取得实质性突破，为数智维修发展提供技术支撑；二是破除"需求迷雾"和"资源迷雾"，针对面向任务的维修资源需求预测，为保障需求与资源感知提供前沿感知技术与应用模型，提升保障需求与资源感知的实时性、智能性和精确性；三是推动基于人工智能的装备故障预测与健康管理，借助嵌入式综合检测、状态监测、腐蚀等损伤监测及状态评估、故障诊断等关键技术，对装备的实时状态进行评估，对装备的未来状态和剩余寿命进行预测，借助网络化、智能化的技术优势，为装备维修保障提供精确判断，为装备性能的高效恢复提供支持；四是加速机械化、信息化、智能化融合发展，特别是要补齐信息化的短板。例如，美军广泛应用"业务资源规划"平台进行一体化保障信息系统的开发，以便从顶层集成装备维修保障业务，设计新的业务流程；其统一规范的数据可为数智维修奠定基础。

2.2.2　数据科学将在数智维修中发挥核心作用

数据科学是从数据中提取有用知识的一系列技能和技术。从数据科学的视角，分析数智维修的组成单元主要包括以下几个部分：第一部分是装备状态感知——数据化，主要任务是将现实世界的各种实体映射到数字世界；第二部分是数据加工和处理，主要将不同来源的数据规整化，以便于之后的处理运用；第三部分是数据分析和理解，即将各种规整化的数据转化成与业务规则相关的信息，以利于下一步的分析；第四部分是洞察和可视化，即数据呈现及应用。从数据科学视角看数智维修的组

成单元，主要是利用人工智能、可视化等技术实现数智维修，如图 2-2
所示。

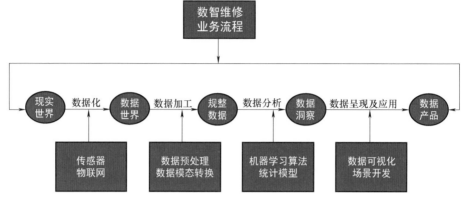

图 2-2　从数据科学视角看数智维修的组成单元

上述流程可以视为将数据抽象为信息量或密度越来越大的知识。在
最底层，从最接近数据生成设备的位置上获取数据，然后对数据进行清
洗、组织并处理成可接受的一致形式，最后将其提供给更高层。在高层，
数据定性为状态，然后进行诊断（当前健康状况）。从诊断开始，对数据
进行进一步处理和更大范围的抽象（预测未来的健康状况），最后在最高
的抽象水平上，数据表述为活动，用以实现用户的目标。与装备维修保
障相关的数据正在以惊人的速度产生、分析和记录。一个有效的数智维
修系统能够利用上述数据的一个子集，其中包括单个传感器数据、子系
统数据、系统级数据、装备集群数据，以及其他来源的数据，如与维修
相关的业务系统数据等。有效集成来自上述不同来源的数据需要一个模
块化、可扩展的基础设施。

数据科学的目标是通过将决策建立在从大数据集中提取洞察的基础
上来改进决策。数据科学由一系列原理、问题定义、算法及数据处理过
程组成，数据科学推动了现代社会几乎所有领域决策的发展。数据科学
与机器学习、数据挖掘有很多共同点，三者都致力于利用数据分析来改
进决策。但数据科学研究的范围更加广阔，机器学习更加关注算法的设

计与演化，数据挖掘主要用于处理结构化数据。数据科学涵盖了机器学习与数据挖掘的内容，还包括非结构化数据的处理、清洗、转换等。数据科学项目一般都是从一个现实的、特定领域的问题开始的，并且需要为这个问题设计一个数据驱动的解决方案。因此，要实现数智维修，拥有足够的维修领域专业知识非常重要，以便理解问题，拥有数据科学解决方案以适合业务流程。数据科学项目取得成功的关键是获取正确的数据并找到正确的属性。

如何面向装备维修保障的各业务领域，从海量数据中获取、处理、分析、分发装备维修保障数据信息，是数据智能时代应研究的问题。从数据的获取和管理，到装备维修保障领域的知识发现以及应用场景转化，数据智能技术都是基础。

当然，数据科学并不意味着可以让机器自主完成所有工作。实际上，在数据处理的各个阶段，都需要相关专家的介入，包括分解问题、解决方案设计、数据准确、选择最合适的机器学习算法、精准解释分析结果、根据分析结果采取必要的干预措施等环节。

有专家调查发现，目前的大数据项目，79%的时间都花在了数据准备上。项目主要任务的具体时间分布如下：收集数据集占19%；清理和组织数据占60%；构建训练集占3%；寻找数据挖掘模式占9%；算法调优占4%；执行其他任务占5%。

数据科学的快速发展为装备维修保障提供了战略机遇，从数据演化的历史可以看出，数据采集、存储、清洗、统计等静态框架，正在向数据分析、数据挖掘等动态框架发展，还在与人工智能等技术深度融合，实现数据智能。目前，发达国家的军队都在积极开发数据驱动决策的制定，以便建立数据政策，规定军事数据都是国防部的资产，发布和维持要求的装备完好性指标的实施和使用指南，以便能够提升部队的战备完好性。美国国防部的总体数据管理策略是"从隔离网络和传统系统内独立拥有和存储的数据，向国防部信息环境转变"。图2-3所示为美军从获得装备原始数据到做出保障决策的流程。

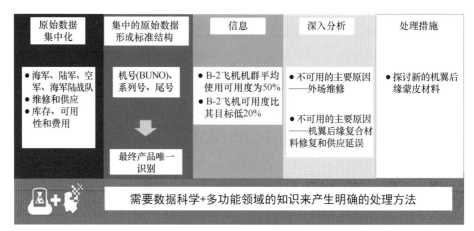

图 2-3 美军从获得装备原始数据到做出保障决策的流程

维修数据的具体要求为：可见，即能够找到权威的数据；可访问，即能够建立数据通道；可理解，即提供数据的背景知识；可链接，即协调数据以获得新的理解；可信，即保持最高等级的数据完整性。

2.2.3 物联网在资源感知与响应中发挥关键作用

物联网是指利用各种自动标识技术与信息传感设备及系统，按照约定的通信协议，通过各种类型网络的接入，将任何物品与互联网相连接，进行信息交换与通信，以实现智能化识别、定位、跟踪、监控和管理的一种信息网络。物联网具有如下特征：一是全面感知，利用条形码、射频识别、传感器等各种感知、捕获和测量的技术手段，随时随地获取物体的信息；二是互通互联（可靠传递），各种通信网络与互联网相互融合，通过网络的可靠传递实现物体信息的共享；三是智慧运行（智能处理），利用云计算、数据挖掘以及模糊识别等人工智能技术，对海量的数据和信息进行分析和处理，对物体实施智能化的控制。

在海湾战争中，美军的装备信息极不完整，基于储备的军事保障系统很难精确预测和判断作战需求，纵然取得压倒性胜利，但从美国本土运至前线的装备数量远超所需的装备数量，造成了数十亿美元的浪费。因此，美国国防部于 1992 年 4 月正式提出了全资产可视化计划，借助物联网技术构建集成的保障自动化信息网络系统，完成装备维修保障从"大量储备"到"精准保障"的转变。2003 年，美军在伊拉克战争中利用射频识别技术构建的全资产可视化系统，使其装备补给能力空前强大，节省了几十亿美元的开支。与海湾战争相比，美军海运量减少了 87%，空运量减少了 88.6%，战略支援装备动员量减少了 89%。

物联网能够有效避免维修工作的盲目性，其特征之一是装备维修保障敏捷化。物联网是新一代信息技术的重要组成部分，它将传感、通信和计算机三大技术进行融合，实现智能硬件和应用服务。因此，这一技术应用于维修领域，将加速推进装备维修保障的数智化升级和智能化转型。随着智能传感技术的突破，物联网能够为自动获取在储、在运、在用物资等信息提供方便灵活的解决方案。同时，物联网能根据战场环境的变化，预见性地做出决策，自主地协调、控制、组织和实施维修资源调配，为自适应性的维修奠定基础。另外，军事物联网实现了军事装备的智能化。通过大量的传感器，武器装备可实时获取战场态势、敌方威胁等战场信息，从而及时做出反应，提高战场生存能力；通过内嵌的诊断传感芯片，操作员和维修点可及时获知装备各部件的完好情况，实现战场维修精确化。

传感器技术的发展进步是数智维修的主要驱动力之一。当前有各式各样的传感器，其价格比过去更低，且能够产生大量的数据，数据收集的维度也更为广泛。如果得到正确处理，这些数据可以提供虚拟模型实况运行所需的信息和知识。物联网可以在带有 IP 地址的各系统之间实现连通性，从而进行数据采集和处理，是实时监测各个过程所需的关键因素之一。云计算可以在服务器中进行大规模数据处理和存储，使它们可以通过互联网进行访问。在更新到云端之前，边缘计算在本地网络的终端进行计算，减轻了服务器的负担。

计算能力和处理速度是影响大数据处理和云计算的两个主要因素。

强大的处理器可以实现数字孪生所需的实时更新，减少在解决复杂事例过程中所需的时间。系统整合、实时展示和分析预测也依赖对大量数据的处理和对有效信息的筛选，这些都建立在大规模的计算上。

2.2.4 人工智能技术支撑装备维修保障动态决策与优化

人工智能的出现主要依靠现代信息技术的诞生，但与传统的计算机技术根据已有程序来完成诸如计算和控制这样的任务不同，人工智能具有生物智能、自组织、自适应、自我运动等特点。可以说，人工智能的本质就是"给机器赋予智能"，研究内容主要包括自动推理和搜索、机器学习和知识获取、自然语言理解与处理以及智能机器人等。

人工智能技术与人类惯常的思维方式不同，是研究并开发可模拟、延伸和扩展人类智能的理论、方法、技术及应用的一门新技术科学，研究目的是使机器"会听""会看""会说""会思考""会学习""会行动"等。其主要应用领域包括语音识别、图像识别、人机对话、人机博弈、知识表示、机器人研发等。

人工智能决策支持技术主要包括遗传算法、机器学习、自然语言理解等。近年来，深度学习、强化学习、深度强化学习等人工智能决策技术快速发展。深度强化学习具备更强大的与环境交互学习的能力，可通过不断试错和最大化累积奖励，动态地生成最优的决策策略，使其成为优选的决策工具。典型的深度强化学习算法包括深度 Q 网络、演员-评论家算法、深度确定性策略梯度算法等。近年来，深度分层强化学习算法通过引入分层抽象技术，利用深度网络实现了更强的特征提取能力和策略学习能力，可有效解决更复杂的决策任务。

人工智能相关算法可以在更短的时间内提供维修决策方案，从而提高决策效率。维修决策支持与维修活动是从人员、资源、时间、费用、效益等多方面、多角度出发，根据状态监测、故障诊断和状态预测的结果进行维修可行性分析，并制定维修计划，确定装备维修资源，给出维修活动的时间、地点、人员和内容。维修决策的制定方法一般有故障树推理法、数学模型解析法、贝叶斯网络法（适用于表达和分析不确定和概率性事物）和智能维修决策法等。

数据技术打开了数据要素流动的闸门，模型技术将海量数据转化成各类业务价值，包括资源规划模型、动态感知模型、智能决策生成模型等。数据到决策技术旨在通过开发利用海量数据信息的创新技术手段，对来自各种信息源的传感器数据、历史数据等进行自动、实时分析和融合，将感知、认知和决策有机结合，从根本上改变传统的主要依靠人的经验和智慧，做出保障业务判断的决策模式，从而提高复杂环境下装备维修保障的决策水平和快速反应能力。

2.2.5 数字孪生技术在全寿命周期装备维修保障中逐渐获得应用

数字孪生是对现实世界中实体系统的数字化镜像，在运用三维建模、物理仿真等技术建立实体的数字孪生体后，借助各种传感器收集信息，能够实时反映现实中实体的数据以及状态变化。如果进一步扩展，还能够利用数字孪生体驱动实体的行动，完成虚拟与现实世界的相互影响，通过对信息数据的分析预测实体的发展变化，从而进行预测性、预防性的装备维修保障，利用孪生体实现更智能化的集成，使系统之间产生更便捷且直观的相互联系。

数字孪生将成为故障预测与健康管理相关研究领域的关键技术。由于故障预测与健康管理的主要目标是集成所有可用信息，提供装备维修解决方案，因此数字孪生可以在成为映射平台的过程中起到关键作用。这种平台可以集成所有的信息来完成对复杂系统健康状况的映射，基于组件或系统层面的数字孪生可以与其他此类数字孪生集成在一起，既能实现系统的整体状态监测，又能使原本独立的体系产生关联，结合横向（不同系统不同组件之间）和纵向（当前孪生体的历史数据）数据完成相关的评估，可以更好地模拟复杂装备功能，从而成为故障预测与健康管理的最新使能技术之一。

在传感器和通信技术、网络物理系统、计算速度和人工智能技术并行发展的推动下，"数字孪生"成为优化产品设计过程、实现工业 4.0 的智能制造、简化维修过程以及降低产品与其寿命周期中总体成本的关键。

具体来说，装备一旦被制造出来，其维修相关数据被全面采集后，就会有一个并行的数智化装备真实存在。现实中，若装备出现故障，数据被采集，则数字孪生的虚拟装备也"出现故障"。数字孪生不仅仅是装备的三维模型，更是真实物理世界的镜像，是实体装备的一个数字化副本，这个副本能够被随时调阅查看和分析，能够为诊断物理世界的问题提供可追溯的全寿命周期过程。物理世界中的装备出现故障，人们无法倒序回去，但基于全面数据采集的数字孪生可以，人们可以利用数字记录，全面追溯装备的运行情况，找到装备出现故障的原因，从而帮助人们更好地优化装备的维修和保养，为更好地改善物理世界提供数智化的模拟。

基于数字孪生的装备维修态势服务架构如图 2-4 所示。

（1）装备全寿命周期

装备全寿命周期如图 2-4 的顶层所示，它经历了五个阶段，包括立项论证、研制生产、试验鉴定、订购交付和使用保障。装备可以是来自系统的某个特定部件，也可以是整个系统本身。装备全寿命周期中生成的数据会被作为数字孪生虚拟模型的来源。它们还被用于验证虚拟模型，该模型以后可以被视为参考模型，在使用时可以根据该模型测量装备的性能和健康状况。

（2）虚拟模型

装备的虚拟表示/数字孪生是高度适应的仿真模型（图 2-4 的底层）。基于每个阶段的信息采集，数字孪生与其实体装备一同演化发展。数字孪生是实体装备在某一时刻的虚拟表示，反映了装备的运行情况。它利

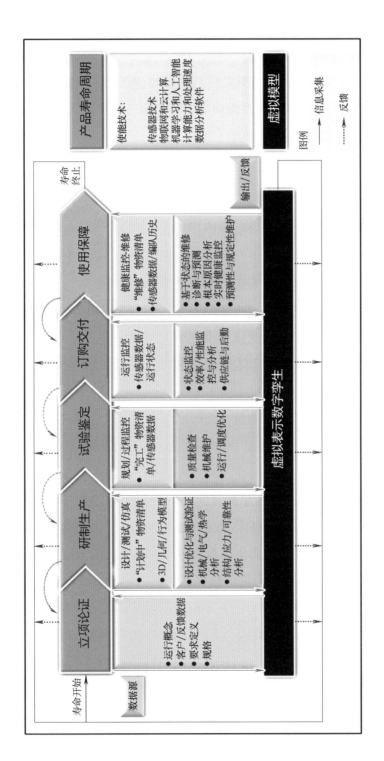

图 2-4　基于数字孪生的装备维修态势服务架构

用各种资源，包括几何或 3D 模型、CFD 模型，基于物理或功能模型来表示产品的功能。它还使用像装备"计划中""完工"和"维修"状态的物料清单（BOM）等数据，以及历史信息、维修记录，来更新虚拟模型及其环境的信息，以表示装备在寿命周期中的实际工作状态。

（3）连接段

连接段（图 2-4 的中间层）的特征是连接物理模型与虚拟模型的数据以及数字孪生的输出和反馈。在寿命周期的各个阶段中，数据必须与现有的虚拟模型融合，以在装备寿命周期的相应阶段更新数字孪生模型。数字孪生生态系统中的这种数据融合可在虚拟模型中实现更好的模型性能、适应性和鲁棒性。黄色背景的数据是从产品输入到数字孪生模型，绿色背景的数据是从数字孪生模型输出到装备寿命周期的某个阶段。数字孪生的输出和反馈取决于它的相关应用，数字孪生可以给出检测异常、健康退化与故障以及计算装备剩余使用寿命所需的一些信息结果。这些信息输出也会随着装备的寿命周期而变化，来自装备寿命周期和数字孪生所有阶段的信息将作为反馈信息发送（图 2-4 中的虚线），作为生成优化装备和过程所需的信息。

（4）使能技术

数字孪生使能技术包括传感器技术、物联网和云计算、机器学习和人工智能、计算能力和处理速度、数据分析软件（图 2-4 右侧中间层）。

传感器技术领域的发展是各类数字孪生的主要驱动力之一。当前，各式各样的传感器能够产生大量的数据，这些数据可以提供虚拟模型实况运行所需的信息和知识。

物联网可以在带有 IP 地址的各系统之间实现连通性，从而进行数据采集和处理；是实时监测各个过程所需的关键因素之一。**云计算**可以在服务器中进行大规模数据处理和存储，使它们可以通过互联网进行访问。云计算使可伸缩计算在任何时候都可用，这是无法通过本地服务器来实现的。在更新到云端之前，边缘计算在本地网络的末端进行计算，减轻了服务器的负担。数字线程搭建了装备与数字孪生之间的链接，并有望在其寿命周期内创造价值数据流。

机器学习和人工智能。数字孪生所需的输入应与系统性能一致，可以是规则、过程、模型甚至传感器数据的形式，这取决于与数字孪生模型的兼容性。输出由数字孪生模型借助围绕它构建的推理系统和高级机器学习算法生成。在高处理速度的支持下，机器学习算法可以在更短的时间内提供解决方案，从而提高整个问题的解决效率。

计算能力和处理速度是影响大数据处理和云计算的两个主要因素。强大的处理器可以实现数字孪生所需的实时更新，减少解决复杂事例所需的时间。

数据分析软件的发展有助于将数字孪生产生的结果转换为用户友好的可视化展示。基于此，从设计装备到监控生产过程与管理维修活动，多种平台使各种数字孪生模型的开发都将变得更加容易。

从本质上讲，数字孪生被定义为表示实体装备的仿真模型，但与常规的仿真模型不同，数字孪生会随着实体装备的寿命而发展，考虑了与装备服役年限相关的性能和故障。数字孪生的主要功能是生动形象地对装备进行虚拟表示，与装备寿命周期不同阶段采集的数据相关，以此创建装备运行的相关环境，其相应的输出会基于期望服务进行变化。

2.3 数智维修运行的基础平台

数智维修运行的基础平台是数智维修生态系统中重要的构成要素。为此，需要以装备维修保障数据采集为基础，采用系统中封装的故障诊断与预测模型对装备的故障进行诊断分析、对故障及性能变化趋势进行预测，驱动并支撑装备维修任务执行，为各级维修业务相关人员提供所需的信息，为战术层、战役层和战略层维修决策提供支持，支撑装备维修保障向数智维修转变，实现保障能力从"模糊定性"向"精准定量"转型。

数智维修运行基础平台的参考架构如图 2-5 所示。

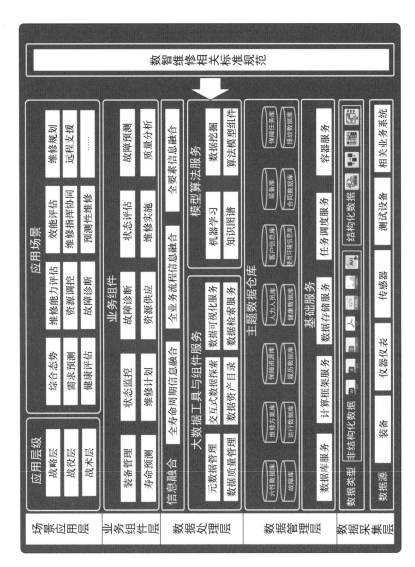

图 2-5 数智维修运行基础平台的参考架构

2.3.1　数据采集层

数据采集范围一般包括装备自身产生的数据以及维修信息系统中的相关业务数据等。平台中的数据，既包括平台自身业务过程生成的数据，也包括数智维修业务所需的外部输入数据，其中需要采集的外部数据可能是历史的静态数据，也可能是实时的动态数据。

数据格式可能为非结构化数据或结构化数据。在采集数据后，需要采用数据提取、转换和加载技术（ETL），按照统一的规则集成并提高数据的价值，完成数据从数据源向目标数据源转化的过程。各数据源的维修数据经过抽取、清洗、转换之后加载到数据仓库，目的是将分散、零乱、标准不统一的数据整合到一起，为数据统计分析和装备维修保障业务提供基础数据。根据数据来源的不同和业务上要求的不同，研究对不同类型的数据采取不同的接口模式。因此，平台需要提供多种数据交互方式。用户可根据各自的实际情况，按需选择合适的集成方式，以形成面向维修的数据仓库。

通过数据采集层实现对通过基于物联网的装备维修资源感知技术获取装备的状态数据、维修资源数据的采集、解析及转换。

数据抽取。通过数据访问接口，从不同的数据源中抽取数据，然后将数据存储到临时表中，为数据清洗提供基础。对不同特征的数据采用不同的抽取策略，以减少对系统的影响，同时又能提高抽取数据的效率和及时率。

数据清洗。数据清洗是过滤不符合要求的数据，将过滤的结果交给业务主管部门，确认是否过滤掉或者修正后再进行抽取。不完整数据的特征是一些应该有的信息出现缺失，如型号、系统、装备、故障发生日期等，需要将这一类数据过滤出来，按缺失的内容分别写入不同Excel文件，在规定的时间内补全，补全后才可写入系统。此外，将重复的数据记录下来，让用户确认并整理。通过程序将重复数据写入Excel文件，可促使用户尽快地修正错误，同时也可作为将来验证数据的依据。数据清洗需要注意的是，不要将有用的数据过滤掉，应对每个过滤规则认证进行验证，并要用户确认。业务数据很大一部分是从其他系统导出后人工修改加工后报上来的，很难避免人为错误。比如，数值数据输成全角数字字符，字符串数据后面有回车、日期格式不正确、日期越界等。这一类数据也要分类，对于类似全角字符、数据前后有不可见字符的问题只能通过编写结构化查询语言（SQL）的方式找出来，并在业务系统修正之后再抽取。日期格式不正确或者日期越界的这一类错误会引起导入程序失败，这一类错误需要在业务系统数据库中用维修信息化的方式挑出来，交给业务主管部门要求限期修改，修改之后再进行抽取。

数据转换。其主要任务是进行不一致的数据转换、数据粒度的转换和一些业务规则的计算。不一致数据转换的过程是一个整合的过程，将不同业务系统中相同类型的数据统一。数据粒度的转换是在抽取后统一转换成系统规定格式。业务规则的计算，由于不同的单位有不同的业务规则，如故障率记录单位不一致，因此在抽取之后，需要按照系统定义的规则重新计算。根据数据清洗转换操作的数据量，数据清洗转换程序以及所采用的操作系统，应设置支持多线程、多进程等体系结构，以获得最大的数据处理能力。

2.3.2 数据管理层

数据管理层主要用于提供基础数据管理服务和主题数据管理。

（1）基础数据管理服务

数据库服务。数据库服务用于对数智维修相关的多源、异构、海量数据进行存储，包括分布式数据仓库、分布式数据库、分布式文件系统、图数据库、分布式内存数据库、关系型数据库等。

计算框架服务。计算框架采用基本数据集群服务，提供上层应用资源管控集群管理，提供分布式存储与计算的平台；支持集群维修、资源管控、文件数据分布管理等。

数据存储服务。数据的存储过程主要分为三个步骤，首先将源数据通过数据抽取手段将数据存储至操作型数据库，经过数据的清洗转换后，将数据存入数据仓库，最后根据业务规则，将数据仓库的数据根据实际业务进行分类存储，以供业务应用调用和分析。为了方便业务应用对后台海量数据的调用，可根据业务应用建设相应的数据仓库，将属于该业务规则应用的数据建成相对独立的数据仓库，这样可以使业务数据结构清晰、针对性强、扩展性好，且数据易于维修和修改。建立关系型数据库，将结构化数据和非结构化数据形成关联体系，可以帮助用户提高对非结构化数据的索引和利用。

任务调度服务。分布式的工作流调度框架，支持工作流调度、监控，提供任务的执行、Web 界面的显示、调度信息的存储等能力。

容器服务。该服务整合了云计算、存储、网络、负载均衡、安全等能力，支持容器管理集群的部署与运维工作，提供容器编排、应用发布和交付。

（2）主题数据仓库

数据仓库是指在对原有分散的数据库数据抽取、清理的基础上经过系统加工、汇总和整理得到的面向应用主题的数据管理环境。为了更好地为前端应用服务，数据仓库具有效率足够高、数据质量高及扩展性要求高等特点。

面向维修业务主题域，建立装备维修保障主题数据仓库，包括六性数据库、维修方案库、保障资源库、人力人员库、用户信息库、装备库、保障任务库、故障库、运行数据库、履历数据库、健康数据库、使用环境信息库、合同数据库、排故数据库，主要用于存储和管理不同主题的业务数据。通过数据仓库的建设，能够为数据开发和治理人员展示同一源头不同开发状态下的数据。基于装备维修保障业务标签的组合，对上述主题域进行细化，细化后的数据可直接面向数据资产展现以及数据服务调用。对需要开展治理的数据，可使用数据治理的相关工具进行定义、监控和优化。

2.3.3 数据处理层

(1) 大数据工具与组件服务

提供支撑微服务运行的基础环境，提供元数据管理工具、交互式数据探索工具、数据可视化服务、数据资产目录及数据检索服务等基础功能。

元数据管理工具，可以对数据资源进行识别、描述和追踪，包括数据产生、数据存储、数据加工和展现等各个环节的数据描述信息。对这些信息分门别类地进行管理，并建立数据与数据之间的关系，可以帮助用户理解数据的来龙去脉、关系及相关属性。元数据管理工具还可以生成元数据全局视图，提供数据中心资源的全面指南。元数据管理平台支撑多种元模型，包括数据库资源、FTP 资源、代理资源、文件资源、表、视图、函数、存储过程、程序、文档、接口文件、指标和维度等，能够支撑数据仓库环境的各类元数据管理模型。

交互式数据探索工具，可以提供丰富的表格、图形分析和展现组件，增强了系统交互性，使用户可以通过图形化的人机界面进行直观的操作，以最简便的方式得到想要查询分析的结果。探索式数据分析工具主要包括数据存储、数据管理、数据查询引擎、数据挖掘算法、统计分析算法、交互式图形组件、简单表格、非线性报表、探索式轨迹管理等几大功能。

数据质量管理面向数据仓库的全量数据，以暴露和提升数据质量为目标，对数据进行全寿命周期的质量管理，包括稽核规则定义、稽核监控、发现问题和跟踪反馈。及时发现数据质量问题，及时纠正问题数据，可提高数据的可信度。数据质量管理工具旨在实现数据质量自动检查与监控，提供可视化的稽核规则配置，自动化地稽核任务执行，直观地稽核结果分析评估，帮助建立完善的数据质量管理流程与方法论，实现数据全寿命周期的质量监控与质量稽核，生成完整的数据质量综合报告，建立数据质量绩效考核机制，保障数据的完整性、准确性、一致性、及时性等。

数据可视化服务，用于将挖掘出来的知识呈现给管理者，为管理者的决策过程提供支持。提供的报表能够对接多种数据仓库、ETL、元数据等，并支持常用的智能分析操作，如维度旋转、钻取、切片等。基于非线性报表，该服务能够零编码处理复杂报表。基于 WEB 的报表设计工具，实现了集中部署与灵活集成的特点，完全满足网络环境下的系统要求；同时通过基于数据仓库与元数据的动态数据获取方式以及基于元数据语义的数据绑定方式，实现了免维修信息化编程的报表数据定制功能，更加方便业务人员自主定义报表，大大提高了业务支撑效率。报表系统可采用松耦合的组件模式，将数据源的构建，与元数据管理、数据读取服务、报表设计、报表渲染引擎分离，大大提高系统的二次开发与扩展能力。

数据资产目录，用于形成完善的资产地图，并在一定程度上为数据治理、业务变革提供指引。基于数据资产目录可以识别数据管理责任，解决数据问题争议，更好地对业务变革进行规划设计，避免重复建设。数据资产目录分为 5 层（L1~L5），L1 主题域：是顶层信息分类，通过数据视角体现最高层面关注的业务范围；L2 主题域：是互不重叠数据的高层面分类，用于管理其下一级的业务对象；L3 业务对象：是业务领域重要的人、事、物，承接了业务运作和管理涉及的重要信息；L4 逻辑数据实体：是具有一定逻辑关系的数据属性的集合；L5 属性：是描述所属业务对象的性质和特征，反映信息管理的最小粒度。

数据检索服务，用于非结构化大数据存储和检索，其设计目标是让用户快速、高效、安全地查询到有价值的信息。全文检索是以文本数据为主要处理对象，基于全文标引，使用自然语言进行检索的技术，能够从数据源表字段存储过程、自由维修信息化、信息域、文本文件、Excel

文件等来源制作查询，且支持跨数据源查询；同时支持列表浏览视图、图表视图、设计视图、表单视图等丰富的展现方式。

（2）模型算法服务

模型算法服务提供机器学习、深度学习、数据挖掘建模、算法组件、知识图谱及内置模型库，并支持专业算法模型的维修和管理，如模糊神经网络模型、关系网络模型、联邦学习等。

模型算法服务支持可视化算法建模，提供易用易学的数据计算分析工具，并且支持实时计算。通过模型算法服务，可以对常规数据资源进行管理，并在此基础上纳入对多种数据类型的支持，从而拓展计算数据资源的广度和深度，为更多大量且复杂的数据提供计算分析，并将计算结果用于指导生产；还可以对装备状态感知与评估模型、故障诊断与预测模型进行开发和配置，形成算法组件，嵌入到数智维修软件中。

（3）信息融合支持

通过信息融合对数智维修的业务和决策提供基础数据支持，主要包括全寿命周期、全业务流程、全体系要素装备维修保障的信息融合。

2.3.4 业务组件层

业务组件层提供数智维修所需的基础业务组件，包括装备管理、状态监控、故障诊断、状态评估、故障预测、寿命预测、维修计划、资源供应、维修实施及质量分析等，为数智维修应用提供支撑。

2.3.5 场景应用层

场景应用层提供面向各层级的场景应用，包括面向战术层、战役层和战略层的综合态势、维修能力评估、效能评估、维修规则、需求预测、资源调控、维修指挥协同、远程支援、健康评估、故障诊断恢复、预测性维修等。

2.4　数智维修实施的支撑条件

数智化变革需要强有力的组织形态来支撑，需要明确责任主体，以优化各相关机构间的协作流程，此外还需要关注团队的构建，弥补所属人员的能力差距，建设数智化知识学习的文化并使之可持续发展。这需要推进数智化能力和人才梯队的建设，组成推动转型的大规模推广的中坚力量，构建敏捷型组织机构和团队，为又快又好地实施和优化转型举措推动观念转变。

2.4.1　实施组织变革

组织变革是指在组织结构、运行机制、人才培养和观念文化上的深刻变革。成功的组织转型是一场自上而下推动的变革，首先需要从顶层明确目标，成为指导转型行动方向的"大脑"；然后形成转型举措与维修保障能力的映射，成为反映数智维修产生影响的"眼睛"；最后树立上下一致的变革管理理念和行为，成为引领各层级维修机构上下变革的"心脏"。

（1）建立数据治理责任体系

数智化变革不仅需要技术投入，更需要维修业务的主导，因此必须建立强有力的领导，同时提倡"用数据说话"，使数据成为决策的依据。信息、数据、智能等技术部门和维修业务部门应紧密结合，组建维修业务与 IT 一体化团队，瞄准关键的装备维修保障业务问题，找准转型突破口并开展工作。推动组织变革应当是基于对自身现状与面临挑战的清晰认识、对战争形态和作战需求变化的前瞻分析，以及对全球工业革命态势与技术发展机遇的充分掌握，综合研判而形成的战略共识。美国空军于 2021 年 6 月设立了永久性的数字转型办公室，隶属美国空军装备司令部，专门负责推进数字生态系统建设，这表明数字转型将成为美国长期推进的关键战略任务。数据治理责任体系主要分为三个层次：

高层数据治理领导机构专门负责制定装备维修保障领域数据治理的战略愿景，明确数据的全寿命周期管理流程与质量评价规范，推进数据中台和数据服务等关键项目发展，培育数据文化，优化数据管理流程，裁决数据争议并代表数据所有方监督整体数据治理工作。

中级数据治理人员在上级的统筹下负责制定具体制度，推进数据管理建设并对相关事务进行优先级排序。相关单位与业务部门根据数据管理规则，保证数据流转和质量，在数据应用中推动规则优化。各业务领域和部门都应当明确数据管理的专业机构或负责人员，一方面向业务主管汇报，承接落实本单位的数据管理责任，从数据管理和数据应用两方面保障维修业务与数据管理互相促进，确保本单位的项目符合统一的数据管理政策、流程与规范要求。可以说，跨项目、跨单位的数据联合团队（中级数据治理人员）贯穿了全领域具体数据的管理工作，是确保数据工作既充分融入维修业务，又与数智维修基础平台以及应用系统相统一的关键环节。

数据治理日常工作包括数据全寿命周期中所涉及的组织主题，以及数据管理中所涉及的技术、系统和具体应用等。这个运行框架也受相关方和具体治理项目的影响。在数据治理战略指导下，可以由数据管理专业人员、维修领域专家和维修业务策略人员共同起草数据治理的目标、原则和制度，然后由多方人员组成的数据治理委员会审查并完善，继而提交至决策层终审并发布实施。

管理制度需要包含众多内容，包括数据产生、数据应用、数据质量管理分工，以及认证数据、批准数据使用者、数据使用方式、批准流程、数据治理协同工作、定期复评所有认证数据等，从而保障适宜的数据治理环境。

（2）明确数据治理的整体框架

数据治理旨在有效管理数据，从而建立战略、目标和策略，这需要形成相应的组织框架，有一系列的流程、战略、组织和技术，在上述内容的相互作用中确保维修相关数据的可获得性、可用性、完整性、一致性和安全性。

数据治理和 IT 治理关注的重点有所不同。IT 治理制定关于 IT 投资、应用集合和项目选择的决策，同时包括了 IT 硬件、软件和相应技术，其目标是确保 IT 战略、投资能够服务于装备维修保障目标和战略的需要。数据治理则聚焦于从数据价值视角正确认识、管理、评估和审计数据管理项目和活动，确保其满足装备维修保障战略目标的需要。

数据治理本身是一个多学科的研究领域，不同学科的研究内容不同。法学关注数据治理中数据概念的界定和数据确权等现象和难点，经济学重点研究数据资产和数据定价等问题，管理学探究数据资产运营的管理方法、模式和数据治理体制机制等问题。数据科学作为综合性学科，重点从数据处理、数据分析、数据开放共享和数据安全等技术实现角度展开研究。

数据资产的价值发挥是数据治理的核心目标和成功的关键。为了提升数据价值，需要系统地设计管理体制机制，包括数据治理主体和数据管理，需要从多方面推动数据开放共享和保障数据安全。数据治理的驱动因素包括维修业务驱动、数据相关标准规范要求、业务流程改造、技术革新赋能等，同时涉及组织变革、技术升级、文化变革等，因此需要构建一个科学合理的整体框架。

数据治理的内容包括战略、制度政策、治理机构、数据标准和质量、数据管理监督、合规审查和问题管理等。数据治理需要为整个数据管理活动提供目标、原则、战略、制度、流程、整体框架和管理指标等，动态监督评价数据管理，并指导数据管理过程中各层级的活动。而具有可持续性的成功数据治理需要契合整体战略目标、深度嵌入维修业务活动、满足数据全周期管理、符合观念范式等。

数据治理的规划设计需要考虑可持续性。数据治理和组织运行发展并行，是一个持续发展的过程。因此，数据治理需要在维修业务的驱动下展开，并与之深度融合，要在业务流程中的各个环节改变数据的应用和管理方式，并采用新技术革新数据管理工具和方法，形成数据治理技术平台。数据治理不应当和装备维修保障的信息管理活动、业务流程及技术发展相分离，成为一个"独立"的附加管理流程。数据治理活动需要融合软件开发活动、数据管理应用、主数据管理和整体组织风险管理等。

（3）推进数据治理的实施

数据治理过程包含复杂的协调性工作，需要通过创建实施路线图实现科学规划，说明不同活动间的关系和整体时间安排。装备维修保障数据治理是联合综合治理项目，应当考虑不同业务领域、军兵种，以及不同相关方的参与程度、治理成熟度和数据治理项目的关键驱动因素等，以在不同时间段执行不同的具体数据治理活动，同时不断协调以实现整体目标。

总的来说，数据治理活动需要做好基础性的前期工作，包括定义可满足高优先级目标的数据治理流程；建立业务术语表来记录术语和标准；协调组织结构、数据管理，在数据治理方面形成共识；明确数据资产的价值和在维修中取得成功的作用，以促进数据治理决策。

对于数据治理的实施，应制定和采用统一的数据标准，并将其变成实施细则，简化数据治理流程，实现跨项目管理。数据标准的详细程度取决于政策法规和维修业务需要等多种因素。同时，记录数据标准也是以文档形式捕获维修知识和加深业务认识的过程。数据标准需要在有效沟通、监控和定期审查的基础上不断更新。

建立数据标准需要首先结合业务流程和相关组织机构厘清涉及所需的所有数据信息，具体包括类型种类、所属权、使用和管理人员、存储位置和如何访问等。一方面，要从维修业务流程中研究数据需求；另一方面，要从维修业务实践中整理和分类现有的数据。

唯有打造装备维修保障数据综合治理体系，才能确保关键数据在业务过程的流转中始终具有清晰的权责，数据管理者和维修业务相关参与者有相应的指导和规范的数据管理流程；当出现数据冲突时，相关人员应清楚该遵循怎样的流程以及寻找哪些人员/机构来裁决，治理过程中的组织机构、人员、预算才能相应的保障。在此基础上，才能形成适用于数据智能时代的数据治理生态系统，在保障数据质量和安全的基础上，最大化发挥数据价值和实现增值，最终实现数据驱动的数智维修。

2.4.2　推进观念转变

思维方式的转变是数智维修的根本动力。长期以来，支撑装备维修保障模式的思维方式是工业化的线性思维；而数据智能时代需要全新的思维方式，"大数据""人机共生""物联网"等反映的都是人与人、人与物、物与物之间的密切联系，需要整体性、体系性思维，应避免"只见树木、不见森林"的情况。

加深对数智维修的机理及关键科学技术问题的认识。数据智能技术的应用，在各行各业都有自己的特征和路径，无法照搬别的业务领域的做法。数智维修需要形成典型任务剖面下维修资源消耗规律的定量分析方法，构建并完善定性与定量相结合的面向任务的保障需求预测模型，建立数智维修理论体系，实现维修能力需求分析由"模糊式定性分析"向"精确化定量计算"转变。因此，必须反复迭代开展维修战略规划研究，持续推动对"数据智能驱动装备维修保障"的认识。

培养复合型人才队伍。数据智能技术带来维修理念、模式、方法、技术、流程等全方位的变革。由于数据智能技术与维修体系、技术之间存在着天然的"鸿沟"，要真正做到两者的融合需要维修各业务领域、数据科学、人工智能技术领域专家的共同努力。目前，顶层设计缺少可供借鉴的经验，最重要的是缺少既懂维修业务，又熟悉数据科学以及人工智能技术的"跨领域"人才。由于装备维修保障领域存在强对抗性、高动态性、复杂性等，数智维修顶层设计更需要有一批懂专业、了解数据智能技术的"跨领域"专家迭代开展顶层规划，以持续推动各项技术方法的行业落地。

持续迭代，推进三化融合。数智化变革是主动的、持续的升级过程。当人类社会面临从一种形态向更高级形态不断升级的时候，用转型的方式主动推动装备维修保障的变革，既顺应了数据智能时代动态演进的历史趋势，也贴合了维修数智化变革并非一蹴而就的特点。机械化、信息化、智能化存在相对独立的理论体系、发展路径和建设模式。以创新的思维理念打开"三化"融合发展思路，实现各"化"深度融合的整体协调发展，实现跨领域、跨系统、跨层级的各"化"战略资源一体设计、统筹利用，才能最终形成强强融合、优势互补、生态开放的新能力。只有不断完善激励链，营造创新环境，才能提升"三化"融合发展水平。

2.4.3　强化标准化数据治理

数智维修相关的标准主要包括三大类：一是民用标准化组织颁布的故障预测与健康管理相关标准；二是美军颁布的增强型基于状态的维修标准；三是综合保障方面的数据标准规范。

围绕标准化数据治理的目的，国外已有多个标准化组织发布了数智维修相关业务数据的标准规范，其中具有较大影响力的标准规范组织包括国际标准化组织（ISO）、电气电子工程师学会（IEEE）、美国机动车工程师学会（SAE）、机器信息管理开放系统联盟（MIMOSA）、美国航空无线电协会（ARINC）等，其发布的标准主要用于规范装备状态监测与诊断数据。此外，还有欧洲航空航天与防务工业协会（ASD）的 S 系列标准，主要用于规范装备综合产品保障数据。

（1）故障预测与健康管理相关标准

国外故障预测与健康管理相关标准的系统开发，从术语定义、通用指南、系统结构到具体诊断技术的应用，已经形成比较完整的标准族，为故障预测与健康管理研发提供基本的框架。其数据表达和交换标准是测试、诊断信息表达和交换的基础，为故障预测与健康管理数据交换提供基础。

机器信息管理开放系统联盟标准化组织主要公布了两项与数据/信息流有关的标准，包括基于状态的维修开放系统架构（OSA-CBM）和面向企业应用集成的开放系统架构（OSA-EAI）。其中，基于状态的维修开放系统架构描述了系统的数据采集、数据处理、状态监测、健康评估、预测评估和决策支持六个功能模块，以及这些模块之间的接口。面向企业应用集成的开放系统架构为在各系统之间分享状态、维修和可靠性信息提供了信息交换的标准，并为资产信息的存储提供了关系数据库模型。

美国机动车工程师学会标准化组织专门成立了几个分委员会，分别致力于开展飞行器综合健康管理（IVHM）标准项目、航空推进系统健康管理（EHM）标准项目、结构健康监测（SHM）标准项目和起落架状态监测相关的标准项目。

电气电子工程师学会标准化组织主要针对电子系统发布了测试、诊断、健康管理等方面的标准。其中，IEEE 1856 标准描述了电子系统的故障预测与健康管理架构；IEEE 1636 系列标准《维修信息收集和分析软件界面（SIMICA）》规定了维修信息采集与分析软件接口规范，致力于提供一种维修信息的顶层模型。

美国航空无线电协会标准化组织发布了两项与健康管理相关的标准，包括机内测试设备设计和使用指南 ARINC 604 和机载维修系统设计指南 ARINC 624。

（2）美军基于状态的维修相关标准规范

美军也非常重视数智维修的发展，通过制订政策性指令、设置组织机构等多种措施，推动其数智维修的发展和应用。2002 年，美国国防部发布了备忘录《增强型基于状态的维修（CBM+）》，对数智维修政策进行了描述，用以指导美国各军种和国防部其他部门评估、开发和实施数智维修技术及流程改进，以减少计划外维修，提高作战可用性，为其现有武器系统在应用数智维修技术方面开辟了道路。

美国国防部 2007 年 12 月首次颁布了 DoDI 4151.22《装备维修中的增强型基于状态的维修》，要求各军种将增强型基于状态的维修纳入政策，在技术可行且有益的情况下根据维修指南和程序设计、开发、演示、部署设备，实现对现役武器系统以及新一代装备的增强型基于状态的维修。该指南还对增强型基于状态的维修的管理进行了规定，要求美国各军种指定一个协调中心，负责增强型基于状态的维修工作、监测结果及其他行动。2018 年，美国国防部发布了 4151.22-M《以可靠性为中心的维修》手册，以及国防部指令 4151.18《军事装备维修》，以帮助各军种贯彻和执行增强型基于状态的维修。

2020 年，美国国防部对 DoDI 4151.22《装备维修中的增强型基于状态的维修》进行了更新，持续强调增强型基于状态的维修的重要性，要求各军种为武器系统层面的数智维修需求提供相应的资源保障。随后，美国各军种以落实美国国防部指示为契机，进一步加强了相关制度的落实，并针对各自的情况制定了相应的政策条例。

（3）欧洲航空航天与防务工业协会 S 系列综合产品保障规范

S 系列综合产品保障规范是由欧洲航空航天与防务工业协会（ASD）、美国航空航天工业协会（AIA）与美国航空运输协会（ATA）等组织合作开发的一系列标准规范，包括 S1000D《使用公共源数据库的技术出版物国际规范》、S2000M《物料管理国际规范》、S3000L《后勤保障分析国际规范》、S4000P《预防性维修大纲制定与优化国际规范》、S5000F《服役数据反馈国际规范》、S6000T《培训分析与设计国际规范》等。由于这些标准具有体系架构清晰、接口关系明确、信息化水平高等特点，目前已经在欧洲及美军的装备保障领域，特别是航空领域取得了很好的应用，并得到了普遍认可；展现出了强劲的发展势头并形成了巨大的行业影响力。

S 系列规范包含的技术资料、物料管理、保障性分析、维修规划、数据反馈等都是综合保障领域的重要因素，且其整体侧重于解决维修信息化方面的问题，为数据收集、传输、处理和发布等提供了依据，为实现快速有效的装备维修保障奠定了基础。S 系列规范除了规定业务流程和方法，还重点定义了数据模型、数据交换、数据元素等相关内容。通过将综合保障数据模型化，可以大幅提升综合保障业务的数字化水平。其中，在数据模型方面，采用统一建模语言（UML 2.0）中的类图建模方法，围绕不同主题，可以定义"功能域""功能单元""类"以及"属性"等不同层级的数据单元，在"类"之间建立"泛化""组合""聚合""依赖""实现"等多种逻辑关联关系，形成层次化、标准化的数据模型。在数据交换方面，利用可扩展标记语言 Schema 可在各业务之间进行有效的数据交换。

《使用公共源数据库的技术出版物国际规范》将维修理念、培训理念和设计数据转化为公共源数据库（CSDB）中的数据模块（DM）、出版物模块（PM）等信息对象；使基于公共源数据库的信息对象可以出版发布多种形式（基于页面或面向 IETP 的交互式浏览）的技术出版物交付物；以便用户存储和管理服役期间的反馈数据。

《物料管理国际规范》将物料管理数据模型分为 31 个功能单元，包括物料适用性声明、变更信息、交付、开具发票、订购、器材供应、支付、运输等。该标准描述了产品承制方与用户之间的数据接口关系，规定了在提供产品过程中所产生的公共数据集（即数据格式）；产品承制方应依据合同在产品管理的各个阶段（包括采购和使用）遵循统一的业务规则（流程和公共数据集）和接口，向用户提供产品综合保障管理所需的数据。

《后勤保障分析国际规范》将保障性分析数据模型分为 41 个功能单元，并使用统一建模语言（UML）中的类模型进行描述，在统一建模语言类模型中定义的每一个属性在数据元素清单中都有定义。由于数据模型已经被结构化，可以将其内容映射到 ISO 10303-AP239《产品寿命周期保障（PLCS）》，从而简化产品寿命周期保障数据交换规范在实际数据交换过程中的使用。

《服役数据反馈国际规范》定义了装备运行数据反馈所需的业务流程和数据模型，具体分为构型、元素、环境与基础设施、环境影响与报废处置、事件和后果、机队、信息、维修、管理、物料、消息、杂项、运行、人员与组织、产品、监管、安全17个功能域，共计101个功能单元，481类以及若干属性。

《培训分析与设计国际规范》旨在定义所有层次的分析和设计，包括定义培训要求、学习目标以及确定培训课程，旨在使不同组织开发教学系统的过程和数据标准化，以提供相关且有效的产品培训。

为了在产品寿命周期中安全地共享和交换数据，协会编制了S系列综合产品规范的顶层规范SX000i《综合产品保障国际规范》，配套成立了欧洲航空航天与防务工业协会/美国航空航天工业协会数据建模与交换工作组（DMEWG），发布了SX001G《S系列综合产品保障（IPS）规范术语》、SX002D《S系列综合产品保障规范公共数据模型》、SX004G《统一建模语言（UML）模型阅读指南》、SX005G《S系列综合产品保障规范可扩展标记语言Schema实施指南》等一系列数据交换标准，以确保在不同综合产品保障规范中正确实施此类流程。数据建模与交换工作组协调在综合产品保障规范指导委员会和工作组之间开展的数据建模活动，以便统一数据需求并将其整合到一个一致的数据模型中。

除了欧洲航空航天与防务工业协会的S系列规范，国际标准化组织、美国机动车工程师学会、美国航空运输协会等标准化组织也加大了综合保障数据模型的开发力度，包括GEIA STD-0007《保障产品数据》、ISO 10303-AP239《产品寿命周期保障》、ATA SPEC-2000《物资管理电子商务规范》等。基于上述标准，还配套开发了Eagle、SLICwave、Omega PS等一系列综合保障数据管理软件。经过几十年的发展，许多标准已经逐渐成熟并趋于国际化，主要是美国军用标准和欧洲标准两大体系，它们相辅相成、相互对应、相互促进，国际综合保障数据规范演变及相互关系如图2-6所示。

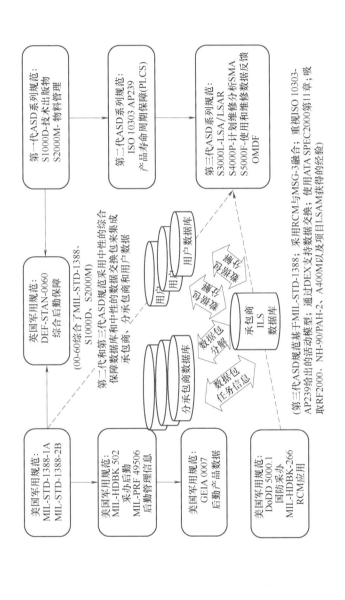

图 2-6　国际综合保障数据规范演变及相互关系

（4）国内预测性维修相关标准

国内标准化组织，如国家标准（GB）、联合行业标准（EJ/QJ/HB/CB/WJ/SJ）、国家军用标准（GJB）等，在借鉴国外相关标准基础上，结合国内装备故障预测与健康管理技术成熟度水平，陆续制定了故障预测与健康管理相关标准。

其中，GB/T 40571—2021《智能服务　预测性维护　通用要求》于2022年5月1日正式实施，该标准是我国首项预测性维修相关的国家标准，通过对预测性维修系统架构、工作流程、功能要求的标准化，以及典型装备预测性维修技术的实例化，为预测性维修技术研究和工程实施提供了规范和依据，有助于打破我国预测性维修行业概念混乱、行业发展不均衡的现状，统一预测性维修语境，规范行业秩序，引领技术创新和行业发展。

参考文献

[1] 约翰 D 凯莱赫，布伦丹 蒂尔尼. 人人可懂的数据科学［M］. 北京：机械工业出版社，2019.

[2] 赵楠，谭惠文. 人工智能技术的发展及应用分析［J］. 中国电子科学研究院学报，2021，16（7）：737-740.

[3] ZHA D, LAI K H, TAN Q, et al. Towards automated imbalanced learning with deep hierarchical reinforcement learning［C］//Proceedings of the 31st ACM International Conference on Information & Knowledge Management. 2022：2476-2485.

[4] 黄志刚，刘全，张立华，等. 深度分层强化学习研究与发展［J］. 软件学报，2023，34（2）：733-760.

[5] 刘勐，夏文祥，路增磊. 找准"三化"融合发展着力点［N］. 解放军报. 2021-02-23.

[6] ASD/AIA S1000D. International specification for technical publications using a common source database. Issue 5.0［S］. ASD-AIA，2019.

[7] ASD/AIA S2000M. International specification for Material Management. Issue 7.0［S］. ASD-AIA，2021.

［8］　ASD/AIA S3000L. International procedure specification for Logistic Support Analysis. Issue 2.0 ［S］. ASD-AIA, 2021.

［9］　ASD/AIA S5000F. International specification for in-service data feedback. Issue 3.0 ［S］. ASD-AIA, 2021.

［10］　ASD/AIA S6000T. International specification for training analysis and design. Issue 2.0 ［S］. ASD-AIA, 2021.

［11］　祝青钰, 蒋觉义. 飞机健康管理标准研究综述 ［J］. 航空标准化与质量, 2021 (6): 9-13.

［12］　国家市场监督管理总局, 国家标准化管理委员会. 智能服务　预测性维护　通用要求: GB/T 40571—2021 ［S］. 全国过程测量控制和自动化标准化技术委员会, 2022.

第3章 数智维修数据管理

本章首先剖析装备全寿命周期维修数据的总体框架，提出无论是单装数智维修，还是装备体系数智维修的实现，都离不开数据的支撑，即数据资产。因此，需要对维修数据进行全面的规划与管理。针对维修数据格式多样、来源众多、范围较广等特点，提出采用元数据、结构化数据和非结构化数据的数据分类框架，并给出各类数据的管理要求和方法。在此基础上，为了确保维修数据质量和数据安全，进一步明确维修数据质量评估与治理程序，以及安全管理方法，实现真正意义上的多方数据安全共享和有效应用。

3.1 面向全寿命周期的维修数据

数据是实现数智维修的血液。近几年来，在大数据浪潮中，"数据即是资产"的观念已成为共识，社会对数据价值的重视程度与日俱增。作为新时代的一种战略资源，数据对军队保持竞争优势具有重要作用，作为一种新的要素，数据是数智维修的基础和支撑。

装备在使用阶段会产生海量的数据资源，其中既包括装备使用过程中实时产生的数据，如某型雷达每秒产生的数据量为1.2G，包括40万数据项；也包括装备使用保障和维修保障所产生的大量保障数据。但这些数据在我国还没有真正发挥价值。数据像一座矿场，只要一个装备在使用，这台装备的数据就会不断产生。但没有经过治理的数据，并不能成为资产。现阶段，很多机构对数据资源和数据资产的认知和管理不到位，被形容为"坐在金山上吃馒头"。从数据资源到数据资产，虽仅一字之差，但"差之毫厘，谬之千里"。

只有治理过的数据，才具备形成数据资产的条件。不同装备、不同平台的数据由于缺乏统一的标准，采用的分类原则和分类方法存在差异性，导致分类的类目名称、类目级别、类目数量的设置都存在很大的差异，由此造成数据质量不高，难以高效为联合作战装备维修保障筹划和组织实施，以及精确把握维修保障态势，提供有效的数据支撑。数据治理的关键工作是以元数据管理为基础，实施数据质量管理和数据安全管理。

装备保障数据按业务维度，可划分为装备研制阶段维修保障数据和使用阶段维修保障数据。装备研制阶段的保障数据主要集中在装备研制部门，装备使用阶段的保障数据主要集中在装备使用管理单位。两个阶段的数据需要根据使用需求有序流动，才能保证装备、保证整体顺畅运行。

（1）装备研制阶段维修保障数据

装备研制阶段重点关注装备维修保障的定型图样及技术文件，为维修资源建设提供的装备维修任务分析信息，涵盖故障树分析（FTA）、故障模式影响及危害性分析（FMECA）、以可靠性为中心的维修分析（RC-MA）、使用任务分析（OTA）、维修任务分析（MTA）等。为确保装备维修保障工作的顺利开展，迫切需要及时获取设计定型或生产定型成套图样及技术文件、装备研制过程分析信息等与维修保障密切相关的信息，其总体框架如图 3-1 所示。

这些数据是一个全集，需要根据不同装备类型、不同类型分系统相应地裁剪或增加具体内容，提出具体型号装备维修数据获取需求。

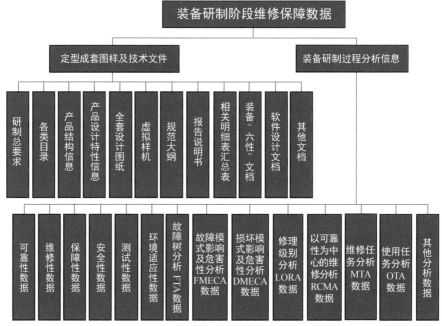

图 3-1　装备研制阶段维修保障数据总体框架

（2）装备使用阶段维修保障数据

装备使用阶段维修数据主要包括任务数据、维修数据、保障资源数据等。通过对使用阶段维修数据的采集处理和分析反馈，可以使研制单位、使用部队等利益攸关方掌握装备的运行和维护性能，用以引导产品/装备设计改进和维修保障优化，提高整体运行效率，降低运行支持成本。装备使用阶段维修保障数据总体框架如图 3-2 所示。

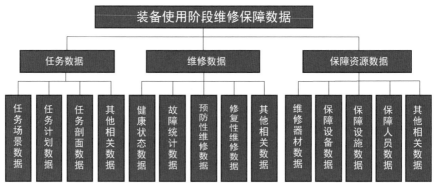

图 3-2　装备使用阶段维修保障数据

任务数据主要包括任务场景数据、任务计划数据、任务剖面数据和其他相关数据。其中，任务场景数据包括日常战备、演习演训、专项任务等任务想定数据；任务计划数据包括任务波次、任务持续时间、任务所需装备数量等数据；任务剖面数据包括任务阶段、任务成功判据等数据。

维修数据主要包括健康状态数据、预防性维修数据、修复性维修数据和其他相关数据。其中，健康状态数据包括状态监测、状态评估、状态预测等数据；预防性维修数据包括装备小修、中修、大修等数据；修复性维修数据包括故障、排故等数据。

维修资源数据包括维修器材数据、保障设备数据、保障设施数据和保障人员数据。其中，维修器材数据包括器材库存、出入库、报废等数据；保障设备和设施数据包括其基本信息、状态信息和使用信息；保障人员数据包括专业、数量、技能水平等。

数智维修数据主要表现出以下三个特点：

维修数据格式多样。装备维修保障全生命过程中包括业务信息系统、数据库、Excel 表格以及其他形式存储的结构化数据，也包括图纸、资源、文档、参考文献、报告等形式的非结构化数据。其中，结构化数据主要包括保障性分析软件、FRACAS 系统、质量控制系统、器材管理系统等各类维修保障业务系统数据库中的数据；半结构化数据包括产品结构信息、产品维修保障设计特性信息、维修资源配套目录等 Excel 文件中的数据，以及交互式电子技术手册（IETM）等可扩展标记语言文件中的数据；非结构化数据包括研制总要求、维修保障设计报告、试验报告等Word 文档中的数据，以及虚拟样机中的模型数据，设计图纸中的数据，使用问题记录的视频和语音数据等。

维修数据范围较广。为了科学合理地开展数智维修，不仅需要对装备实际使用过程中的性能参数进行监控，还要对研制、定型、制造过程中的数据进行采集。因此，维修数据贯穿了装备论证阶段、方案阶段、工程研制与定型阶段、生产及部署使用阶段等寿命周期全过程。

维修数据来源众多。不同生命阶段的维修数据来源于不同单位，包括论证单位、研制单位、试验单位、使用部队等。

（3）维修数据分类框架

由于维修数据具有格式多样、范围较广、来源众多等特点，根据业务维度对数据进行划分容易造成全生命各阶段数据条块切割、难以融合等问题。因此，在实际操作中，建议将维修数据按数据特性及治理方法的不同进行分类定义，即元数据、结构化数据和非结构化数据。维修数据分类框架如图 3-3 所示。

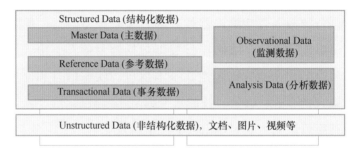

图 3-3　维修数据分类框架

元数据，是指定义数据的数据，是所使用的物理数据、技术和业务流程、数据规则和约束以及数据的物理与逻辑结构的信息。例如，数据标准、业务术语、指标定义。

结构化数据，是指可以存储在关系数据库中，用二维逻辑表结构来表达实现的数据。例如，产品、型号、故障模式等。

非结构化数据，是指形式相对不固定，不方便用数据库二维逻辑表来表现的数据。例如，网页、图片、视频、音频、可扩展标记语言等。

数据分类定义及特征描述见表 3-1。

表 3-1　数据分类定义及特征描述

数据类型	数据分类名称	定义	特征
元数据	—	定义数据的数据	是描述性标签，描述了数据（如数据库、数据元素、数据模型）、相关概念（如业务流程、应用系统、软件代码）以及它们之间的联系（关系）

（续）

数据类型	数据分类名称	定义	特征
结构化数据	主数据	具有高业务价值的、可以跨流程跨系统重复使用的数据，具有唯一、准确、权威的数据源	1）通常是业务事件的参与方，可以跨流程、跨系统重复调用 2）取值不受限于预先定义的数据范围 3）在业务事件发生之前就客观存在，比较稳定 4）主数据的补充描述可归入主数据范畴
	参考数据	用结构化的语言描述属性，用于分类或目录整编的数据	1）通常有一个有限的允许/可选值范围 2）静态数据，非常稳定，可以用作业务/IT 的开关、职责/权限的划分或统计报告的维度
	事务数据	用于记录维修保障业务事件，其实质是主数据之间活动产生的数据	1）有较强的时效性，通常是一次性的 2）事务数据无法脱离主数据独立存在
	监测数据	监测者通过监测工具获取监测对象行为/过程的记录数据	1）通常数据量较大 2）数据是过程性的，主要用作监控分析 3）可以由机器自动采集
	分析数据	对数据进行处理加工后，用作业务决策依据的数据	1）通常需要对数据进行加工处理 2）通常需要将不同来源的数据进行清洗、转换、整合，以便更好地进行分析 3）维度、指标值都可归入分析数据
非结构化数据	—	形式相对不固定，不方便用数据库二维逻辑表来表现的数据	1）形式多样，无法用关系数据库存储 2）数据量通常较大

3.2　维修元数据管理

由于装备全寿命周期维修数据种类繁多，且分布在各个异构系统中，为了充分使用和维护这些数据，需要通过装备维修保障元数据管理，使不同表现形式、分布在不同位置的维修数据能实现信息共享和互操作。

（1）维修数据中的元数据

元数据是关于数据的组织、数据域及其关系的信息。维修保障元数据就是描述维修数据的数据，指描述数智维修信息所产生的有关数据定义、目标定义、转换规则等相关的关键数据，包括对数据的业务、结构、定义、存储、安全等各方面的数据的描述。完善的维修保障元数据体系能充分反应技术信息的自身属性与外界联系，其描述不仅针对数据本身，还具有一定的语义描述性，能被机器识别，能参与系统管理，在信息交换中保持信息的有效性、一致性和完整性。

元数据与数据的不同之处在于：元数据描述的不是特定的实例或记录，高质量的元数据可以用来理解现有数据；元数据是比一般意义上的数据范畴更加广泛的数据，不仅表示数据的类型、名称、值等信息，还提供数据的上下文描述，比如数据所属的业务域、取值范围、数据间的关系、业务规则、数据来源等。无论是结构化数据，还是非结构化数据，最终都会通过元数据治理落地。元数据管理贯穿整个数据价值流，覆盖从数据产生、汇聚、处理到使用的全生命周期。

示例：用以描述装备故障信息的元数据。图 3-4 所示为维修数据的分类示例，从机型、机号、日期、故障件、所属系统、故障后果、判明方法以及排除方法等描述故障信息。"机型""机号""日期""故障件""所属系统""故障后果""判明方法"以及"排除方法"等字段就是描述装备故障的元数据，因为它们是用来描述具体数据/信息的数据/信息。

元数据具有一系列相互支持的方法、技术和系统，能保证开放地描述和组织信息内容的各个层次及其相互关系。比较典型的技术有资源描述框架（RDF）、可扩展标记语言（XML）等国家通用的标准化方法。其中，可扩展标记语言技术内容与形式分离，具有良好的数据存储格式、可扩展性、高度结构化、可以轻松实现数据在 Web 上发布等优点。因此，采用可扩展标记语言技术能更容易实现维修数据的共享和互操作性，降低开发难度，减少开发费用。基于可扩展标记语言的装备故障信息元数据描述示例如图 3-5 所示。

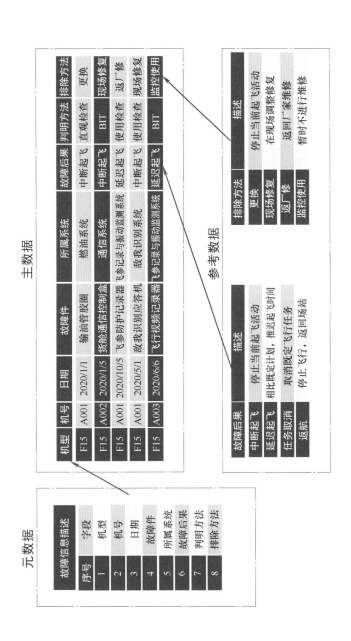

图 3-4　维修数据的分类示例

```
    </xs:element>
<xs:element name= "故障描述" type="xs:string"/>
<xs:element name="详细描述">
    <xs:complexType>
        <xs:sequence>
            <xs:element name= "故障系统名称" type="xs:string"/>
            <xs:element name= "故障子系统名称" type= "xs:string" minOccurs= "( )"/>
            <xs:element name= "故障系统的识别信息" type="xs:string" minOccurs="( )"/>
            <xs:element name= "关联设备" type="xs:string" minOccurs= "( )"/>
            <xs:element name= "故障信息" type="xs:string"/>
        </xs: sequence>
        <xs:attributeGroup ref="更改标识"/>
    </xs:complexType>
</xs:element>
<xs:element name="检测信息">
    <xs:complexType>
        <xs:sequence>
            <xs:element ref="现场可更换单元测试项目" maxOccurs="unbounded"/>
        </xs: sequence>
        <xs:attributeGroup ref="更改标识"/>
        <xs:attribute ref="故障类型" use="optional"/>
    </xs:complexType>
</xs:element>
```

图 3-5　基于可扩展标记语言的装备故障信息元数据描述示例

（2）维修保障元数据管理要求

在维修保障中，必须采用科学、有效的机制对元数据进行管理，并向开发人员、业务用户提供元数据服务，以满足用户的业务需求，为业务系统和数据分析平台的开发、维护等过程提供支持。

可以从技术、业务和应用三个角度理解元数据管理。

技术角度：元数据管理数据源系统、数据平台、数据仓库、数据模型、数据库、表、字段以及字段间的数据关系等技术元数据。

业务角度：元数据管理业务术语表、业务规则、质量规则、安全策略以及表的加工策略、表的寿命周期信息等业务元数据。

应用角度：元数据管理为数据提供了完整的加工处理全链路跟踪，方便数据的溯源和审计，这对于数据的合规使用越来越重要。通过数据血缘分析，追溯发生数据质量问题和其他错误的根本原因，并对更改后的元数据进行影响分析。

作为数据治理的基础，元数据管理从功能上主要包括元数据采集服务、元数据存储服务、元数据管理服务和元数据分析服务，如图 3-6 所示。

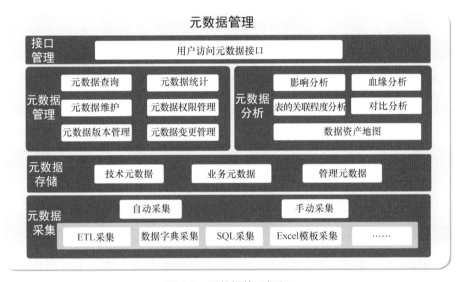

图 3-6　元数据管理框架

1）**元数据采集**。常见的元数据有数据源的元数据、数据加工处理过程的元数据、数据仓库或数据主题库的元数据、数据应用层的元数据、数据接口服务的元数据等。元数据采集服务提供各类适配器来满足以上各类元数据的采集需求，并将元数据整合处理后统一存储于中央元数据仓库，实现元数据的统一管理。在这个过程中，数据采集器十分重要，元数据采集不仅要能够适配各种数据库、各类 ETL、各类数据仓库，还需要适配各类结构化或半结构化数据源。

关系型数据库。通过元数据适配器采集来自达梦数据库 DM8，以及 Oracle、维修信息化 Server、MySQL、DB2 等关系型数据库的库表结构、视图、存储过程等元数据。关系型数据库一般都提供元数据的桥接器，如 Oracle 的 RDBMS，可实现元数据信息的快速读取。

非关系型数据库。元数据采集工具应支持来自 MongoDB、CouchDB、Redis、Neo4j、HBase 等非关系型数据库中的元数据，非关系型数据库适配器多半利用自身管理和查询 Schema 的能力。

数据仓库。对于主流的数据仓库，可以基于其内在的查询脚本，定制开发相应的适配器对其原数据进行采集。例如，MPP 数据库 Greenplum，其核心元数据都存储在 pg_database、pg_namespace、pg_attribute、pg_proc 这几张表中，通过维修信息化脚本就可以对其元数据进行采集。Hive 表结构信息存储在外部数据库中，同时 Hive 提供类似 show table、describe table 之类的语法来支持其元数据信息的查询。当然，也可以利用专业的元数据采集工具来采集数据仓库系统的元数据。

云端的元数据。云端企业元数据管理通过各种上下文改善信息访问，并将实时元数据管理、机器学习模型、元数据 API 推进流数据管理，以便更好地管理数据资产。

其他元数据适配器。建模工具适配器包括 PowerDesigner、Erwin、ER/Studio、EA 等；ETL 工具适配器包括 PowerCenter、DataStage、Kettle 等；BI 工具适配器包括 Cognos、PowerBI 等前端工具中的二维报表元数据采集适配器；Excel 适配器用于采集 Excel 格式文件的元数据。

目前，元数据产品中还没有哪一个能做到"万能适配"，在实际应用过程中都需要进行或多或少的定制化开发。元数据采集完成后，存储在数据库中，支撑元数据统计、查询、血缘分析、影响分析、数据资产地图等元数据应用。

2）**元数据存储**。依照元数据管理制度及要求，获取元数据后，应根据规则进行元数据分类，然后再根据每类元数据的定义实现元数据分类管理。元数据分为业务元数据、技术元数据和操作元数据。业务元数据：介于业务人员和系统之间的语义层，包含业务定义、业务部门、业务规则、管理部门等信息。技术元数据：主要指所在系统的数据类型、数据处理逻辑、表/字段等技术细节信息。操作元数据：主要指数据访问权限、数据处理作业的结果等数据处理过程的元数据。

3）元数据管理。

元数据管理主要包括元数据查询、统计、维护等内容。

元数据查询。元数据系统采用树形方式来统一展示元数据信息，层级结构清晰，便于用户直观地了解元数据的组织结构。但由于元数据来源繁多、数量巨大，很难快速地精准定位到用户所关心的特定的元数据信息。自助式元数据查询为用户提供了直观、简洁的界面，用户根据自定义搜索条件，即可查询符合该用户访问权限的所有元数据信息，搜索结果以列表的形式展现，支持模糊查询。

元数据统计。元数据统计用于统计各类元数据的数量，如各部门提供的各类数据的种类，各部门数据被使用的冷、热度等，方便用户掌握大数据平台中元数据的汇总信息。元数据统计的展现方式有报表、图形等直观的方式。

元数据维护。元数据维护是对信息对象的基本信息、属性、被依赖关系、依赖关系、组合关系等元数据的新增、修改、删除、查询、发布等操作，支持根据元数据字典创建数据目录，打印目录结构，根据目录发现、查找元数据，查看元数据的内容。元数据维护是最基本的元数据管理功能之一，技术人员和业务人员都会使用这个功能查看元数据的基本信息。

元数据版本管理。元数据版本管理用于管理元数据的版本发布，以及基于版本的元数据查看、比对等操作，通过版本管理功能，用户可以更清晰地了解元数据的版本变更历史，掌握元数据的生命周期，提升后续使用元数据的可靠性。例如，当某个信息系统的元数据第一次全量采集进入元数据管理库时，对其发布一个基线版本；几年后，该信息系统进行了一次重大升级，许多数据结构都被更改了，还有新增和删除的元数据，则之后要再对元数据进行一次全量采集，对其发布第二个版本。

元数据变更管理。元数据变更管理主要是在线对元数据进行变更，如对属性值进行修改、对变更历史和变更明细进行查询、对变更前后进行差异比对等。用户可以自行订阅权限范围内自己所关注的元数据，当这些元数据发生变更后，系统将以邮件、短信等形式通知用户变更的发生，用户可根据指引，进一步在系统中查询该变更的具体内容及相关的影响分析。

4) 元数据分析。

元数据分析主要包括影响分析、血缘分析等内容。

影响分析。元数据影响分析指的是评估数据变更对数据应用的影响。影响分析能帮助用户迅速了解和分析当前元数据对象的下游数据信息，快速识别元数据的价值，掌握元数据变更可能造成的影响，以便更有效地评估变化带来的风险。

血缘分析。元数据血缘分析会告诉你数据来自哪里，经过了哪些加工。其价值在于当发现数据问题时可以通过数据的血缘关系追根溯源，快速定位问题数据的来源和加工过程，减少数据问题排查分析的时间和难度。血缘分析的输出结果包括回溯过程中所找到的所有相关元数据对象，以及这些元数据对象之间的关系。这些元数据对象可能是指标、接口文件、报表、数据库表、数据库视图、数据立方体实体、数据处理过程和数据源接口等。血缘分析以图形化的方式展示给用户，用户看到的是代表该元数据血缘关系的一条分布有各个节点的链形图，图中的节点代表数据来源过程中的步骤。

数据资产地图。大数据平台内的元数据种类繁多、形式各异，元数据查询、血缘分析、影响分析等功能，是面向元数据细节信息的使用需求，更适用于具体的人员。各部门基于元数据开展相关工作，对于领导、管理人员等高层用户，由于关注层次更高、范围更广，该类用户不需要大量的细节信息。数据资产地图用于在宏观层面组织信息，力求以全局视角对数据进行归并、整理，展现数据的宏观信息。数据资产地图以图形化的方式管理数据资产，提供多形式的图形化展现，如支持全景数据地图，方便用户从宏观角度对数据进行深入的理解，如数据分布情况等。数据资产地图支持数据库级别的数据流向可视化展示，数据按照时间维度的增量、存量展示，便于监控数据的增量、存量情况。

5）**元数据接口**。建立元数据查询、访问的统一接口规范，以便将装备维修领域核心元数据完整、准确地提取到元数据仓库中进行集中管理和统一共享。元数据接口规范主要包括接口编码方式、接口相应格式、接口协议、接口安全、连接方式、接口地址等方面的内容。

3.3　结构化维修数据管理

装备维修保障结构化数据包括主数据、参考数据、事务数据、监测数据、分析数据。结构化数据的共同特点是以信息架构为基础，建立统一的数据资产目录、数据标准和模型。本节将重点介绍五类结构化数据的管理方法。

3.3.1　维修主数据管理

（1）维修数据中的主数据

主数据是指具有高业务价值的、相对静态的、可以跨越多个业务系统间共享的、被重复使用的数据，如研制阶段的产品结构信息。这些数据主要存在于装备维修管理信息系统中，具有唯一性、准确性、共享性、相对稳定性等基本特征。主数据犹如数据这棵"大树"的根，只有健康的树根才能支撑得起大树的繁枝茂叶、累累硕果。简单地说，主数据管理保证系统能够协调和重用通用、正确的主数据。主数据主要是指经过实例化的关键数据，维修保障主数据可以理解为一部分元数据的实例化。

示例：用以描述装备故障信息的主数据。还是回到图 3-4 的故障信息描述场景，我们在数据模型设计的"故障信息表"中填写相应的故障数据，如"F15""A001""2020/1/1""输油管胶圈""燃油系统""中断起飞""直观检查""更换"等等。这些在故障信息表中填充的数据，正是故障信息的主数据，因为这些数据是数智维修业务相关的关键信息，它们将在数智维修分析活动中在各系统之间传递，并被反复引用。这些核心关键数据在数据的质量、一致性、可用性、管理规范等方面都应有最严格的数据要求。

（2）维修保障主数据管理要求

主数据管理是集方法、标准、流程、制度、技术和工具为一体的解决方案：方法是指主数据梳理、识别、定义、管理、清洗、集成和共享所需要的一系列管理办法；标准涵盖了主数据的分类、编码、建模、清洗、集成、管理、运营等的相关标准和规范；流程是指规范主数据生产、管理和使用的相关流程，如主数据新增流程、主数据变更流程、主数据冻结流程等；制度确保了主数据的一致性、正确性和完整性，用于规范主数据管理、维护、运营的相关管理办法、规定和考核手段；技术和工具是实现主数据管理和集成所涉及的技术平台和工具，如 MDM 系统、ESB、ETL 等。

主数据是装备维修保障的"黄金数据"，具有很高的价值，是数据资产管理的核心。通过统一数据标准，打通数据孤岛，主数据管理对于装备维修保障的数智化建设、业务和管理能力提升、核心竞争力构建以及"数据驱动"的实现具有重要意义。

打破孤岛，提升数据质量。 建立统一的主数据标准，规范数据的输入和输出，打通各部门、各系统之间的信息孤岛，实现核心数据的共享，提升数据质量。主数据管理可以增强 IT 结构的灵活性，能够灵活地适应单位业务需求的变化，为业务应用的集成、数据的分析和挖掘打下良好基础。

统一认知，提升业务效率。 在维修业务执行过程中，主数据的数据重复、数据不完整、数据不正确等问题是造成业务效率低下、沟通协作困难的重要因素。例如，"一物多码"问题常常让维修的采购部门、器材管理、财务部门头痛不已。实施主数据计划，对主数据进行标准化定义、规范化管理，可以建立起维修人员对主数据标准的共同认知，提升业务效率，降低沟通成本。

集中管控，提升管理效能。当装备的核心数据分散在各单位、各部门的信息系统时，缺乏统一的数据标准约束以及管理流程和制度的保障对于装备维修保障的集约化管理是非常不利的，因为无法实现跨单位、跨部门的信息共享。要想加强集中管控，部署和实施统一、集中的主数据管理是重要前提。

数据驱动，提升决策水平。在数据智能时代，装备维修保障的管理决策正在从经验驱动向数据驱动转型。主数据作为单位业务运营和管理的基础，如果存在问题将直接影响决策，甚至误导决策。实施有效的主数据计划，统一主数据标准，提高数据质量，打通部门、系统壁垒，实现信息集成与共享，是实现数据驱动、智能决策的重要基础。

完整的主数据体系，包括主数据标准体系、主数据管控体系、主数据质量体系和主数据安全体系等。主数据体系的建设过程可分为三个阶段，即规划设计阶段、标准制定及数据清洗阶段以及系统建设及集成阶段，如图 3-7 所示。

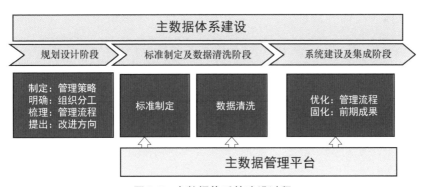

图 3-7　主数据体系的建设过程

第一阶段是规划设计阶段，需要完成管控组织体系、流程体系的设计与制定，建立主数据的组织、岗位、人员和职责，并明确体系改进方向和策略。

第二阶段是标准制定和数据清洗阶段，需要进行主数据类别的识别，制定各类主数据模型、业务标准和数据标准，并根据主数据类别完成各系统内主数据的数据清洗，根据标准进行标准化处理，提高主数据的质量。

第三阶段是系统建设及集成阶段，需要完成主数据管理平台的建设，利用平台将主数据的模型标准进行固化，抽取各系统中的主数据到主数据管理平台进行统一管理，并建立不同的分发机制，为系统集成提供统一的数据接口标准。

主数据管理体系建设需要定期评估、持续优化，根据部门应用系统建设情况及业务需求变化情况，持续优化主数据管理体系。主数据管理体系的优化应能促进主数据管理平台不断改进，发挥基础数据中心的作用。

3.3.2 装备维修保障参考数据及事务数据管理

参考数据是增加数据可读性、可维护性以及后续应用的重要数据，如修复性维修过程数据中的故障后果和排故方法。此外，为确保对维修数据字段理解的一致性，需要引入参考数据。很多系统中都会有各种各样的数据字典，但正是由于这些数据字典仅局限于个别系统而没有统一的标准，从侧面间接造就了大量的数据孤岛。为了进行更有效率的数据整合、数据共享和数据分析应用，需要利用参考数据，针对维修保障业务数据进行整合和管理，利用参考数据集记录系统为范围内的 IT 系统中的数据库提供统一的参考数据。

事务数据在维修保障业务和流程中产生，用于业务事件的记录，其本身就是业务运作的一部分，如使用阶段的使用过程数据和维修过程数据。事务数据是具有较强时效性的一次性业务事件，通常在事件结束后不再更新。事务数据的治理重点就是管理好事务数据对主数据和基础数据的调用，以及事务数据之间的关联关系，确保上下游信息传递顺畅。在事务数据中需明确哪些属性是引用其他业务对象的，哪些是其自身特有的。对于引用的基础数据和主数据，要尽可能调用而不是重新创建。

3.3.3　装备维修保障监测数据管理

监测数据是通过监测工具获取的数据，监测对象一般为人、事、物、环境，如使用过程中的装备运行数据。相比于传统数据，监测数据通常数据量较大且是过程性的，由机器自动采集生成。不同感知方式获取的监测数据，其数据资产管理要素不同。监测数据的感知方式可分为软感知和硬感知。软感知是使用软件或者各种技术进行数据收集，收集的对象存于数字世界，通常不依赖于物理设备，一般是自动运行的程序或脚本；硬感知是利用设备或装置进行数据收集，收集的对象为物理世界中的物理实体，或者是以物理实体为载体的信息，其数据的感知过程是数据从物理世界向数字世界的转化过程。

监测数据的特征有如下几点：

1）监测数据通常数据量较大且是过程性的，主要用作监控分析。例如，各种传感器产生的性能监测数据，飞行参数记录仪产生的运行数据等。

2）监测数据由机器自动采集生成。例如，各种传感器产生的数据，包括温度、压力、流量、噪声、振动、油压、转速等。

3）监测数据是监测工具采集回来的原始数据，仅转换数据结构和格式，不做任何业务规则解析。

监测数据的管理模型如图 3-8 所示。

图 3-8　监测数据的管理模型

原则上，监测对象要定义成业务对象进行管理，这是监测数据管理的前提条件。监测数据需要记录监测工具和监测对象。针对不同感知方式获取的监测数据，其资产管理方案也不尽相同。

3.3.4 维修保障分析数据管理

分析数据是指对数据进行处理加工后，用作业务决策依据的数据，如使用过程中的故障统计数据。它用于支持报告和报表的生成。用于报告和报表的分析数据可以分为如下几种：

- 用于报表项数据生成的事实表、指标数据和维度。
- 用于报表项统计和计算的统计函数、趋势函数和报告规则。
- 用于报表和报告展示的序列关系数据。
- 用于报表项描述的主数据、参考数据、事务数据和监测数据。
- 用于对报告进行补充说明的非结构化数据。

分析数据涵盖的范围较广，如主数据、参考数据等，这些数据类别本身已经有相应的管理机制和规范，这里我们重点对部分新的细分数据类型进行说明。

事实表。从业务活动或者事件中提炼出来的性能度量。其特点为：每个事实表由颗粒度属性、维度属性、事务描述属性和度量属性组成；事实表可以分为基于明细构建的事实表和基于明细做过汇聚的事实表。

维度。用于观察和分析业务数据的视角，支持对数据进行汇聚、钻取和切片分析。其特点为：维度的数据一般来源于主数据和参考数据；维度的数据一般用于分析视角的分类；维度的数据一般有层级关系，可以向下钻取或向上聚合形成新的维度。

统计型函数。与指标高度相关，是对指标数量特征进一步的数学统计，如均值、中位数、总和、方差等。其特点为：通常反映某一维度下指标的聚合情况、离散情况等特征；其计算数值在报告中通常呈现为图表中的参考线。

趋势型函数。反映指标在时间维度上变化情况的统计方式，如同比、环比、定基比等。其特点为：通常将当期值与历史某时点值进行比较；调用时，需要收集指标的历史表现数据；其计算数值在报告中通常呈现为图表中的趋势线。

报告规则数据。一种对业务决策或过程的陈述，通常是基于某些约束产生的结论或需要采取的某种措施。其特点为：将业务逻辑通过函数运算体现，通常一个规则包含多个运算和判断条件；规则的计算结果一般不直接输出，需要基于计算结果翻译成业务语言后输出；规则通常与参数表密切相关。

序列关系数据。反映报告中指标及其他数据序列关系的数据。

3.4　非结构化维修数据管理

非结构化数据是指未通过数据模型预先定义的数据，包括关系数据和模型数据。装备维修保障非结构化数据往往是指不适合用数据库二维逻辑表来表现的数据，包括所有格式的办公文档、标准通用标记语言下的子集、各类报表、图像和音频视频文件以及工程图文档信息等。相较于结构化数据，非结构化数据在数据对象、数据格式、时间维度、存储形式、增长速度、信息含量、数据价值等方面存在明显差异，具体见表 3-2。

表 3-2　结构化数据与非结构化数据特征差异

内容	结构化数据	非结构化数据
数据对象	结构化数据以关系型或单一数据属性，如机型、机号、日期、故障件、所属系统、故障后果、判明方法以及排除方法等，作为数据对象	非结构化数据以内容或本体，如文件、图像/图形、音频、视频、邮件、报表、网页、各种纸本等，作为数据对象
数据格式	结构化数据强调基于表格的关系型数据值格式类型，如字符型、整型、日期型、数值型等	由于非结构化数据较多体现在无模式、自描述的文件及内容，其数据格式更为多样，如 png、jpg、mp4、doc、pdf 等

（续）

内容	结构化数据	非结构化数据
时间维度	结构化数据以单一数据属性为主，需要构建关联，呈现分析结果，应用时效性较短	非结构化数据以文件和内容为主，信息量较大，应用时效性更长
存储形式	结构化数据通常仅存储在软件应用系统和数据仓库中	非结构化数据的存储端多样，可以储存在个人计算机、服务器、应用系统、文件柜或档案室等终端以及以数据湖为代表的大数据平台中
信息含量	结构化数据需要结合上下文语义呈现信息，信息量较小，体现在定量数据和关键的业务信息	非结构化数据所包含的信息量较大，可以扩展至情感性、描述性、文档性等更为广泛的信息
数据价值	结构化数据的价值主要体现在假设、明确或已知的数据分析价值	非结构化数据的价值主要体现在更广泛的、具有探索性、可数据挖掘等未知的数据洞察价值

　　相较于结构化数据，非结构化元数据管理除了需要管理文件对象的标题、格式、Owner 等基本特征和定义，还需要对数据内容的客观理解进行管理，如标签、相似性检索、相似性连接等，以便于用户搜索和消费使用。因此，非结构化数据的治理核心是对其基本特征与内容进行提取，并通过元数据落地来开展。非结构化维修数据的管理模型如图 3-9 所示。

　　非结构化维修数据的元数据可以分为基本特征类（客观）和内容增强类（主观）两类。

　　基本特征类：参考都柏林十五个核心元数据，实现对非结构化数据对象的规范化定义，如标题、格式、Owner 等。

　　内容增强类：基于非结构化数据内容的上下文语境，解析目标文件对象的数据内容，加深对目标对象的客观理解，如标签、相似性检索、相似性连接等。

　　非结构化数据的元数据管理采用统分统管的原则，即对基本特征类属性进行统一管理，内容增强类属性由相关承担数据分析工作的项目组自行设计，但其分析结果都应由元数据管理平台自动采集后进行统一存储。

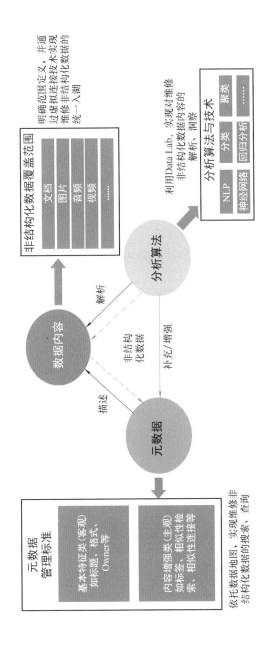

图 3-9 非结构化维修数据的管理模型

非结构化数据的元数据管理平台通过"基本特征类元数据流"和"内容增强类元数据流"两条线来实现对非结构化数据的元数据管理和消费使用。非结构化数据处理过程如图 3-10 所示。

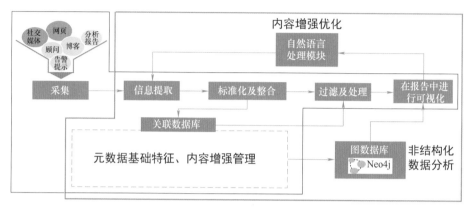

图 3-10 非结构化数据处理过程

基本特征类元数据流。元数据管理平台基于收集的各类非结构化数据源信息，自动完成基础特征类元数据的采集工作，按照管理规范和要求通过标准化及整合后存储在元数据管理平台中，并在完成元数据过滤、排序后将结果在元数据报告中进行可视化展示，以供用户消费使用。

内容增强类元数据流。基于元数据管理平台中基本特征类元数据的信息，各数据分析项目组解析目标非结构化对象的数据内容，并将分析结果通过元数据采集、元数据标准化及整合后统一存储在元数据管理平台中，以供用户一并消费使用，增强用户体验。

3.5　维修数据质量评估与管理

3.5.1　维修数据质量管理环节

随着装备的使用，数据量会越来越大。如果没有对数据进行严格管理，数据丢失现象会比较严重，数据不完整和不连续会影响对数据的分析。因此在收集数据时，应对这些情况进行了解，对收集结果进行补充或修正，在进行数据分析时，进行必要的补充和筛选工作。例如，对于不同的装备使用单位，应区分装备的使用环境；对于运行数据，应区分日常训练、演训或作战等状况；对于任务延误、取消，应区分技术或天气等原因；对于故障应区分关联故障或非关联故障，对于部件拆换应区分计划拆换或非计划拆换；在同类装备型号中，也会有改装前和改装后的区别，不能将改装前后的数据进行混同处理。

（1）数据选样

数据选样是从已知数据集中选择部分数据，用于数据分析。该项工作通常用于数据准备阶段和最后的数据分析。大批量的数据处理会花费较长的时间，且处理成本较高，因此通常会选择部分数据作为样例。使用样例数据能够减小数据规模，并且在数据处理过程中，一些效果好的算法可以应用到样例数据上。在无法采集所有数据的情况下，所选装备的运行情况（如飞机的机队运营状况等）应具有代表性。有效的数据选样原则为：选择后的样例数据在数据处理的效果上应与原数据集相当。因此，要求样例数据在原数据集中要具有代表性，即样例数据在整体特征上要更接近于原数据集。选样方法一般有简单随机选样和分类选样两种。

简单随机选样是比较简单且容易实现的选样方法。但在实际情况中，一个数据集通常含有多种类型的数据，各类数据数量不等，这时若采用简单随机选样，则选出来的数据样例就无法准确表征数据集。例如，同类型飞机在不同纬度、不同季节所体现出来的性能有所不同，得到的可靠性数据也有所差别。另外，各单位装备维修保障技术水平的差异，也会影响装备的整体性能。因此，在数据选样时，必须有针对性地进行选择，数据样例的特征应尽量地表征这个数据集，这就需要分类选样。

分类选样是将数据集划分成互不相交的几个类，通过对每一个类随机选样来得到整个数据集的选样，这样得到的结果就比较有代表性。这种技术就是在互不相交的几个类内进行选样，类内选样可以采用简单随机选样技术。比如，考虑装备使用环境的差异性，数据收集以及选样可以按照地理环境划分。

如何确定数据样例集的大小比较困难。如果数据样例集较大，其表征的原数据集特征就比较大，会减少选样的优点；如果数据样例集较小，很多稀有类的数据就会丢失，会使后续分析偏离真实的数据特征。选样的大小直接关系到数据样例集的质量，会影响数据分析与评估结果的准确性。

（2）数据交换

数据交换是指按照约定的数据格式在数智维修数据管理系统或相关业务系统之间进行数据交流或共享。就目前的数据交换解决方案来看，数据交换从本质上可以分为点对点交换和网状交换两类。**点对点交换**是数据交换的常态。但由于不同单位对维修数据的要求不同，尚未建立统一的数据交换标准来规范这种数据交换。**网状交换**是最佳的数据交换方式。它针对维修数据制定了一个统一的数据交换标准。在可扩展标记语言（XML）出现以后，由于其可跨平台等优点，逐渐成为制定特定应用领域数据交换标准的首选，每个数据交换系统都会将其数据转化成符合统一标准的可扩展标记语言格式用于系统之间的数据交换。这种基于可扩展标记语言格式的数据交换方式，使各相关方不同系统之间形成了网状的数据交换方式，与点对点的数据交换方式相比，具有显著优势。

此外，利用网络或存储介质，在装备使用单位、研制单位以及维修单位等之间可以实现数据的传输。数据传输有两种基本方式：一是利用磁带、磁盘或光盘等实物媒介实现的传输方式；二是利用局域或广域的计算机远程通信实现的联机存取/传输方式。随着信息化技术的发展，军队维修机构信息化办公程度正在逐步提高，通过安全网络传输数据的方式已逐渐成为主流。

（3）数据字典的构建

数据字典的好坏直接影响对数据质量的控制，因为约束规则库是基于数据字典构建的。通过以物理表结构中的诸多约束为参照，可以实现对数据字典的管理与维护。通过数据字典的构建，可以创建应用数智维修数据中所有结构化数据的数据项信息，包括数据项代码、数据类型、宽度、精度及非空等信息。当然，数据字典中数据项表的属性信息并不局限于上述信息，上述信息都是组成数据字典数据项信息表的最基本信息，也是保证数智维修数据质量的最基本的组成部分。

（4）数据更改控制

数据更改控制包括更改请求的提出、审核、实施等方面。

提出。所有数据更改都应记录变更的详细信息，相当于一个备忘。需要记录的信息可能因不同机构或不同项目的规定而不同。变更提出者应能简明扼要地记录有价值的信息，比如问题发生时的运行环境、要变更的功能等。

审核。对于提出的变更申请，审核者首先应确认变更的意义，确认是否要修改；其次审核者应确认变更可能产生的影响，根据影响分析决定是否要修改变更的内容，并对项目其他方面的变更进行评估，评估后方可实施变更。

实施。实施要根据变更要求进行修改。在机构分工的情况下，更要协调多个小组进行同步变更以保证产品的一致性。实施变更的一个初始目的是为了便于项目的跟踪回溯，那么针对变更而做的修改也应该被记录并和变更关联，实现修改原因及修改内容的双向跟踪。

（5）数据权限管理

数据权限管理指为保证数据的安全性，建立数据的授权管理机制。数据权限管理中的数据类型主要有工作流数据和非工作流数据，对工作流数据的权限控制称为动态权限控制，对非工作流数据的权限控制称为静态权限控制。

动态权限控制主要采用"作者-读者"的权限管理模式。对处于工作流的数据，后台程序会先判断该数据所处的状态以及当前状态下该数据对象的具体使用人员，若当前状态下数据对象的使用人员是作者，则可以对该数据对象进行查看、修改等操作；若当前状态下数据对象的使用人员是读者，则对该数据对象只有查看权限；对于没有参与工作流程的人员来说，对数据对象就只有能查看和不能查看的权限。

静态权限控制是一种被动的权限控制，在这种控制下，用户对数据的操作权限按照"先设置后使用"的方式进行。对于非工作流数据来说，数据被创建后即对其设置权限，如数据的创建者可以对数据进行查看、修改和删除等操作，而其他人只有能查看和不能查看的权限。

（6）数据存储

数智维修数据的存储工作，是数据采集、处理和发布的重要环节，采集的数据在经过规范化处理后，无论是否立刻向外部发布，都需要存储，以便随时查询使用。存储后的数据更加科学、有序，有利于数据分析人员对数据进行分析、比较、判断和预测。数据的存储有以下基本要求：在数据存储周期内，应能安全、可靠和完整地保管好各类信息；在需要信息时，应能方便、快捷地对数据进行查询和检索，确保信息具有可追溯性；数据的存储应按分级集中存储的原则进行，分级指各层次的信息管理部门应按所承担的信息采集任务分工来存储数据，集中则是指各层次的信息管理部门将所需存储的数据集中存储至一个数据库。

（7）数据运维

数智维修数据运维通常是在数据出现问题后，通过数智维修信息管理系统或数据库管理对数据进行调整或修改以维护其正常状态。显然，数据运维过程是处在数据管理过程的最后，是事后处理过程，是一种亡羊补牢的措施，但这个过程是必不可少的。防患于未然是最经济的管理方法，要想减少数据运维的工作量，就必须做好事前防御工作，因此必须建立完善的数据质量管理体系，杜绝脏数据的产生。

一般情况下，当出现错误数据时，要按照"鉴定—分析—维护—验证—总结"的步骤完成数据运维工作：鉴定是出现问题时，首先鉴定问题，为下一步更好地分析和解决问题打好基础；分析是完成问题鉴定后，通过分析找出产生错误的原因、环节和类型，提出解决方案；维护是数据运维首先应建立数据维护填报登记审批制度，当数据出现问题时，应经过相关管理人员的审批，再由数据运维人员对数据问题进行处理；验证则是数据运维完毕后，数据管理员对修改的数据进行查询和验证，确认运维数据是否符合数据质量标准；总结的目的是挖掘问题产生的根本原因，积累数据运维的经验。

3.5.2　数据质量控制

数智维修数据的质量问题，首先是在数据采集过程中出现的问题，即数据源的质量是一切数据质量问题的源头，如果在数据采集过程中就加入质量检查与防范机制，从源头控制进入数据库中的数据质量，数据质量问题就能得到一定程度的解决，因此数据采集阶段的质量控制十分重要；另外，还有一些数据已经存入数据库但仍然存在质量问题，对于这些历史数据也应当有质量控制。

（1）数据采集中的质量控制

数据采集过程中的质量检查存在两个极端性问题，如果数据输入过程没有建立约束规则，缺少了控制环节，采集的数据就会有数据格式不准确、数据不一致和数据重复等问题，严重影响数据的使用效率。比如，数据表的某一属性列的所有数据都是问题数据，按照质量控制的思想，若对其一一定位进行解决，将产生繁重的工作量。这时应该考虑在数据检查之前对所有的数据进行预处理操作，这些操作主要针对数据格式的转换，如日期格式转换、数字类型转换、字符类型转换，以及对字符串的函数操作（包括去空格、大小写转换）等，这样就会很大程度上减轻数据检查的工作量，提高检查的效率。

如果采集过程中的质量控制过于严格，就可能因为不必要的控制丢失有质量问题但有重要意义的数据，就可能会使数据分析结果无法完整地反映数据特征。因此，数据采集过程中的数据约束规则设定应适度，它不能像对历史数据进行控制的约束规则那样细致，但也要保证数据在进入数据库前是完整和准确的。这里引入了临时中间库的概念，在用户选择特定数据表进行数据的录入时，临时中间库会自动创建一个与采集表结构相同，但没有任何约束条件的表，数据进入临时中间数据库后，已制定好的约束规则会对临时中间库中的数据进行质量检查，通过检查规则的数据可以进入数据库，而没有通过检查的数据则反馈给数据编辑人员，修改后反复进行循环检查，直到数据达到标准为止。数据进入数据库后，临时中间库中的表将被删除。对于那些虽然有质量问题但有重要意义的数据，则应修改数据约束规则，但不能改变保证数据库完整性这一重要前提。

临时中间库的引入使数据加载到数据库之前就预先经过一次数据质量检测，过滤掉了部分存在质量问题的数据，降低了数据库的负担，同时对提高数据库的处理速度及安全性具有重要意义。

（2）历史数据的质量控制

对于已经存入数据库的历史数据，主要通过建立一定的约束规则对数据进行质量检查，约束规则应尽量宽泛详细，基于这些约束规则对数据进行质量检查后，得出质量问题的个数，然后根据评估算法得出评估结果，并展示给用户，便于用户进行其他操作。在对问题数据进行定位后，拥有操作权限的用户可对问题数据进行编辑，编辑后的数据需要再次基于约束规则进行质量检查，直至质量问题得到全面的解决。循环检查的过程也是对约束规则不断修改的过程，随着数据质量问题数量和内容的增多，约束规则也会不断趋于完善。

（3）数据修改时的质量控制

在对数据进行修改时，可以使用数据质量控制工具将存在问题的数据显示出来，然后由具有修改权限的用户对数据进行修改。在修改过程中可能会出现一些意想不到的问题。如果某条数据存在完整性方面的问题，那么在修改数据时是否只关注数据完整性方面的问题即可？对数据的修改是否会引发数据其他方面，如一致性、准确性的问题？如果是，则违反了数据修改（提高数据质量）的初衷。所以，在对数据质量问题进行修改时，应尽可能多地考虑数据项的约束条件，如对用户进行提醒、强制执行某些操作等。例如，某数据项是外键（即另外一个关系表的主键）时，我们就可以将该数据项关系表的所有主键项的内容列举出来，供用户选择，这样既方便了用户，也降低了修改数据时引发其他质量问题的风险。

（4）成立质量管理小组

为了便于数据的管理与维护，引入质量管理小组的概念。如果在项目开始时没有对数据质量管理投入足够的重视，则项目后期的数据质量问题将会越来越严重，这时再进行数据质量管理，不仅投入成本高，其效果也会非常局限，因此建立质量管理小组十分必要。

通过对数据质量问题出现的诸多原因进行研究，不难发现，对于数据质量的保证应该使用管理和技术相结合的办法，建立一套完善的数据质量控制体系，实现对数据质量的全面控制。

3.5.3　数据质量评估

为了对装备进行维修，需要接触大量不同的数据源，包括维修数据、装备数据、操作数据等。不同类型的数据是从各种各样的来源收集的，如装备维修管理系统和装备数据管理系统。这些数据将通过数据融合过程得到处理和整合。从数据收集到数据融合及整合的过程都需要考虑数据质量。

定义、测量、分析并持续改进数据质量对于确保高质量数据是必不可少的。通常，数据质量评估包括应由组织方、用户和开发者采取的几个步骤构成，确保高质量数据的过程如图 3-11 所示。

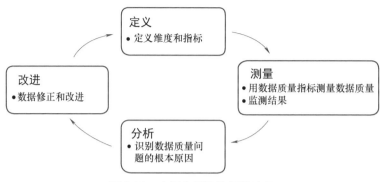

图 3-11　确保高质量数据的过程

- 定义步骤：识别所需情景中的重要数据质量维度。
- 测量步骤：定义和产生评价数据质量所需的指标和措施。
- 分析步骤：识别数据质量问题的根本原因并计算劣质信息的影响。
- 改进步骤：建议改进数据质量的适当方法。

数据质量属性可以促进数据质量的评估和测量，还可以为创建数据质量指南和改善计划提供框架。数据质量维度见表 3-3。

表 3-3　数据质量维度

数据质量维度	定义
准确度	数据正确、可靠并经证明无误差的程度
一致性	信息以相同的格式存在并与先前数据相容的程度
安全性	为维护信息安全而对信息访问进行适当限制的程度
及时性	信息能及时满足任务需求
完整性	信息无缺失且对任务具有的足够宽度和深度
简洁	信息紧密呈现的程度
可靠性	信息正确、可靠的程度
可及性	信息可供使用，或者可容易和快速检索的程度
客观性	信息无偏差、无偏见、无偏袒的程度
关联性	信息对任务适用且有帮助的程度
可用性	信息清晰、易使用的程度
可理解性	数据清晰、无歧义且易于理解的程度

（续）

数据质量维度	定义
数据的数量	可用数据的数量的适当程度
可信度	信息被认为真实、可信的程度
导引性	数据易于发现和链接到任务的程度
声誉	数据来源或内容被高度重视的程度
有用性	信息对任务适用且有帮助的程度
效率性	数据能够迅速满足任务的信息需求的程度
附加价值	信息有益且其使用可提供优势的程度

从表 3-3 可以看出，数据的质量是复杂的、多维度的。下面，我们重点论述数智维修数据的完整性、一致性、准确性。

完整性用来描述数值信息的完整程度，主要包括三方面的内容：实体完整性、参照完整性和列完整性。实体完整性用来保证数据表中记录的唯一性；参照完整性用来保证相关联的表间数据的一致性；列完整性用来保证数据的有效性。例如，数据项 X 作为数据表 A 的主键数据项，却出现了两条甚至是多条内容一样的记录；或者数据项 X 出现了空值的状态，都破坏了数据的完整性。

一致性用来描述数据的关联属性列之间符合逻辑关系的程度。数据的一致性主要表现在外部约束、代码参照、依赖关系等方面，其中外部约束通常指父表与子表之间的引用约束以及同一数据表内部父属性列与子属性列之间的引用约束；代码参照指某属性列的值取自哪个代码表，与外部约束类似；依赖关系包括表内依赖关系和表间依赖关系两种，其中表内依赖关系包括等值函数依赖和逻辑函数依赖；表间依赖关系包括等值一致性依赖、存在一致性依赖和逻辑一致性依赖。例如，表 A 中的数据项 X 的内容取自于代码表 B 中的数据项 Y，这就要求数据项 X 的内容必须在数据项 Y 的内容中出现，否则就会违反数据的一致性。

准确性用来描述待测数据与真实数据的符合程度，主要体现在数据内容和形式的准确上，即数据类型、格式、精度及值域范围的准确。

数据的这几个质量要素之间并不是相互独立的，彼此之间都存在着联系。例如，完整性中的参照完整性就是一致性中的外部约束的一个实例，它们都描述关系表内部或关系表之间的引用关系。再如，完整性、一致性和时效性，都是对准确性不同程度的反映，其中完整性通过数据值的合法性来验证数据的准确性；一致性通过数据对应逻辑关系的符合程度来验证数据的准确性；时效性通过数据的生命周期来验证数据的准确性。

另一方面，这几个质量要素对系统的重要性也会随着数据的流动而产生变化。在数据集建立初期，与数据的其他几个特性相比，数据的完整性会比较重要。这是因为数据分析是建立在具备足够的数据基础上的，如果在前期仅仅因为无法验证数据的准确性而耽误了数据的录入，就会导致数据不能正常使用，所以在数据集建立初期对这几个特性进行平衡时，优先考虑的是数据的完整性；对于稳定期的数据库，如果数据准确性和一致性都不高的话，数据的应用价值也会相应降低，此时与数据的完整性相比，数据的准确性和一致性就显得更为重要。

数据质量评估是对数据的科学和统计学进行评价，以确定其是否满足目标，类型是否正确，数量和质量是否能够支持其预期用途。

为了能够测量数据的质量，必须对若干维度进行评估。此时，数据质量属性的大部分评估是以用户经验为基础的，用户经验可能依赖于用户的感知。但是，其他属性在数据表或记录层级上也是与数据本身有关的。某些与元数据约束层级相关的属性的评估如图 3-12 所示。

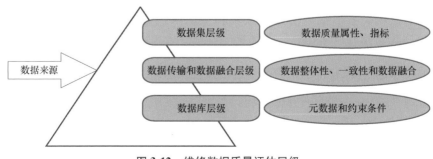

图 3-12 维修数据质量评估层级

3.6　数智维修数据安全

装备的核心数据往往分散在不同单位、部门的应用系统之中，在装备维修保障的过程中，单方的样本量以及特征维度往往不足以支撑模型训练抑或是数据统计分析、决策判断，通常需要多方数据汇集，从而提升装备维修保障的质量。考虑某些数据可能为敏感数据，如果直接相互传输，不施加一定的保护机制，将会对于数据的安全性造成极大的威胁，因此可采用多方可信计算系统的架构设计。装备智能维修多方可信计算系统围绕各数据提供单位核心关键数据安全保密、无法直接进行共享交换的难题，融合了数据加密、统计聚合、多方安全计算等多项前沿技术，集数据的可信传输、可信存储、可信交换、可信计算于一体，实现多方数据安全共享和应用。

（1）可信数据采集

搭建可信数据计算系统的第一步就是可信数据采集，主要包括装备研制阶段数据和使用阶段数据。二者由装备研制部门和装备使用管理单位分别采集。

首先，构建可信数据采集体系，按照主数据模型设计，形成主数据记录（装备维修保障任务——持有者），然后利用云数据管理技术统一记录分布在不同用户端内的装备维修数据信息。由于不同装备所需要记录的数据也不尽相同，因此应针对不同的装备（雷达、飞机等）领域数据建立不同的元数据列表，并建立一个元数据管理总表，用于管理全局的元数据表。再针对不同的用户建立一个用户元数据列表，通过这个列表来索引某一用户的对应信息。

可信数据采集主要实现的目标有如下几点：

统一的 ID 管理。通过统一 ID 的管理，实现一个数据对象一个统一 ID 的目标。通过多主键技术，确保同一个装备维修数据只拥有一个统一 ID。

数据智能集成。通过主数据名称管理和数据存活规则的定义实现数据的智能集成，并支持近期数据、历史数据和数据源（一数一源）等数据采信规则，能对接不同单位的装备维修数据。

动态表单管理。采用动态表单技术，将各种管理思路快速形成表单，无需开发，即定义即用；系统应内置审批角色、数据浏览角色和数据提交角色等，以满足各种数据管理的需求；支持行汇总、列汇总以及分类汇总等数据汇总的需求；支持搜索条件的自定义，以快速检索需要的装备维修数据的相关信息以及持有用户端。

数据生命周期管理。实现数据生命周期节点的管理，实现动态表单节点的挂接、节点附件及权限的管理，定时删除过期的装备维修数据信息。

数据万能导入。具有无须下发电子表格模板即可进行装备维修数据的万能导入功能，能自动适配 Excel 表格的标题和主数据模型中的主数据名称，用户端在装备维修数据导入时可以通过主键，如设备名称（雷达、飞机）等，智能适配 Excel 表格数据。

数据安全存储。利用随机加密、保序加密、同态加密等技术，实现装备维修数据的密文安全存储，提高数据库的安全。

（2）可信数据传输

可信计算系统利用联机传递的方式，实现信息化的数据可信传输。在每一个用户端上实现对外数据服务功能，对外数据服务功能分为两类：一是将可信计算系统所请求的数据加密后通过交换传输系统进行数据发送与数据接收；二是接收自己请求的数据，并解密使用。支持定时发送、实时发送、固定周期时间发送。交换传输系统主要由数据发送管理、数据接收管理、数据加解密管理、交换传输日志管理四个组件构成。

数据发送管理：数据发送管理组件用于将交换数据通过交换传输系统从前置交换系统发送到中心交换系统。数据发送方式分为数据库、文件和服务三类。通过数据发送管理功能可实现人工发送、定时发送、实时发送和固定周期时间发送数据，以及查询数据发送状态、数据量、发送时间、发送节点和数据内容等数据发送的详细信息。

数据接收管理：数据接收管理组件用于接收通过交换传输系统从前置交换系统发送到中心交换系统的交换数据。数据接收方式也分为数据库、文件和服务三类。通过数据接收管理功能可实现人工接收、定时接收、实时接收和固定周期时间接收数据，以及查询数据接收状态、数据量、接收时间、接收节点、数据接收表和数据内容等数据接收的详细信息。

数据加解密管理：数据加解密管理组件包括数据加密管理、数据解密管理和数据加密算法模型等。数据交换平台采用端到端的加密方式，数据从源点到终点（用户端到用户端）的传输过程中始终以密文的形式存在，在到达接收方之前，不对数据进行解密，具体的流程为数据交换平台在请求数据时采用加密算法对数据进行加密，同时提供接口。用户端可以选择自己的加密算法。加密后的文件通过消息中间传输，接收方收到加密的数据后，通过接收适配器解密来得到用户需要的数据；与此同时，系统还具有数据合法性验证功能，确保数据可信传输。在加密算法方面，提供了对称加密（DES、RC2）和非对称加密（RSA）等算法，可满足用户的不同需求。同时设计了密钥管理系统，针对每一次的传输建立相对应的密钥条目，方便用户进行管理。

交换传输日志管理：交换传输日志管理功能可实现交换传输子系统的运行日志管理和统计分析，具备完善的日志管理机制，对数据交换传输的全过程进行监控和日志管理，直观、详细地记录了运行与状态日志。可按时间、分类、采集部门等条件查看交换传输日志信息。

（3）可信数据交换

可信数据交换需要具备良好的安全策略、安全手段、安全环境及安全管理措施，使合法的用户采用正确的方式，在正确的时间，对相应的数据进行正确的操作，确保数据的机密性、完整性、可用性和合法使用。安全保障体系建设是数据共享交换平台可靠、安全运行的基础。

信息交换安全满足如下功能：

认证。①服务使用者（数据请求用户端）在接受服务请求时可信计算系统需要对其进行身份验证，保障数据的安全。②在收到数据响应时，可信计算系统也需要验证服务提供者（数据发送用户端）的身份，保障数据的可信度。

授权。出于安全性和方便性的考虑，权限管理是必不可少的服务。通过用户、组等设置，精细化可信交换流程中不同用户的权限，来最大程度保证合法的用户才能访问相对应的资源，即授权控制。访问服务需要对使用者设置一定的授权控制。授权基于属性的访问控制策略。授权以访问控制的实体属性作为最小粒度，提供细颗粒度的访问控制。

保密。通过加/解密功能保护落地数据和传输中的数据安全，使未经授权方无法有效获取装备维修数据。例如，某平台采用国密算法 SM2、SM3 和 SM4 来完成散列、加密及签名功能。

数据完整性。提供保护，防止装备维修数据在传输过程中遭到篡改或者破坏。

不可抵赖性。确保装备保障数据发送者不能否认已发送的消息，装备保障数据接收方不能否认已收到的消息[1]。

可管理性。安全架构应提供上述安全功能的管理能力，包括凭证管理、用户管理、访问控制策略管理等。

可审计性。包括安全日志和审计，如管理日志审计和交换日志审计。

数据传输过程安全保障。数据传输过程分为数据包生成、数据包传输、数据包存储、消息通知发送和数据包获取五个阶段，遵循数据落地即加密、传输即加密的原则，保证数据交换的安全。

（4）可信数据监控

统一调度监控可以对任务执行情况进行查看，通过执行日志信息可以获取执行失败的原因。统一调度日志可以对任务的执行日志情况进行查看，对执行错误的任务进行处理；同时建立起数据监控管理，用于提供错误修复功能，发现并及时提醒业务与技术人员去处理所发现的问题。因此，数据监控的处理流程设计如下：

通过多种安全隐私监控手段，通过加密的形式对各功能组件、应用服务和运行主机的运行状态、性能参数、数据质量等信息进行监控，及时发现各种已出现的问题和可能存在的隐患。

发现问题后，通过多种方式进行告警提醒，如系统消息提示、邮件提醒、短信提醒、首页展示等，及时提醒相关人员问题内容，同时根据所发现问题的严重程度确定提醒方式，在系统中提供不同问题提醒方式的个性化配置功能。数据监控处理流程如图 3-13 所示。

图 3-13　数据监控处理流程

（5）可信数据计算流程

有些敏感的维修数据不能直接通过加密传输等方式发送给数据请求方来解密使用，因此可信计算系统提供可信数据计算服务，用于多方无法直接获取到维修数据明文时的协同计算。

多方安全计算能实现互相不信任的多方在无可信方的参与下，共同完成某个计算任务，同时保障不泄露各方的数据。其数学定义为 n 个参与方 P_1，P_2，$\cdots$，P_n，每一个参与方都拥有一个保密的数据 X_i 和共同计算函数 $F(X_1，X_2，\cdots，X_n)$，且 P_1，P_2，$\cdots$，P_n 无法得知其他参与者的保密数据。基于多方可信计算的维修保障策略流程如图 3-14 所示。

首先，判断当前的装备维修数据样本量以及特征维度是否足以进行数据统计分析以及决策判断，若不足则寻找拥有相同维修数据的持有者，向持有者发送多方可信计算请求；其次，数据持有者返回确认，开始协

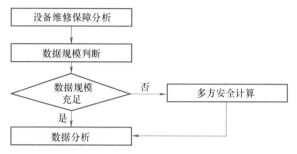

图 3-14 基于多方可信计算的维修保障策略流程

同计算任务；最后，各方利用混淆电路、不经意传输以及秘密共享等密码学技术，将各方的维修数据协同后进行安全计算。多方安全计算流程如图 3-15 所示。

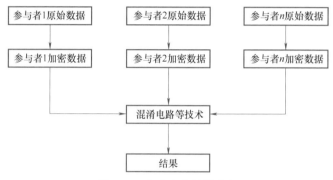

图 3-15 多方安全计算流程

多方可信计算可以在不泄露数据的情况下，对多方的数据进行统计分析，从而增加样本量，使维修保障策略的制定更为合理。

参考文献

［1］ 帅勇，宋太亮，王建平，等. 装备保障数据准备方法研究［J］. 火力与指挥控制，2018，43（9）：135-140.

［2］ 华为公司数据管理部. 华为数据之道［M］. 北京：机械工业出版社，2020.

［3］ 胥永康，吴家菊，杨永辉，等. 全寿命周期装备综合保障信息化框架研究［J］. 现代雷达，2014，36（3）：1-5.

［4］ 数据管理协会（DAMA 国际）. DAMA 数据管理知识体系指南［M］. 北京：机械工业出版社，2020.

［5］ 中华人民共和国国家质量监督检验检疫总局，中国国家标准化管理委员会. 非结构化数据管理系统技术要求：GB/T 32630—2016.［S］. 全国信息技术标准化技术委员会，2016.

［6］ 杨军，王毅刚，叶飞. 装备综合保障工程综合数据环境建模与控制［M］. 北京：国防工业出版社，2015.

［7］ 杨成伟，焦敬义. 基于区块链的装备全寿命数据管理研究［J］. 科技与创新，2022，（10）：29-31.

第 4 章 数智维修状态感知与评估

在数据智能时代，状态感知与评估的重要性越来越突出。状态感知与评估主要是通过收集、处理和分析数据，提取隐藏在数据中的有用信息，并根据这些信息来评估系统的健康状态。本章主要阐述数智维修状态感知与评估及典型应用。其中，状态感知为数智维修提供数据源，主要关注装备位置、姿态、轨迹、油量、弹药、振动、温度、应力等参数感知技术，重点介绍装备健康状态感知的几种新型传感器原理及特点；状态评估为数智维修提供决策依据，主要阐述装备及其关键系统的状态评估指标体系和状态评估模型，重点关注健康状态评估的内容、流程和典型评估模型的原理及应用。

4.1 状态感知与评估概述

状态感知与评估是实现数智维修的基础，状态感知提供输入数据源，状态评估的结果为维修决策提供依据。状态感知是物理世界和信息世界的联结桥梁，是装备维修保障物联网的基础，状态感知装置的主要组成包括传感器、自动测试设备等，其主要功能是全面感知武器装备和各类维修资源的状态信息，包括环境位置、战术技术状态、使用消耗、战斗损伤等情况，为科学判断装备的状态性能、作战效能，以及各类维修资源的可用性情况提供数据源。状态评估是根据状态感知获得的装备系统的状态参数，提取相关特征信息，并结合装备系统的故障规律、劣变特性、历史信息、运行状态和负载等，采用相应的评估模型算法对装备的健康状态进行评估。

（1）状态感知与评估的目的

状态感知与评估是提高装备状态评估科学性、故障诊断准确性和维修决策有效性的重要保证。状态感知能够实时获得装备系统的运行信息和状态参数（如振动、声响、温度等），对获得的数据进行处理和特征提取可得到装备系统的状态特征参量，旨在实现装备系统性能或状态参数的数字化。健康状态评估主要是基于实时或定期采集装备系统的健康状态参数，包括装备上安装的传感器测量的数据、人工测量的数据、历史数据等，综合考虑装备的使用、环境、维修等因素的影响，采用先进的信号分析处理方法提取健康状态评估指标，利用各种评估算法对装备的健康状态进行评估与分类，对可能出现的异常状态或故障进行预警，提高系统的维修保障能力，防止突发故障对任务造成影响。

基于装备的状态感知数据，提取健康状态评估指标，通过分析不同健康状态指标对装备健康状态的影响程度，基于相关标准、算法和经验，采用某种算法模型建立某个特征指标或多个特征指标的组合和装备健康状态之间的映射关系，即可得到装备的健康状态评估模型，然后对装备的技术状态或健康状态做出定性或定量评价，如装备的健康状态等级（良好、堪用、禁用等）或健康度因子，为装备的动用使用和维修保障提供决策依据，促使维修方式由事后维修向基于状态的维修转变。

健康状态评估旨在为数智维修提供决策依据，其核心是状态评估模型的建立，评估模型的输入是装备的状态参数及其特征参量（常称为状态评估指标），评估模型的输出是装备的健康状态等级或健康度因子，可直接支撑装备的维修保障决策。由此可见，实施装备的状态评估，首先要确定感知与评估对象的状态参数，然后提取相关技术指标，结合相关状态评估标准，建立评估模型，给出装备的健康状态等级。装备的健康状态等级通常由相应标准确定或用户自定义，如正常、异常或故障，良好、堪用或禁用等，根据用户需求，不同的健康状态等级可能对应不同的维护保养内容、修理范围和维修策略等。

实施装备状态感知与状态评估的目的：

一是及时、准确地发现装备系统运行过程中可能出现的各种异常状态或故障状态。通过对装备系统的状态特征参数与装备系统的劣变特性曲线进行比较，确定装备系统当前所处的状态和潜在性故障发生的时刻，以提高装备系统运行的可靠性、安全性和有效性，预防故障事件的发生。

二是通过状态监测、运行监控、数据分析等，根据监测对象状态特征参数的劣变情况，查明故障隐患和初期异常、鉴定和定位故障根源，为装备系统的作战使用和设计制造提供相关数据支撑。

三是通过长期的装备运行数据积累，逐步形成实际的装备状态变化和故障规律曲线，并结合装备系统的设计、制造和运行情况，预测其性能变化趋势和剩余使用寿命，进而为装备的使用和维护提供指导，以延长装备的使用寿命和服役时间。

四是为装备的维修策略和使用任务计划提供决策依据，从而实施最佳的维修方式，合理安排装备的使用。维修管理人员可根据健康状态评估结果来安排维修计划。

装备使用人员可根据健康状态评估结果，按照健康状态等级描述中对应的装备使用建议，结合任务类型、预期负载、使用时间等要求，合理安排装备的使用计划，确保装备能够成功地完成任务。

（2）状态感知的主要步骤

状态感知是获取装备系统运行状态并进行信息融合的过程，是进行状态评估、故障诊断、故障预测的基础性工作。其实施主要包含如下步骤：

状态监测对象的选择。 装备系统的组成结构复杂，不同部件的结构形式、故障模式和工作特性均不相同，需要从部件的重要程度、故障危害和故障规律出发，科学合理地确定状态监测对象。主要方法有：重要功能产品分析（FSIA）法、故障模式与影响分析（FMEA）法以及危害性分析（CA）法。

状态特征参数的选取。装备系统的组成部件多种多样，不同部件具有不同的故障模式和状态特征，要针对已确立的状态监测对象，进一步分析并选取相应的状态特征参数，从而为传感器类型的选择提供依据，主要内容包括故障模式分析、故障特征分析及故障规律分析等。

状态感知传感器选择。状态评估的基础工作是数据信息采集，传感器作为最重要、最基本的信息获取手段，能够把测得的物理量转换为与之有关的电量输出，以满足装备系统状态评估的要求。由于不同监测对象的状态特征参数不同，需要科学合理地选择传感器的类型，并对其进行优化配置。

状态感知数据的预处理。由于传感器工作性能、所处工作环境及装备工作状态等影响，采集的状态数据中不可避免地存在噪声数据、空缺数据和不一致数据等，且这些数据具有随机性、模糊型、不确定性和灰性等特征，因此需要对采集的数据进行预处理，主要包括数据清洗、异常点剔除等。

（3）状态评估的主要步骤

装备状态评估首先要确定评估内容和目标，进而论证提出评估指标；然后根据评估指标确定状态参数，进而选择传感器；然后从传感器的感知信号中提取信号特征（即评估指标），建立状态评估、故障诊断及预测模型，模型结果为数智维修服务。其实施主要包含如下步骤：

健康状态影响因素分析。健康状态影响因素分析是指在规定的条件下和规定的时间内，装备能保持一定可靠性和维修性水平，并稳定、持续完成预定功能的能力，其体现了装备能否满足作战任务的需要及其满足程度，因此需要从装备自身因素、地理环境和气候因素等角度，系统分析和确定影响装备健康状态的因素，从而为状态维修决策提供支持，主要包括装备功能结构分析、装备工作环境分析、装备使用特点分析等。

装备健康状态等级划分。装备健康状态等级划分就是合理确定装备健康状态等级，其目的是为了健康状态评估，并最终用于故障预测和维修决策。为了更好地开展装备健康状态评估，需要合理地划分装备健康状态等级。主要内容有：装备故障演化规律分析、装备健康状态等级的确定、装备健康状态等级的验证等。

装备系统健康状态评估。装备系统健康状态评估就是根据获得的状态监测数据，基于感知数据提取特征形成评估指标，建立健康状态评估模型，结合前面确定的装备健康状态等级，评估状态监测对象所处的健康状态，并对发生的故障进行记录，同时预测故障发生的可能性。主要内容有：基于状态感知参数的评估指标确定、状态评估模型的建立、状态评估结果的分析等。

4.2 状态感知技术

众所周知，武器装备嵌入了大量的电子传感器，如机油压力传感器、水温传感器、ABS 传感器、超声波探测器等。同时，随着科学技术的进步，人们希望能够采集的装备状态参数类型越来越多，因此相应的感知传感器也越来越多。而且针对一个特定的状态参数，可以选用不同结构及原理的传感器来感知，这就涉及装备状态参数的分类、传感器的分类与选择原则等问题。

4.2.1 典型系统状态参数选择

武器装备都是由不同类型的系统构成的，通常包括机械系统、电子电气系统、液压系统等。为了对装备及其系统进行实时的状态感知，首先必须依据一定的原则对不同类型系统的状态参数进行分析和选取。通常而言，不同类型系统具有多种反映其性能或状态变化的监测参数，对装备的性能和可靠性的影响也各有不同。武器装备状态和技术性能的变化可通过多个状态参数来表现，可分为功能参数、结构参数和响应参数三大类。典型的参数有速度、加速度、位移、扭矩、转速、功率、噪声、温度等。

（1）机械系统主要考虑振动、噪声、转速等参数

典型的机械部件，如天线旋转底盘、齿轮传动机构、减速器、天线升降机构、旋转及锁紧机构等，在长期的使用过程中会由于形状或材料的性能、组织发生变化，丧失其既定的功能，即发生机械故障，继而技术指标发生显著改变而达不到规定的要求，如发动机功率降低、传动系统失去平衡且噪声增大、工作机构能力下降、润滑油消耗增加等。机械系统常见的损伤/失效模式有四种，即磨损、腐蚀、变形和断裂。各种损伤/失效模式均有其产生的条件、特征及判断依据，而且通常是多种模式并存。依据状态特征参数选取的原则，结合复杂武器装备机械类部件的故障模式和故障特征，可选取用于机械系统状态监测的参数有振动、噪声、转速、润滑系统的压力、温度及油液污染度等。

振动。当机械内部出现异常时，一般都会随之出现振动增大和工作性能的变化。据统计，60%以上的机械故障都与振动有关。复杂武器装备中存在着大量旋转或往复运动的系统或部件，如发动机、传动箱、变速箱、发电机/电动机、泵/马达等，由于原始制造误差、运动部件的间隙和摩擦或者运动部件不平衡力的存在，在执行设计功能工作时，会同步产生振动，且随着部件的磨损，其表面产生的剥落、裂缝或故障会使振动进一步加剧。振动监测技术是在信号传感、信号采集和信号分析等技术综合应用的基础上，通过振动监测系统获取系统的振动状态信息，提取故障特征值，来判别系统运行状态正常与否的一项技术。通常采用压电式振动加速度传感器、惯性式速度传感器或电涡流式位移传感器来获取装备及其关键系统执行功能时伴随表现出的振动信号。在直升机发动机和传动装置的状态评估与故障诊断中采用的振动加速度传感器已经取得了较好的结果。

噪声。在武器装备生产制造和运用过程中，由于机器转动、气体排放、工件撞击与摩擦所产生的噪声主要包括空气动力噪声、机械性噪声和电磁性噪声等。利用噪声信号可以对机器故障进行诊断，尤其是对发动机这类的往复式机械，可以实现整体式诊断。发动机由于轴系的扭振、转速的波动、载荷的变化、各气缸的状态差异、地面激励突变等原因，其运动状态变化较大，导致发动机各部分的振动状态差异也很大。例如，多缸发动机处于失火故障状态时，各气缸的振动状态就互不相同，这时如果采用振动诊断就要求采用多路传感器来获取信息，否则不容易得到精确的诊断结果。通常采用声学测量仪器来获取装备运行时产生的噪声。声学测量仪器包括传声器、声级计、频率分析仪、校准器及附件，如风罩、鼻锥无规入射校准器等。传声器是把声能转变为电能的变换器。常用的传声器有动圈式、压电式和电容式三种类型。电容式传声器具有性能稳定、频响平直、灵敏度高、体积小及对所在声场影响小的优点，所以在噪声检测中，电容式传声器得到了广泛应用。

转速。转速与装备的运行状态有着非常密切的关系，它不仅表明了装备的负荷，而且当装备发生故障时，通常转速也会有相应的变化。因此，转速通常是旋转机械状态监测与故障诊断中比较重要的参数。监测旋转机械转速的方法之一是获取与转速同步的脉冲信号，工程中常用键相位传感器获取原始脉冲信号，只要测得两个脉冲的时间，就可以求得转子的瞬时转动角速度或频率。装备上常用的转速传感器，根据其测速原理的不同，可分为光电式传感器、磁电式传感器、霍尔传感器和激光转速传感器。

（2）电子电气系统主要考虑温度、电压、电流等参数

电子电气系统的组成包括半导体器件、集成块、接触件、焊接件、线圈、扼流圈、变压器、电阻器和电容器等。这类部件绝大部分故障本质上都是由于元器件故障引起的，某种程度上可以说各种元器件的失效模式就是电子电气部件的故障模式。依据状态特征参数的选取原则，结

合复杂武器装备电子电气部件的故障模式和故障特征，可确定电子电气部件状态监测特征的参数主要有温度、电压和电流等。

温度。无论是电子电气系统中的发电机绕组、电感/电感等部（元）件，还是装备发动机的润滑油，以及液压系统的作业介质液压油，在正常工作过程中都会伴随着温度的变化，尤其是系统出现堵塞、散热效率下降等故障时，都会伴随着润滑油、液压油和电动机轴承或壳体温度的显著增高；反过来讲，温度信号可反映装备关键系统运行状态的变化。常用的温度传感器分为接触式和非接触式两大类，前者包括铂电阻式温度传感器、热电偶温度传感器、金属丝热电阻温度传感器及热敏电阻温度传感器等，后者包括红外点温仪和红外热像仪等。

电流和电压。电子电气设备的主要工作参数包括发电机的电流与电压，蓄电池的工作电流和压，装备电启动时的启动电流、启动电压等，通过对这些参数进行检测与分析，可以判断电气设备的工作状态及其性能退化情况。通常采用霍尔传感器（电流钳）来测量导线上通过的交变电流。

（3）液压系统主要考虑流量、油液黏度等参数

液压系统是以液体作为工作介质，通过动力元件（液压泵）将发动机或电动机的机械能转换为液体的压力能，然后通过管路、控制元件、借助执行元件（液压作动筒或液压马达）将液体的压力能转换为机械能，驱动负载实现直线运动或旋转运动的液压传动系统。反映液压部件工作状态的参数主要包括振动、噪声、压力、流量、油液污染度、泵容积效率、泄漏量、油液温度、声发射和油液综合体积弹性模量等。依据状态特征参数的选取原则，结合复杂武器装备液压部件的故障模式和故障特征，可确定液压类部件状态监测特征的参数主要有液压回路压力和流量、油液参数等。

液压回路压力和流量。液压回路压力和流量是反映液压设备工作特性的两个最基本参数，通常有两种方式：一是考察液压设备中压力和流量的平均值；二是考察压力和流量的瞬时值，即压力脉动和流量脉动。平均值只能从宏观上反映液压设备的工作状态，对故障不敏感。压力脉动和流量脉动则能从微观上反映液压设备的工作状态，对故障比较敏感。目前对于液压回路压力和流量的测量主要采用非介入式超声波流量计和介入式涡轮流量计。

油液参数。油液黏度、密度、介电常数等参数的变化，油液中不同尺寸颗粒的含量，磨损金属元素含量等，都能从不同角度反映油液自身特性和装备状态的变化；相应地，会有不同的传感器来感知这些参数的变化，为装备的状态评估提供有效的数据信息。油液中的微粒物质和油液状态，包含了装备零部件磨损状况、损伤状况、工作状态及系统污染程度等多方面信息，因此对具有代表性的油液样品进行分析，便可以实现装备的不解体状态监测与故障诊断。

4.2.2 典型传感器的应用

（1）传感器的分类方法

装备状态数据感知的方式主要是传感器，传感器的分类方法多种多样，主要包括以下几种。

按输入量信号类型分：有物理型传感器、化学型传感器和生物型传感器，又可进一步细分为压力传感器、力传感器、位移传感器、速度传感器和热敏传感器等。

按传感器的工作原理分：有压电式传感器、磁电式传感器和光敏传感器等。

按能量转换原理分：有源传感器和无源传感器。

按输出信号类型或性质分：有模拟传感器、数字传感器、开关传感器和总线传感器等。

（2）传感器的工作原理

常用的振动、温度、电流等传感器的工作原理及应用，在很多文献中都能够查阅到。本节重点介绍几种新型传感器的工作原理及应用情况。

激光传感器。激光传感器是指利用激光技术进行测量的传感器，由激光器、激光检测器和测量电路组成。它的优点是能够实现无接触远距离测量，速度快，精度高，量程大，抗光、电干扰能力强等。利用激光的高方向性、高单色性和高亮度等特点可实现无接触远距离测量。激光传感器常用于装备状态感知中长度、距离、振动、速度、方位等物理量的测量，还可用于探伤和大气污染物的监测等。图 4-1 所示为采用可调二极管激光传感技术测量温度、成分浓度、压力和速度等多流场参数的示意图。

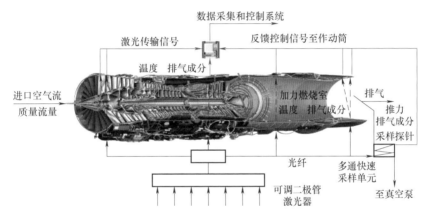

图 4-1　某型发动机应用可调二极管激光传感器示意

视觉传感器。视觉传感器是指通过对摄像机拍摄到的图像进行图像处理，来计算对象特征量（面积、重心、长度、位置等）并输出数据和判断结果的传感器。图像的清晰和细腻程度常用分辨率来衡量，以像素数量表示。在捕获图像之后，视觉传感器将其与内存中存储的基准图像进行比较，并做出分析。例如，若视觉传感器被设定为辨别正确地插有八颗螺栓的装备部件，则传感器知道应该拒收只有七颗螺栓的部件，或者螺栓未对准的部件。此外，无论该机器部件位于视场中的哪个位置、是否在 360°范围内旋转，视觉传感器都能做出判断。

微机电系统传感器。微机电系统（MEMS）传感器是单片式或集成式芯片，除了单纯的传感功能，还可设计成兼具传感、执行、信号处理等功能的微系统，具有体积小、功耗低、集成度高等优点。典型的微机电系统传感器有压力传感器、力矩传感器、加速度传感器、速度传感器、位置传感器、流量传感器、电量传感器、磁场传感器、温度传感器、气体成分传感器、湿度传感器、微陀螺传感器、触觉传感器等。在军用手机、智能头盔等可穿戴设备中常部署大量微机电系统传感器。

智能传感器（Intelligent Sensor）。智能传感器是自带微处理器，兼有信息检测和信息处理功能的传感器。智能传感器系统将传感器、信号调理电路、微控制器和数字接口组合为一个整体，其功能结构如图 4-2 所示。智能传感器系统是一个相对独立的智能单元，不仅有硬件作为实现测量的基础，还有强大的软件支持来保证测量结果的正确性和高精度。与一般传感器相比，智能传感器具有以下三个优点：通过软件技术可实现高精度的信息采集，且成本低；具有一定的自动化编程能力；功能多样化。目前，智能传感器常用于一些工业现场中分布地域较为广泛的单体设备上，这类智能传感器已经超出了传统传感器的概念，具有一定的数据转换、处理和无线通信，甚至测点级状态报警的功能。

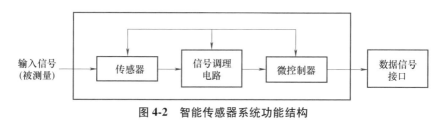

图 4-2　智能传感器系统功能结构

4.2.3　状态感知数据预处理

来自传感器的感知数据内部隐藏着可以反映装备状态变化规律的特征，受限于传感器技术和复杂多变的工作环境，来自传感器的装备状态数据往往会受噪声、环境因素等影响，容易出现价值密度低、隐含不确定性等问题，有时数据中的一些信息明显与后续工作无关，如缺失值和环境噪声，这些信息甚至会对后续状态评估、故障诊断和预测产生不利影响。因此需要对状态数据进行预处理。感知数据预处理通过人工设计的程序对数据进行"清洗"，可以降低异常因素干扰，从而提高状态评估、故障诊断和预测模型的质量，降低训练模型所需要的时间。尤其是针对用于训练模型的离线数据集，需要选择或筛选有效特征，剔除无用特征，降低状态样本数据的特征维数，以提高模型的训练效率和实际应用能力。常见的预处理方法包括删除异常值、归一化、消除趋势误差和滤波降噪等。

（1）删除异常值

数据集中的异常值可能是由于传感器故障、人工录入错误或异常事件所致。如果忽视这些异常值，会影响模型训练效果和执行效率。常用的异常值监测方法是 3σ 原则，其中 σ 表示信号 X 的方差。根据正态分布的定义可知，距离平均值 3σ 之外的概率为 $P(|X-\mu|>3\sigma) \leqslant 0.003$，这属于极小概率事件。可以认为超过这个范围的测量值为坏值，应该剔除。

（2）归一化

由于一些数据驱动方法通常依靠梯度下降来寻找最优解，因此数据的归一化是必要的，否则模型就很难收敛甚至无法收敛。常用的归一化方法有最大-最小归一化、平均归一化和 Z-分数归一化，见表 4-1。

表 4-1　常用的归一化方法

最大-最小归一化	$X_{norm} = \dfrac{X - X_{min}}{X_{max} - X_{min}}$
平均归一化	$X_{norm} = \dfrac{X - \mu}{X_{max} - X_{min}}$
Z-分数归一化	$X_{norm} = \dfrac{X - \mu}{\sigma}$

前两种方法分别将数据范围限制在 $[0, 1]$ 和 $[-1, 1]$。Z-分数归一化可以将数据转化为平均值为 0、标准差为 1 的分布。其中，X_{min}、X_{max}、μ 和 σ 分别为数据 X 的最大值、最小值、平均值和方差。最常用的归一化方法是最大-最小归一化，其数据范围可以与常用的剩余寿命百分比相匹配。一些研究使用 Z-分数归一化取得了更好的结果。这是由于 Z-分

数归一化能够比最大-最小归一化更强调数据中的偏差。

（3）消除趋势误差和滤波降噪

消除趋势误差。 当数据中有明显的趋势项未消除时，进行相关性分析和功率谱密度分析时会出现畸变，造成低频成分上翘甚至淹没主频成分，从而严重影响处理精度。因此，为了改善数据质量或者将数据加工成便于数据处理的形式，需要提取或剔除趋势项。消除趋势项的方法主要有最小二乘拟合法、小波分解法、凸优化法和平滑先验法等。

滤波降噪。 工程中采集的数据既包含反映装备状态的信息，又包含环境的噪声信息。因此，在数据预处理过程中，为了提高信噪比，通常需要对数据进行滤波处理。一些研究人员在数据预处理阶段利用了多种降噪方法，如移动平均滤波器、高斯加权移动、Savitzky-Golay 卷积平滑算法以及多分辨率奇异值分解。

4.3　状态特征提取技术

基于传感器的状态感知数据中常常包含对装备状态识别与诊断非常有用的各种特征信息，有效地分析、处理和提取这些特征信息，建立它们和装备运行状态之间的联系，是装备状态评估与故障诊断的基础。状态特征提取就是通对离散化的数字信号进行"深加工"处理，抽取时域、幅值域、频域及时频域的特征参量。

4.3.1　状态特征提取的工作内容

如果将这些特征参量组合成特征向量，每个特征向量就表示一个样本，特征向量的维数，即特征参量的个数将随着数据分析及处理方法的发展而不断丰富，数量呈几何级数地增加。假定已给出了特征向量维数确定的样本集 Ω，Ω 中每个样本的每一维分量都代表该样本的一个特征。事实上，这些在不同域计算出来的特征分量，一方面它们反映的信息存在一些交叉和重叠，另一方面有些特征信息对状态分类的贡献方面也存在相互矛盾的情况，还有就是各个特征参量的量纲都不一致，有的特征参量甚至是无量纲的，而且这些特征参量在区分装备状态方面的贡献存在较大的差异。因此，并不是特征参量越多就越好，针对一个特定装备的状态评估或故障诊断问题，如何选择或组合、变换哪些特征参量来训练或构建分类器，是影响分类器设计及其性能的一个关键问题，也是故障诊断必须面临的问题。状态特征提取过程通常包含以下三项工作：

（1）特征计算

特征计算或特征形成是根据被测对象的原始离散化状态数据获得的一组最基本的原始特征参量的过程。对于某个原始样本数据，可以计算得到多个特征参量，若它们之间彼此不相关，就可将这些特征参量组合成一个特征向量，该向量中的每个分量对应不同的特征参量。此时，该特征向量对应于原始特征空间（高维空间）的一个点，而在高维空间直接建立状态分类模型异常复杂，通常要将高维空间的特征样本集投影到低维空间。在此空间中，无论是状态评估模型的学习与建立，还是模型的应用都将变得更为容易实现。

（2）特征选择

特征选择是从原始特征中挑选一些最有效的、最能反映不同状态模式的特征量，降低特征空间维数的过程。最简单的特征选择方法有两种：一是根据专家知识来挑选那些对分类最有影响的特征量；二是用数学方法，如最优搜索算法、遗传算法等，进行筛选比较，找出对分类最有效的信息特征量。

（3）特征提取

特征提取是通过变换或映射的方法，把高维原始特征空间的模式向量投影到低维的特征空间，用低维特征空间的新的模式向量来表达原始特征向量，从而找出最有代表性、最有效的特征的过程。从广义上讲，特征提取是一种数学变换，若 Y 是测量空间，X 是特征空间，则 $A：Y{\rightarrow}X$ 变换就称为特征提取器。

4.3.2 基于感知数据的特征计算

经过数据采集及预处理后，得到离散时间序列数据 $\{x_i, i = 1, 2, \cdots, N\}$，可进一步计算得到时间序列数据的最大值、最小值、方差、均方根、概率密度函数等统计特征指标和频谱能量、特征频率等频域特征指标，这些特征指标还可以通过进一步的数学运算、组合得到一些融合特征指标。有些特征指标可显著区分装备的几种不同状态，有些特征指标可能在不同装备状态下没有大的变化，或者说某两个特征指标对不同装备状态的表征能力差不多等。此时，需要分析不同特征指标对不同装备状态的表征能力，采用人工经验或优化算法选择得到装备的健康状态评估指标，多个指标就构成了健康状态评估指标体系，为健康状态评估模型的建立奠定了基础。

（1）简单统计特征参量

简单统计特征参量主要包括均值、方差、均方值、峰-峰值等。

均值。均值是信号所有取值求和后的平均值，反映信号中不随时间变化的静态分量或直流成分。该值越大，表示信号越强，反之亦然。

方差。方差描述信号中的动态分量，即信号幅值偏离其均值的平方均值，即离散程度。该值越大，表示信号幅值的离散程度越高，线性度差，反之亦然。标准差为方差的正数平方根。

均方值。均方值是信号幅值平方的均值，它表征了信号的平均功率（强度），可看作电流 $x(t)$ 通过阻值为 1Ω 的电阻时在单位时间内产生的平均热量，即功率。

峰-峰值：峰-峰值反映了信号的幅值波动范围。在旋转机械状态评估与故障诊断过程中，一般取整周期的信号来计算该值，即用旋转轴转动一周的数据，通过计算最大、最小幅值之间的差求得。该值越大，表示信号在旋转轴转动一周内的波动越剧烈，信号越不稳定。

（2）高阶统计特征参量

高阶统计特征参量主要包括斜度、峭度、峰态、高阶累计量等。

斜度或偏度（Skewness）。斜度或偏度能够反映信号正负幅值分布的不对称性特征或正负幅值的比例特征，常用符号 α 表示。α 值越大，信号取值就越不对称。

$$\alpha = \frac{1}{N} \sum_{i=1}^{N} x_i^3 \tag{4-1}$$

峭度或陡度（Kurtosis）。峭度或陡度可定量地表征信号幅值分布的陡峭或广阔程度的特征，常用符号 β 表示。从数学上看，该值对信号中的大幅值有放大作用，对小幅值有缩小作用，因此对信号中大幅值的变化非常敏感，当信号取大幅值的概率增加时，该值将迅速增大，这有利于探测信号中含有脉冲成分的故障。

$$\beta = \frac{1}{N} \sum_{i=1}^{N} x_i^4 \tag{4-2}$$

峰态。峰态是对离散数据取均值并用标准差归一化后四次方再求均值。和陡度比较可知，峰态与信号中的静态分量无关，只突出了信号中的动态分量，而且由于用标准差作了归一化处理（规范化），更便于不同信号之间的峰态值比较。

$$\beta_4 = \frac{1}{N} \sum_{i=1}^{N} \left(\frac{x_i - \bar{x}}{\sigma_x} \right)^4 \tag{4-3}$$

式中，$\bar{x}$ 为信号均值。

峰态是变化幅度的四次方，大的幅值增加很剧烈，所以峰态对信号幅值的短时间骤增很敏感，描述了信号幅值分布形态的堵缓程度。

高阶累积量（Higher-Order Cumulant，HOC）。高阶统计量理论是在二阶统计量（相关函数和功率谱）分析的基础上发展起来的。它克服了二阶统计量因缺少相位信息而无法直接处理非最小相位系统的固有缺陷，并包含更为丰富的内容。概括来说，一切用二阶统计量可以处理但又不能圆满解决的问题，原则上都可以利用高阶统计量的方法加以处理，典型的高阶统计量包括高阶矩、高阶累计量、高阶矩谱和高阶累积量谱。

（3）幅域无量纲特征参数

常用的幅域无量纲参数有波形指标、峰值指标、脉冲指标、裕度指标、峰态因素等。

波形指标（Shape Factor）。波形指标为均方根值除以均值，经过均值归一化处理后可表征均值不同信号的相对强度。

峰值指标（Crest Factor）。峰值指标为峰值的均值除以均方值，可表征单位信号能量下信号峰值的相对大小。

脉冲指标（Impulse Factor）。脉冲指标为峰值的均值除以信号的平均值，可表征单位信号平均幅值下（或单位静态分量下）信号峰值的相对大小。

裕度指标（Clearance Factor）。裕度指标为峰值的方根幅值除以信号的均值，可表征单位方根幅值下信号峰值的相对大小。

峰态因数（Kurtosis Value）。峰态因数为峭度与均方根四次方的比值，反映了信号幅值分布的堵缓程度。

上述各指标按其诊断能力的大小顺序排列，大体上为峰态因数、裕度指标、脉冲指标、峰值指标、波形指标。经验表明，峭度指标、裕度指标和脉冲指标对于冲击脉冲类故障比较敏感，特别是在故障发生的早期，它们有明显增加；但上升一定程度后，随着故障的逐渐发展，其值反而会下降，表明它们对早期故障有较高的敏感性，但稳定性不好。一般来说，均方根值的稳定性较好，但对早期故障信号不敏感。因此，为了取得较好的效果，通常同时使用这几个指标以兼顾它们对故障的敏感性和稳定性。表4-2比较了不同幅域参数对故障的敏感性和稳定性。

表4-2　不同幅域参数对故障的敏感性和稳定性比较

幅域参数	敏感性	稳定性	幅域参数	敏感性	稳定性
波形指标 S_f	差	好	裕度指标 CL_f	好	一般
峰值指标 C_f	一般	一般	峭度指标 K_v	好	差
脉冲指标 I_f	较好	一般	均方根值 X_{rms}	较差	较好

（4）频域特征参量

频域特征参量主要有重心频率、均方根频率与均方频率、频率标准差和频率方差等。

重心频率。重心频率能够描述信号在频谱中分量较大的信号成分的频率，反映了信号功率谱的分布情况。换句话说，对于给定的频带范围，低于重心频率的频率范围内包含的能量是信号总能量的一半。另一种理解方式为，重心频率是以功率谱的幅值为权值的加权平均，所以重心频率会向功率谱幅值更大（即权值更大）的位置移动。低频幅值较大时，重心频率距离原点较近。

均方根频率与均方频率。均方根频率就是均方频率的算术平方根。均方频率是均方根频率的平方。与重心频率不同，均方频率是信号频率平方的加权平均，同样以功率谱的幅值为权值。重心频率、均方频率、均方根频率都用于描述功率谱主频带的位置分布。

频率标准差。频率标准差是以重心频率为中心的惯性半径。若重心附近的频谱幅值较大，则频率标准差较小；若重心附近的频谱较小，则频率标准差较大。频率标准差描述了功率谱能量分布的分散程度。

频率方差。频率方差是频率标准差的平方，是衡量功率谱能量分散程度的另一个度量维度。频率标准差和频率方差都用于描述功率谱能量集中/分散的程度。

当然，随着信号分析处理技术的发展和新方法的提出，还出现了很多新的信号特征参量，如时频域特征参量中的频带能量或能量比等。而且上述不同特征之间、参量之间关系复杂多样，有的线性相关，有的反向相关，不同特征参量组合在一起对装备不同状态的区分程度也不同，这就需要根据不同的应用场景和场合来优化选择不同的特征组合。

4.3.3　状态特征的优化选择与提取技术

特征选择和提取的基本任务是如何从众多的特征参量中找到那些最有效的特征（即反映状态变化特点的特征），因此研究如何把高维特征空间压缩到低维特征空间以便有效地设计状态评估模型就成为一个重要的课题。一般来讲，特征选择和提取应在状态评估模型建立之前进行，但有时特征提取和选择并不是截然分开的。例如，可以先将原始特征空间映射到维数较低的空间，然后在该低维空间中进行选择以进一步降低维数；也可以先经过选择去掉那些明显没有分类信息的特征，再进行映射以降低维数。

（1）类别可分性判据

不同状态样本之所以能够分开，是因为它们位于特征空间的不同区域，显然这些区域之间的距离越大，相应的类别可分性就越大。借助空间两点之间的距离度量概念，可求得 D 维特征空间中两个向量之间的距离以及多个向量之间的平均距离，常将其称为类别可分性判据。令 $x_k^{(i)}$、$x_l^{(j)}$ 分别为 ω_i 类及 ω_j 类中的 D 维特征向量，$\delta[x_k^{(i)}, x_l^{(j)}]$ 为这两个向量间的距离，则各类特征向量之间的平均距离为

$$J_d(x) = \frac{1}{2} \sum_{i=1}^{c} p_i \sum_{i=1}^{c} p_j \frac{1}{n_i n_j} \sum_{k=1}^{n_i} \sum_{l=1}^{n_j} \delta[x_k^{(i)}, x_l^{(j)}] \tag{4-4}$$

式中，c 为类别数；n_i 为 ω_i 类中样本数；n_j 为 ω_j 类中样本数；p_i、p_j 是相应类别的先验概率。

（2）典型的状态特征选择方法

典型的状态特征选择方法有单独最优特征组合法、顺序前进法、顺序后退法和 K-L 变换法等。

单独最优特征组合法。其原理是计算各特征单独使用时的判据值 J 并加以排队，取前 d 个特征作为选择的结果，但即使各特征是统计独立的，其结果也不一定是最优结果。

顺序前进法（Sequential Forward Selection，SFS）。这是最简单的自下而上的搜索方法，每次从未入选的特征中选择一个特征，使得它与入选的特征组合在一起时所得的 J 值最大，直到特征数增加到 d 为止。该方法考虑了所选特征与已入选特征之间的相关性，一般来说，这种方法比上面讲的按单调使用时要求 J 值最大的选择方法好些，但主要缺点是一旦某特征已入选，即使有后加入的特征使它变为多余，也无法再把它剔除。

顺序后退法（Sequential Backward Selection，SBS）。这是一种自上而下的搜索方法，从全体特征开始每次剔除一个，所剔除的特征仍应使保留的特征组合对应的 J 值达到最大。与顺序前进法相比，顺序后退法有两个特点：一是在计算过程中可以估计每去掉一个特征所造成的可分性判据的降低，二是由于顺序后退法的计算是在高维空间进行的，所以计算量比顺序前进法要大。

K-L 变换法。K-L 变换是一种与傅里叶变换、沃尔什变换等相似的线性变换，是将连续信号变换为一组不相关表征系数的方法，最早由 Karhunen 和 Loeve 提出。K-L 变换是将原来 N 维空间的特征向量作正交变换，所得特征向量的每个特征分量都是原来 N 个特征分量的线性组合，然后从新的特征向量中挑出若干个特征分量，使它们尽可能地反映各类模式之间的差别，同时又尽可能地相互独立。K-L 变换适用于各种形式的概率密度函数，将 K-L 变换应用于样本特征降维的统计算法有时又称为主成分分析（Principal Component Analysis，PCA）。主成分分析是把原始样本向量转换成一个新的向量，其各分量互不相关，且各分量都是原始样本向量各分量的线性组合。K-L 变换从 N 个统计性特征中选择特征明显的特征来表征原始数据，通常情况下，选取的特征越多越好。但通过计算验证得知，对于不同的对象，结果的准确率和选取特征个数的比例关系是不一样的。因为选取的一些特征之间可能存在一定的相关性，所以不能简单地认为选取的特征越多得到的分类结果越理想，当然也不是选得越少越理想，这需要针对不同的研究对象经过反复实验来得到答案。

4.4　健康状态评估方法

健康状态评估模型的功能是综合处理所获得的各个评估指标的量值，以获得反映评估对象整体特征的数值，根据健康状态等级来确定其状态评估结果。可用于装备状态评估的方法多种多样，常用的方法有神经网络法、模糊评判法、灰色关联法和层次分析法等。

4.4.1 健康状态等级

装备健康状态评估的主要任务是依据健康状态评估的标准，通过多种监（检）测手段获取装备及其关键系统的实际运行和状态数据，确定装备及其关键系统的健康状态等级，为装备的维修决策提供依据。

（1）健康状态等级划分

目前，健康状态等级划分方法可归结为三类：

一是根据装备的实际工作寿命和专家经验进行划分，适用于寿命周期容易获得、专家经验丰富的装备。

二是根据等级标度法和各项性能指标偏离正常值的程度进行划分，适用于可修复、性能衰退规律未知、全寿命周期监测数据难以获取的装备。

三是根据装备全寿命周期运行数据和无监督聚类算法进行划分。

通常情况下，将装备的健康状态分为Ⅰ、Ⅱ、Ⅲ、Ⅳ（或A、B、C、D）等几个等级，分别对应装备或各部件的健康状态，见表4-3。仅利用监测数据是无法准确判断装备的健康状态的，必须通过分析装备运行过程中能反映装备状态的参数的历史运行工况、实验数据、试车数据，对同类装备或同一装备不同运行环境下的实验数据进行横向比较，还要与同一装备历次相同实验条件、相同地点的运行数据进行纵向比较，然后进行综合分析及判断。

表4-3 装备健康状态等级划分

健康状态等级	Ⅰ（绿区）	Ⅱ（蓝区）	Ⅲ（黄区）	Ⅳ（红区）
健康状态描述	状态良好	轻微劣化	较严重劣化	需要替换

（2）健康状态评估指标构建

基于传感器感知及预处理后得到的状态参数，通常是一个离散的时间序列数据，即随时间而变化的动态数据。需要提取其时域、频域特征参量，然后通过这些特征参量的运算、融合及组合等处理与优化选择，得到装备的健康状态评估指标。

健康状态评估指标是指用于建立装备健康状态评估模型时所用的特征，也就是状态评估模型的输入，输出就是前面确定的健康状态等级。通过对装备的健康状态实时监测或定期检测，可以得到一系列随时间变化的装备健康状态特征参量，通过如前所述的特征提取方法提取时域、幅值域、频域的特征参量，经分析优化选择后形成建立装备健康状态评估模型所用的评估指标。从数学上讲，健康状态评估模型是特征指标样本集与健康状态等级之间的线性或非线性映射关系。

装备健康状态指标的选取是否合适，直接影响评估结果的好坏，健康状态评估指标应能够全面、真实地反映装备的健康状态。很多研究人员从监测信号中提取可以反映装备运行状态的健康因子，从而完成对装备状况的定量评估。

4.4.2　神经网络模型

神经网络法是在物理机制上模拟人脑信息处理机制的信息系统，它不但具有处理数值数据的一般计算能力，还具有处理知识的思维、学习和记忆能力，从数学的角度来看，神经网络的本质是一种非线性映射关系模型。神经网络用于健康状态评估时，其输入数据集通常是装备处于不同状态的特征向量样本，输出数据集是每个样本特征向量对应的状态类别，通过神经网络的非线性转换、梯度下降权重学习等智能分析手段学习建立输入数据和输出状态之间的潜在联系，即所谓的"特征-状态"学习模型，然后利用训练好的模型对当前未知状态类别的输入特征向量样本的可能状态做出判断。

（1）BP 神经网络的结构

人工神经网络模型构建的一般步骤为：首先构建人工神经网络模型，然后利用训练样本对人工神经网络进行训练，最后利用训练好的网络对未知状态类别的样本进行分类判别，即对状态等级或类别的评估。

神经网络的主要类型有前向型神经网络、竞争型神经网络和反馈型神经网络等。其中，前向型神经网络中的反向传播神经网络（又称BP神经网络，Back Propagation Neural Network，BPNN）是由多个神经元按照一定的组织结构连接而成的系统，如图4-3所示。从结构上可分为输入层、隐含层和输出层，各层之间实行全连接，每个输入样本要先向前传播到隐含层的节点上，经过各单元特性为Sigmoid型的激活函数（又称作用函数，映射函数）运算后，将隐含节点的输出信息传播到输出节点，最后给出输出结果。

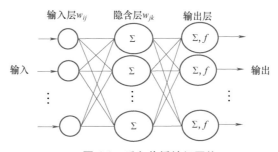

图4-3 反向传播神经网络

输入层就是根据装备状态监测参数提取得到的以健康状态指标为分量的特征向量样本，其维数决定了神经网络输入层的神经元个数；输出层是输入的特征向量样本对应的状态类别或故障类型，也可以是对未来时刻取值的预测结果，输出层的神经元个数取决于故障类别的数量。中间层称为隐含层，其单元数量的选择是一个十分复杂的问题，因为没有很好的解析式来表示，可以说隐含层单元数与问题的要求、输入输出单元的多少都有直接的关系。对于用作分类的BP神经网络，如果隐含层单元数太少可能导致训练不收敛，或网络不"健壮"，不能识别以前没有看到的样本，容错性差；但隐含层单元数太多又会使学习时间过长，误差也不一定最佳，因此存在一个最佳的隐含层单元数，求解公式为

$$n_1 = \sqrt{n+m} + a \tag{4-5}$$

式中，m 为输出层神经元数；n 为输入层神经元数；a 为 $1 \sim 10$ 之间的常数。

（2）健康状态评估的过程

BP 神经网络方法具有较强的自学习、自适应能力，缺点是开展装备状态评估时，往往需要大量的样本数据进行训练，且高维大数据下的泛化能力受限。以某装备转子系统状态评估为例，运用 BP 神经网络对其开展状态评估。

首先，确定 BP 神经网络的输出层节点数。转子系统共包含不对中、碰磨、松动、正常和不平衡共五种状态，对输出进行编码，依次为（0，0，1）、（0，1，0）、（0，1，1）、（1，0，0）、（1，0，1），即可将神经网络输出层节点数定为 3。

其次，确定 BP 神经网络的输入层节点数。在输入端，通过采集转子的振动数据，建立潜在的特征指标，分别为均值、均方根、方差、峰-峰值、方根幅值、平均幅值和峰值七项，经过前文所述的 K-L 变换法，通过训练集数据将提取的特征降维，结果见表 4-4，选取方差累计贡献率大于 85% 的特征项，即表 4-4 中前 5 项，作为最终的有效特征，即 BP 神经网络模型的输入节点。

表 4-4　K-L 变换分析结果

特征项	方差贡献率（%）	累计方差贡献率（%）
方差	31. 023	31. 023
均方根	20. 389	51. 412
峰-峰值	18. 561	69. 973
峰值	11. 823	81. 796
方根幅值	7. 637	89. 433
均值	5. 945	95. 378
平均幅值	4. 622	100

第三，确定 BP 神经网络的隐含层节点数。该 BP 神经网络模型的隐含层节点数由式（4-5）计算，范围为 4～13，再结合试凑法可确定隐含层节点数为 11 时，模型训练误差较小。

最后，确定初始权值和阈值。为避免模型陷入局部收敛，采用遗传算法（Genetic Algorithm，GA）首先得到合适的初始权值和阈值，再训练该模型，最终在误差约束下确定模型参数。将 10 组测试样本进行网络性能测试，测试结果（见表 4-5）均与预期相符，且与标准的神经网络模型对比，其模型精度和收敛速度均有所提升。

表 4-5　测试结果与效果对比

测试样本		标准 BP 神经网络		PCA-GA-BP 网络	
样本编号	期望输出	测试结果	相对误差（%）	测试结果	相对误差（%）
19	$(0,0,1)$	$(0.1117,0.0128,0.9631)$	3.69	$(0.0117,0.0148,0.9837)$	1.63
20	$(0,0,1)$	$(0.0211,0.0163,0.9138)$	8.62	$(0.0135,0.0159,0.9621)$	3.79
39	$(0,1,0)$	$(0.1633,0.9102,0.0993)$	8.98	$(0.1023,0.9286,0.0916)$	7.14
40	$(0,1,0)$	$(0.0841,0.9127,0.0649)$	8.73	$(0.0637,0.9461,0.0562)$	5.39
59	$(0,1,1)$	$(0.0247,0.9019,0.9148)$	9.81	$(0.0195,0.9213,0.9647)$	7.87
60	$(0,1,1)$	$(0.0352,0.9214,0.9189)$	8.11	$(0.0268,0.9615,0.9624)$	3.85
79	$(1,0,0)$	$(0.9231,0.0769,0.0357)$	7.69	$(0.9713,0.0812,0.0216)$	2.69
80	$(1,0,0)$	$(0.9018,0.0622,0.0672)$	9.82	$(0.9316,0.0537,0.0618)$	6.84
99	$(1,0,1)$	$(0.8821,0.0913,0.9125)$	11.79	$(0.8869,0.0718,0.9356)$	11.31
100	$(1,0,1)$	$(0.9138,0.0287,0.9413)$	8.62	$(0.9548,0.0137,0.9629)$	4.52

4.4.3　灰色关联分析法

灰色系统理论已在社会、经济、农业、生态等领域中得到应用，并取得了明显的成果。在灰色系统理论中，灰色预测、关联度分析、灰色统计、灰色聚类和灰色决策都可能成为健康状态评估、诊断及预测的有力工具。关联度分析法是灰色系统理论进行系统分析的一个重要方法，其基本思想是根据系统各因素之间的内部联系或发展态势的相似程度来度量因素之间的关联程度。

灰色关联度分析法是一种多因素统计分析方法，以各因素的样本数据为依据，采用灰色关联度来描述不同样本数据中因素间关系的强弱、大小和次序，若样本数据反映出某两因素变化的态势（方向、大小和速度等）基本一致，则它们之间的关联度较大。灰色关联分析的基本步骤如下。

步骤1：根据评价目标确定评价指标体系，收集评价数据。

步骤2：确定参考模式向量。

$$X^{(R)}=\begin{bmatrix}\{x_1^{(R)}\}^{\mathrm{T}}\\\{x_2^{(R)}\}^{\mathrm{T}}\\\vdots\\\{x_L^{(R)}\}^{\mathrm{T}}\end{bmatrix}=\begin{bmatrix}x_{1(1)}^{(R)}&x_{1(2)}^{(R)}&\cdots&x_{1(N)}^{(R)}\\x_{2(1)}^{(R)}&x_{2(2)}^{(R)}&\cdots&x_{2(N)}^{(R)}\\\vdots&\vdots&\vdots&\vdots\\x_{L(1)}^{(R)}&x_{L(2)}^{(R)}&\cdots&x_{L(N)}^{(R)}\end{bmatrix} \tag{4-6}$$

式中，$x_i^{(R)}$ 为第 i 个参考（Reference）模式向量，$i=1$，2，$\cdots$，L；L 为参考模式向量的数目；N 为每种参考模式向量的维数，即特征分量的个数。

步骤3：对待检模式向量样本中的指标数据进行无量纲化（如有必要）。

$$X^{(T)}=\begin{bmatrix}\{x_1^{(T)}\}^{\mathrm{T}}\\\{x_2^{(T)}\}^{\mathrm{T}}\\\vdots\\\{x_M^{(T)}\}^{\mathrm{T}}\end{bmatrix}=\begin{bmatrix}x_{1(1)}^{(T)}&x_{1(2)}^{(T)}&\cdots&x_{1(N)}^{(T)}\\x_{2(1)}^{(T)}&x_{2(2)}^{(T)}&\cdots&x_{2(N)}^{(T)}\\\vdots&\vdots&\vdots&\vdots\\x_{M(1)}^{(T)}&x_{M(2)}^{(T)}&\cdots&x_{M(N)}^{(T)}\end{bmatrix} \tag{4-7}$$

式中，$x_j^{(T)}$ 为第 j 个待检模式向量，$j=1$，2，$\cdots$，M；N 为待检模式向量的维数。

步骤4：计算关联系数。

定义待检模式向量 $x_j^{(T)}$ 与参考模式向量 $x_i^{(R)}$ 两状态之间的关联程度，即

$$\xi_{ij(k)}=\frac{\min_i\min_k|x_{i(k)}^{(R)}-x_{j(k)}^{(T)}|+\zeta\max_i\max_k|x_{i(k)}^{(R)}-x_{j(k)}^{(T)}|}{|x_{i(k)}^{(R)}-x_{j(k)}^{(T)}|+\zeta\max_i\max_k|x_{i(k)}^{(R)}-x_{j(k)}^{(T)}|}\begin{cases}i=1,2,\cdots,L\\j=1,2,\cdots,M\\k=1,2,\cdots,N\end{cases} \tag{4-8}$$

式中，$\xi_{ij(k)}$ 为待检模式向量 $x_i^{(T)}$ 与参考模式向量 $x_i^{(R)}$ 在第 k 个分量上的关联系数。$\zeta\in[0,1]$ 表示分辨系数，不同的 ζ 值只影响 $\zeta_{ij(k)}$ 的绝对大小，并不影响 $\zeta_{ij(k)}$ 的相对排列次序。随着 ζ 值的减小，$\zeta_{ij(k)}$ 值可变动的区间范围增大，一般取 $\zeta=0.5$。

步骤 **5**：计算关联度。

$x_j^{(T)}$ 对 $x_i^{(R)}$ 的关联度定义为不同点关联系数的平均值，即

$$r_{ij} = \frac{1}{N} \sum_{k=1}^{N} \xi_{ij(k)} \quad \begin{cases} i = 1, 2, \cdots, L \\ j = 1, 2, \cdots, M \end{cases} \tag{4-9}$$

由 r_{ij} 可组成关联度矩阵，即

$$\boldsymbol{R} = \begin{bmatrix} r_{11} & r_{12} & \cdots & r_{1M} \\ r_{21} & r_{22} & \cdots & r_{2M} \\ \vdots & \vdots & \vdots & \vdots \\ r_{L1} & r_{L2} & \cdots & r_{LM} \end{bmatrix} \tag{4-10}$$

步骤 **6**：如果各指标在综合评价中所起的作用不同，对关联系数求加权平均值，即可得出综合评价结果。

如前文所述，灰色关联分析法的优点是样本量需求小，且计算简单，但缺点是关联度矩阵计算过程中各关联系数的权重确定具有主观性，可能影响分析结果的准确性。灰色关联分析法通常用于分析内部信息不够清楚的灰色系统，如可用于风电系统、光伏发电设备、导弹系统等的健康状态评估，通过与标准工作状态参数进行灰色关联分析，来给出相应装备的健康状态等级。本章后文将结合模糊理论，举例说明其典型应用。

4.4.4 模糊综合评判法

装备的复杂性越高，模糊性就越强。这一特性迫使我们在进行装备状态评估时，必须处理大量的模糊信息，因此需要运用模糊数学这一新的数学工具，分析处理装备状态监测和故障诊断各个环节中所遇到的各种模糊信息，对它们进行科学的、定量的处理和解释。例如，故障征兆特征用一些模糊的概念来描述，如"振动强烈""噪声大"；故障原因用"偏心大""磨损严重"等来描述。

（1）模糊综合评判的基本思路

在众多模糊识别方法中，模糊综合评判应用十分成熟，其基本思想

是先建立评估指标的因素集和合理的评判集，然后通过专家评定或其他方法获得模糊评估矩阵，再利用合适的模糊算子进行模糊变换运算，获得最终的综合评估结果。

设 U 是给定的评估对象状态等级的集合，U 中的每一个待评估对象 u 有 n 个特性指标，即 u_1，u_2，$\cdots$，u_n，每个特性指标所刻画的是待评估对象 u 的某个特征，于是由 n 个特性指标确定的每一个待评估对象，可记为

$$u = (u_1, u_2, \cdots, u_n) \tag{4-11}$$

式（4-11）称为待评估对象的特征向量。

设待评估对象的状态集合 U 可分成 m 个类别，且每一个类别均是 U 上的一个模糊集，即 A_1，A_2，$\cdots$，A_m，则称它们为模糊模式。

基于模糊理论的健康状态评估的宗旨是把对象 $u = (u_1, u_2, \cdots, u_n)$ 划归到一个与其类似的类别 A_i 中。其实现过程是根据模糊关系矩阵 $\boldsymbol{R}$ 及征兆模糊向量 $\boldsymbol{A}$，求得状态模糊向量 $\boldsymbol{B}$，再根据向量 $\boldsymbol{B}$ 与模糊模式集的贴近程度来判断该向量对应的待评估样本属于哪一个模糊模式。关于模糊贴近程度，有很多成熟的计算公式可用来确定。

模糊综合评判方法的优点是其具备良好的灵活性和对不精确数据的容忍性，缺点是其结果受模糊规则和模糊集合的影响。

（2）健康状态评估应用分析

以某光伏发电系统为例，运用 4.4.3 节的灰色关联分析，结合本节所述的模糊评判方法，可实现其健康状态评估，具体思路如下：首先建立光伏发电阵列的理想模型，得出其理想 *I-V* 曲线，即模型的输入特征；然后运用灰色关联分析法得出实测 *I-V* 曲线与理想曲线的差异，即灰色关联度（Grey Relation Degree，GRD）；最后利用模糊隶属关系得到光伏发电系统的健康状态。

该系统将其健康状态等级定义为健康、亚健康、异常和故障四种，隶属度函数采用三角隶属度函数，用 u_1、u_2、u_3、u_4 分别表示经计算所

得灰色关联度值对于各健康状态的隶属度，最终由模糊隶属度计算健康因子，即 $\mathrm{HI} = (u_1, u_2, u_3, u_4) \cdot (v_1, v_2, v_3, v_4)^{\mathrm{T}}$，式中后者为系数向量。经过遮光实验，运用该方法得到的光伏发电系统的健康状态评估结果见表 4-6。

表 4-6　光伏发电系统的健康状态评估结果

实验序号	工况	GRD 值	u_1	u_2	u_3	u_4	健康状态	健康因子值
1	正常	0.9210	1	0	0	0	健康	0.9000
2	2 块光伏板被遮挡（透光率为 0.57）	0.8788	0.7880	0.2120	0	0	健康	0.8152
3	4 块光伏板被遮挡（透光率为 0.57）	0.6291	0	0.1455	0.8545	0	异常	0.3291
4	2 块光伏板被遮挡（透光率为 0.25）	0.8384	0.3840	0.6160	0	0	亚健康	0.6536

　　根据灰色关联分析结果，在正常工况下，光伏发电系统检测为"健康"状态，健康因子值大于 0.8。当发生局部阴影时，光伏发电系统的健康状态将逐渐恶化，健康状态等级降低，健康因子值也相应减小。当 2 个光伏组件被遮挡时，光伏发电系统仍然检测为"健康"状态，因为阴影对光伏发电系统整体输出功率的影响比较小。当光伏阵列在高辐照度环境下工作时，在相同的遮挡程度下，随着遮挡面积的增加，光伏发电系统的健康状态等级变为"异常"。对于相同遮挡面积，即遮挡 2 块光伏组件时，随着遮挡程度的增加，透光率从 0.57 降低到 0.25，光伏发电系统的健康状态等级由"健康"变为"亚健康"，健康因子值从 0.8152 降低到 0.6536。

4.5　典型应用

4.5.1　波音 737-800 飞机应用案例

　　波音 737-800 飞机故障预测与健康管理系统主要由飞机状态监视系统、发动机控制和监视等机载系统，以及数据链路、地面站等组成。发动机的故障预测与健康管理没有专门的装置，由发动机控制系统和发动机指示系统共同完成。波音 737-800 飞机和发动机故障预测与健康管理的数据流框图如图 4-4 所示。

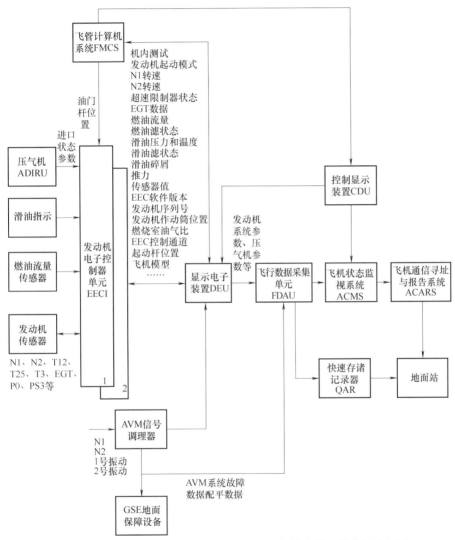

图 4-4　波音 737-800 飞机和发动机故障预测与健康管理的数据流框图

（1）飞机状态监视系统（ACMS）

飞机状态监视系统主要负责采集飞机上各系统运行的信息，并对采集的信息进行实时处理与存储，在飞机飞行过程中将处理结果通过飞机通信寻址与报告系统数据链下传。该系统主要实现飞机的状态监测、故障检测、故障隔离、性能监控以及故障诊断等功能。

（2）发动机传感器

CFM56-7B 发动机控制系统由飞机数据接口、传感器、发动机电子控制器以及液压机械单元组成。发动机的典型传感器参数包括进口总温度 T12、高压压气机进口温度 PT25、高压压气机出口温度 T3、二级低压涡轮出口温度 T49.5、进口静压力 P0、高压压气机出口压力 PS3、高低压转子转速 N2 和 N1、燃油流量、滑油压力、滑油温度以及选装的风扇出口静压力 PS13、高压压气机进口压力 P25 和 T5。此外，该发动机系统还包括主轴承振动加速度传感器、风扇隔框压气机机匣垂直振动加速度传感器以及金属屑探测器等。

（3）发动机电子控制器单元（EECI）

发动机电子控制器单元主要控制发动机状态，使其达到指定的推力，同时为飞机座舱显示、发动机状态监视以及维修报告和排故等提供必要的信息。控制系统通过 A、B 两个发动机的电子控制器通道与飞机计算机通信，发动机电子控制器接收共用显示系统配置了数据集和显示电子单元的工作指令。

（4）显示电子装置（DEU）

显示电子装置通过 ARINC429 总线从发动机燃油和控制系统发送和接收飞机数字控制指令数据。压气机发送总压力和温度数据到发动机电子控制器，用于控制发动机推力。飞行管理计算机通过显示电子单元向发动机电子控制器发送和接收控制显示单元指令。控制显示单元显示发动机电子控制器维修数据，并向发动机电子控制器发送指令进行机内测试。飞行数据采集单元采集发动机数据，并发送至飞行数据记录器。

（5）发动机指示系统

发动机指示系统由发动机高低压转子转速、排气温度和发动机振动监视三部分组成。发动机电子控制器接收 N1、N2 转速以及排气温度传感器的模拟信号,并将其转换为数字量,通过数据总线发送至显示电子单元。机载振动监视信号调理器接收 N1、N2 转速,以及 1 号轴承振动、风扇隔框压气机机匣垂直振动传感器的模拟输入,计算并监视每台发动机的振动水平,保存每台发动机的振动历史数据,提供发动机单面或双面配平解决方案,隔离振动监视失效并存储数据,通过数据总线将数据发送至显示电子单元和飞行数据采集单元。安装飞机通信寻址与报告系统时也发送数据至该系统。

(6)显示电子单元

将发动机电子控制器总线上的制造商和配置数据、推力/飞机模型数据、超限数据、内部保护状态、发动机内部传感数据、滑油系统状态、燃油系统状态、发动机空气系统状态数据、维修数据、推力换向器角度、大气机输入数据状态等发送至飞行数据采集单元,以便飞机状态监视功能飞机状态监控系统(ACMS)调用该数据,若专机甚高频开关置于数据位置或开通卫星通信服务,则相关数据可通过飞机通信寻址与报告系统功能经卫星通信或甚高频数据通信发送至地面。此外,相关数据还可以通过快速存储记录器(QAR)在飞机返场后由无线地链局域网实现快速下载。

目前,通用、普惠、罗罗等国外航空发动机生产厂商已经开始建立各自的发动机故障预测与健康管理中心,接受航空公司发动机故障预测与健康管理的外包,提供在线监控服务和解决方案,通过空地数据传输系统实时下载发动机监视参数数据。发动机故障预测与健康管理中心利用经验丰富的专家、强大的数据库和改进的地面数据分析软件,对发动机健康状况进行实时监视,并将分析结果、维修建议等报告通过互联网反馈给用户,用户按照返回的报告开展相应的维修检查工作,可实现实时将故障隔离到航线可更换单元体,提高飞机的派遣可靠性,保证飞行安全。

故障预测与健康管理服务已成为当前航空维修市场争夺的一个新领域，航空发动机生产厂商将此作为一个重要产品推向市场，并逐步扩大市场占比。除了发动机厂商，飞机生产厂商也不甘落后，推出了飞机故障预测与健康管理服务，如波音787的"金色关怀"（Goldcare）服务包，空中客车公司推出的A380飞机裁剪保障包等，均可及时掌握飞机机群的状态，除了可以提高飞机的飞行安全性，还可以提高机群的可用率，减少航空公司的运营费用，提高装备维修保障的效率。因此，发动机故障预测与健康管理功能已成为先进航空发动机的重要标志，以及各大航空公司盈利的新增长点。

4.5.2 美国海军舰船综合状态评估系统

美国海军通过舰上已经比较成熟的综合状态评估系统和2.0版本的远程保障服务器来实现船体、机械和电器设备等的故障预测与健康管理。综合状态评估系统只能利用本舰的资源进行维修，而对于舰上的一些复杂故障，只依靠本舰资源进行维修是不够的，舰员需要在专家的指导下才能完成舰员级维修。美国海军在综合状态评估系统的基础上开发了远程诊断技术。远程诊断技术利用卫星或微波通信技术将舰艇和武器系统的运行参数及故障数据，通过电子邮件和通知的形式发往岸基维修中心，生成健康状态评估报告（综合性能评估报告），经专家审查并给出维修建议后再通过传输链路发回舰上，支撑维修工作的开展。

（1）综合状态评估系统的组成与功能

综合状态评估系统是美国海军开发的一种可进行维修问题解答，还可为舰艇机械系统提出诊断建议和预测的工具。综合状态评估系统可为运行和维修人员提供数据采集、数据显示、设备分析、诊断建议和决策支持信息，还可与其他维修软件程序链接。其工作原理是利用各种传感器连续监测重要的状态参数，利用传感器反馈的状态数据，链接本舰逻

辑诊断来诊断和预测装备的运行情况。典型综合状态评估系统的安装示
意如图 4-5 所示。

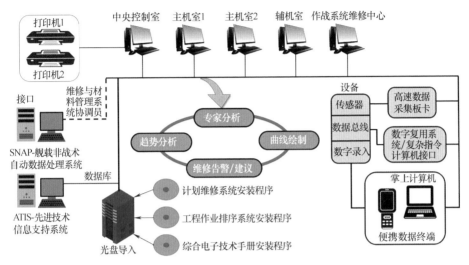

图 4-5　典型综合状态评估系统的安装示意

舰上安装的综合状态评估系统主要包括数据采集装置（传感器等）、
配置数据集（CDS）和综合电子技术手册。一个典型的综合状态评估系
统，其舰上分系统的组成包括四到五台工作站、便携式装置（手动输入，
如掌上计算机）、自动或在线的数据采集仪器。每个主机舱室内有一台工
作站，通过主动式（光纤）局域网互联起来，每一台工作站都有一个包
含预检信息的配置数据集。

数据采集装置。采集数据可通过三种方式输入综合状态评估系统：
数据总线可以通过与现有机械设备的接口（数字复用系统/复杂指令计算
机接口）连接来采集数据；联机的传感器（通过高速数据采集板卡）可
以不断地为综合状态评估系统提供数据；通过便携数据终端或便携数据
分析器（掌上计算机）实现对数据的人工采集，再把数据加载至综合状
态评估系统。

配置数据集。综合状态评估系统的核心部分是配置数据集。每台工
作站都有一个独一无二的配置数据集，用于识别受监控设备的容差和超

差范围。对原始数据的趋势分析结果可为操作人员和维修人员提供有用的设备状态信息。

综合电子技术手册。提供可自动链接的维修建议,用户既可以浏览整个库,又可以直接定位到合适的字段或卡片。

综合状态评估系统通过分布在本舰动力系统和船体、机械和电力子系统的数据采集器提供状态监控,并将得到的状态监控数据传送到工作站。工作站主要可以提供以下功能:根据存储在数据库中的历史状态监控数据和标准,对实时状态监控数据进行统计学分析和数据筛选,对故障进行探测和预警;然后将结果实时反馈给舰上操作员,以提高维修效率,减少装备故障。

根据工作站对实时监控数据的比对与分析,预测机械系统何时出现性能下降并提前对操作员进行以下提示:用户定义的警告、诊断建议和维修建议。诊断建议是基于系统内建的故障模型提出的,如不能给出诊断结论,则会提醒操作员诊断失败;维修建议一般通过发现并修理故障的过程来引导操作员或维修工程师,并通过超级链接来为操作员或维修工程师提供多种电子文档,如技术手册、利用视觉和听觉进行指导的操作步骤或训练资料等。

(2)综合状态评估系统的应用分析

"阿利·伯克"级驱逐舰舰上综合状态评估系统的配置包括四台工作站、便携式(掌上计算机等手动方式)和内嵌式(自动或在线)数据采集装置等,通过光纤局域网互联。四台工作站分别配置在中央控制室、主机室1、主机室2和辅机室,监测相应的系统设备。

综合状态评估系统架构设计灵活,使系统可以监测包括温度、压力、速度、电压、振动、液位等在内的一系列数据。传感器信息从传统的连线传感器自动获取,其他独立传感器的信息(如本地安装的压力和温度计)通过移动设备手动收集和存储,并上传到工作站上。

"阿利·伯克"级驱逐舰舰上综合状态评估系统能实现的功能主要包

括在线监测（报警或状态监测）、数据或装备趋势分析、专家系统（故障诊断、检修）、在线后勤链接（电子技术手册、技术文档、供给保障）、嵌入式训练和失效分析。

对于监测功能，综合状态评估系统通过软件系统对各个传感器输入的数据进行评估，通过实时监测的系统数据与预期的设备运行剖面的对比，在系统失效前识别出装备的特殊状况或性能下降。

"阿利·伯克"级驱逐舰空调系统的综合状态管理。也是通过综合状态评估系统对空调机组的 20 余个参数进行监控，包括压缩机排气压力、压缩机电动机电流、冷凝器排气压力和海水入口温度等。用户可通过综合状态评估系统查看每个独立空调设备的监控信息。综合状态评估系统采集的相关数据会传到岸基维修工程服务器中，并进行趋势分析，或将数据转换为 CSV 格式储存。

舰船动力系统主燃气轮机的综合状态评估，可通过 LM2500 燃气轮机内置的传感器，综合状态评估系统可对燃气轮机内部不同位置的压力和温度、燃油供应状态、排放温度和压力等参数进行监控。通过对这些参数的监控，实时记录燃气轮机的运行数据，并对偏离正常状态的异常状况进行感知和报警。

美国海军还开发出了具有开放式体系结构标准的燃气轮机压气机和燃油喷嘴性能下降的预测模块，该模块利用了统计预测算法和源自美国海军工程站的故障数据。预测模块利用了先进的预测技术，可全自动地与现在的监测系统交互并处理实时数据。这种具有开放式体系结构的预测模块可完成高水平的视情维修，从而实现使用期费用和资产的最优化管理。

燃气轮机压气机和燃油喷嘴性能下降的预测模块已在 501K-34 型燃气轮机上成功地验证了预测压气机冲水时间算法和燃油喷嘴堵塞算法。在海军陆上试验站验证了预测结果，并且还验证了开放系统的集成能力。在 LM2500 燃气轮机采用这种算法的可能性的前期验证工作已经完成。

4.5.3 "猛禽"战斗机 F119 发动机应用案例

（1）F119 诊断与健康管理（DHM）系统的结构

F-22 "猛禽"战斗机的 F119 双发动机全权限数字电子控制（FADEC）+ 独立发动机诊断单元（CEDU）的机上故障预测与健康管理架构，如图 4-6 所示，并配合地面支持保障系统进行趋势分析和失效处置。

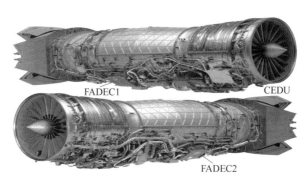

图 4-6　F119 双发动机全权限数字电子控制+独立发动机诊断单元的系统布局

机上故障预测与健康管理由发动机全权限数字电子控制和独立发动机诊断单元共同完成。发动机全权限数字电子控制提供互为备份的双通道控制结构，在飞行包线内对发动机从起动到最大状态进行全状态控制，提供与综合飞行推进控制数据三总线接口，具有高故障容错能力，内置 STORM 模型，具有机内测试以及故障检测、隔离、适应等功能，并负责向飞行员发送提醒、警报和建议信息。独立发动机诊断单元则提供预防、诊断和处置发动机故障的功能，从发动机全权限数字电子控制采集和存储发动机运行数据以及发动机特定传感器的数据，整定和处理振动、滑油碎屑、滑油水平，N1 转速传感器相位等信号数据，存储机内测试以及维修所需的数据。

（2）F119 诊断与健康管理（DHM）系统的功能

性能监视。性能监视采用机载自调整实时模型 STORM 系统，记录了发动机在起飞和巡航状态下的性能健康参数和 STORM 调整参数，能够实现气路控制用传感器的在线诊断和隔离。

振动监视。在前中介机匣、后支撑环以及附件机匣安装振动加速度传感器，均采用离散傅里叶变换分析技术进行实时振动频谱分析。

滑油监视。除了采用滑油压力和滑油温度传感器，还采用了专用的机载感应式滑油金属屑在线监视和滑油水平监测技术。

寿命使用。可以在线计算关键部件的使用寿命消耗情况，热端部件的蠕变寿命，Ⅰ类、Ⅱ类、Ⅳ类 LCF 循环数、起动次数、加力点火次数，以及发动机工作时间、发动机飞行时间、发动机总累积循环数等寿命使用参数，并由独立的发动机诊断单元实现。

数据存储记录和传输。F119 发动机的独立发动机诊断单元存储了四种数据类型：第一类是故障报告编码（FRC），附带具有时间标记的飞行状态数据；第二类是暂态/快照诊断数据，这类数据由故障报告编码触发，记录了故障前 21s、故障后 3s 的数据；第三类是寿命和健康数据；第四类是配置数据，这类数据主要用于检查硬件和软件的兼容性。F119 机载存储记录装置包括飞行参数记录器、独立发动机诊断单元和飞行员使用的诊断故障代码（DTC）装置。飞行参数记录器主要负责记录飞行状态参数以及飞行过程中发生的故障报告编码。独立发动机诊断单元负责采集来自发动机全权限数字电子控制的发动机运行参数和传感器参数，并进行机内测试和故障检测，当检测到故障报告编码后，触发记录对应时间下的飞行状态参数，并由独立发动机诊断单元记录事件前后的健康参数和发动机运行参数。诊断故障代码装置则负责记录当次飞行过程的飞行参数和独立发动机诊断单元记录的健康、使用和诊断数据，并在当次飞行结束后由飞行员转交到地面站，向维修人员陈述飞行过程中观测到的异常状况。维修人员则将当次数据下载到综合信息维修系统，并进行详细的趋势分析和故障处理，直到故障隔离任务完成。

参考文献

[1] 李巍华, 张小丽, 严如强. 复杂机电系统故障智能诊断与健康评估 [M]. 北京: 国防工业出版社, 2021.

[2] 郑长松, 冯辅周, 张丽霞, 等. 装甲车辆故障诊断技术 [M]. 北京: 北京理工大学出版社, 2019.

[3] 尉询楷, 杨立, 刘芳, 等. 航空发动机故障预测与健康管理 [M]. 北京: 国防工业出版社, 2013.

[4] 张金玉, 张炜. 装备智能故障诊断与预测 [M]. 北京: 国防工业出版社, 2013.

[5] 周林, 赵杰, 冯广飞. 装备故障诊断与健康管理技术 [M]. 北京: 国防工业出版社, 2015.

[6] 丁克勤, 陈力. 基于大数据的起重装备服役健康管理 [M]. 北京: 机械工业出版社, 2018.

[7] 彭喜元, 彭宇, 刘大同, 等. 数据驱动的故障预测 [M]. 黑龙江: 哈尔滨工业大学出版社, 2015.

[8] 王金海. 城轨列车齿轮传动系统故障机理及诊断方法研究 [D]. 北京: 北京交通大学, 2020.

[9] 茆志伟. 活塞式发动机典型故障诊断及非稳定工况监测评估方法研究 [D]. 北京: 北京化工大学, 2018.

[10] 邵海东, 张笑阳, 程军圣, 等. 基于提升深度迁移自动编码器的轴承智能故障诊断 [J]. 机械工程学报, 2020, 56 (9): 84-90.

[11] CHEN Z, GRYLLIAS K, LI W. Intelligent Fault Diagnosis for Rotary Machinery Using Transferable Convolutional Neural Network [J]. IEEE Transactions on Industrial Informatics, 2020, 16 (1): 339-349.

[12] YU K, TR LIN, MA H, et al. A multi-stage semi-supervised learning approach for intelligent fault diagnosis of rolling bearing using data augmentation and metric learning [J]. Mechanical Systems & Signal Processing, 2021, 146.

[13] 刘小雄, 章卫国, 李广文, 等. 无人机健康管理 [M]. 陕西: 西北工业大学出版社, 2019.

[14] 徐庆宏, 任和等. 民航飞机实时监控与健康管理技术 [M]. 上海: 上海交通大学

出版社，2018.

［15］　马小骏，冯蕴文，黄加阳. 民航飞机健康管理技术［M］. 北京：科学出版社，2021.

［16］　陈雪峰，訾艳阳. 智能运维与健康管理［M］. 北京：机械工业出版社，2020.

［17］　胡义，陈柄文，徐振峰. 基于 AHP-云模型的混动船舶动力系统综合评估［J］. 舰船科学技术，2017，3（8）：79-84.

［18］　徐晓健. 船舶柴油机磨损故障智能诊断的证据推理研究［D］. 武汉：武汉理工大学，2019.

［19］　刘伟波. 基于层次分析法的某型船舶主动力装置综合评估研究［D］. 大连：大连海事大学，2013.

第 5 章 数智维修故障诊断与寿命预测

及时、准确的装备故障诊断与寿命预测可以有效缩短装备停机时间，降低装备维修成本。数据驱动的故障诊断与寿命预测是实现数智维修的关键，主要利用机器学习和人工智能技术，从大量的历史数据中提取装备状态特征和故障模式，以预测装备系统未来的故障和寿命。

5.1 故障诊断与寿命预测概述

故障诊断与寿命预测是确保装备系统高安全性、高可用率、低耗费的关键使能技术，也是影响装备数智维修策略制定的关键因素。科学的故障诊断与寿命预测能够有效降低装备维修保障费用，提高装备的安全性和任务成功率。面对装备维修保障场景，维修保障过程涉及多种维修资源，包含类型多样的维修器材、维修保障人员、搬运与装卸设备等，其产生的数据具备多源异构特征。特别是在复杂多变的战场环境下，为了提升装备战场再生能力，需要为装备提供全链条的跨域协同维修保障，这导致保障力量构成的复杂性进一步提高。现有的维修决策自动化、智能化程度较低，无法依据不同层级的各类需求精确调度装备维修资源。针对上述问题，研究数据驱动的故障诊断与寿命预测技术，特别是面向装备的关联规则挖掘维修数据分析方法、融合装备维修保障业务规则的故障诊断与寿命预测方法变得尤为重要。

（1）数据驱动方法的特点

数智维修故障诊断与寿命预测的关键是实现数据驱动，具有以下特点：

一是数据驱动的方法需要足够的历史数据作为输入，这些数据可能来自传感器、监控系统、设备日志等。

二是数据驱动的方法可以自动对数据进行分析和处理，从而识别装备系统的故障并预测其寿命，从而帮助用户更好地规划维修计划，减少停机时间。

三是数据驱动的方法可以实时监测装备系统的状态，及时发现潜在的故障和异常情况。

四是数据驱动的方法通常可以提供诊断结果的可解释性，即可以解释为什么出现故障或异常情况，帮助工程师更好地理解和处理问题。

（2）故障诊断的主要内容

故障诊断的目的是找出装备系统功能失常的原因和部位，以便通过维修活动排除故障，恢复其原有功能。故障诊断内容主要涉及以下三个方面：

故障的特征提取，指当装备系统出现无法正常工作的状况时，通过测量装备系统的相关参数，采用定量和定性的信息处理技术获取反映装备系统故障的特征描述。

故障的分离与估计，指根据获得的装备系统的故障特征，确定装备系统是否出现故障以及故障的程度。

故障的评价与决策，指根据故障分离与估计的结论，对故障的危害及严重程度做出评价，并进一步对是否停止任务的进程、是否需要维修更换故障元件等进行决策。

装备故障诊断过程包括故障检测、故障隔离和故障识别。故障检测的目的是检测发现某一装备的运行状态是否处于异常状态；故障隔离的目的是对检测出异常状态的装备进行故障隔离，确定该装备出现异常的部件，即找到故障部件；故障识别的目的是识别出故障部件的故障程度和类别，为装备维修决策提供建议。

（3）寿命预测的主要内容

寿命预测是一门涉及机械、电子、材料、通信以及计算机技术和人工智能等多学科综合的新兴边缘学科，是实现"事后诊断修"向"事前预测维护"的重要途径。寿命预测主要由技术人员利用已有的知识，采用适当的方法，预测现有装备未来任务段内何时会出现故障、出现什么故障，以便采取及时、有效的预防措施实现预知维修，保证训练和作战任务所需的无故障工作时间。

寿命预测的内容主要包含以下三个方面：

故障发生时间，即预测装备系统、子系统和部件的不同类型故障模式的故障发生时间。

剩余寿命或正常使用时间，即预测装备系统、子系统和部件的剩余寿命或可继续正常使用的时间。

故障发生概率，即预测在下次检查或维修前装备系统、子系统和部件发生故障的概率。

装备寿命预测过程包括趋势特征提取、退化模式识别和确定性度量。趋势特征提取指的是根据装备历史运行状态及监测数据，建立相关数学模型，对装备故障的演化规律进行量化表示，可采用自适应特征提取和多源数据融合等方式，为预测模型提供可靠信息。同一种类或不同种类的装备部件通常具有不同的故障模式。针对不同故障模式建立相应的预测模型，可以提高装备故障预测的可靠性和准确性。装备故障及其退化过程具有随机性和不确定性。

（4）故障诊断与寿命预测的区别

故障诊断与寿命预测的区别体现在以下三个方面：

结果用途不同。 故障诊断的最终结果是故障类型，需要回答"是否有故障"和"故障是什么"两个问题，包括故障的检测和隔离。寿命预测的结果主要用于装备的主动性维修决策，不仅可以估计初始缺陷发展到功能故障的时间，还可以修正装备系统、子系统和部件的故障率，以装备的使用风险最小、使用寿命最大为目标。

适用时机不同。故障诊断是在装备发生故障后进行，通常包括故障部件定位、故障模式隔离、故障征兆识别和工作异常识别等。寿命预测可以应用在整个运行阶段，其实质是依据状态特征参数分析和确定未来时间段内故障发生时间的过程，通常包括系统、子系统和部件的故障发生时机，系统、子系统和部件的剩余寿命，未来时间段内系统、子系统和部件的故障发生概率等。

原理性质不同。故障诊断与预测可以分别被视为分类任务和回归任务，二者的拟合对象分别是离散的和连续的。

故障既是状态又是过程，从发生到退化再到装备停止运行的过程存在多状态、多类别的特点，状态之间的转移和类别之间的耦合影响具有随机性。在故障诊断之前先进行预测，可以根据装备的剩余寿命提前进行维修准备工作；当故障发生后及时进行停机维修，从而有效缩短停机时间。

5.2　基于机器学习的故障诊断方法与技术

故障诊断的目的是发现并识别故障类型，从而缩短停机时间，降低维修成本。故障诊断技术自 20 世纪 60 年代发展至今经历了三个阶段。早期人们凭借专家的经验，通过对装备声音、振动和温度等状态特征的感受来判断装备的故障类型。随着信号处理技术、软测量技术、计算机技术和网络技术的发展，数据采集工作站采集现场的各种传感器信号，通过计算机网络将数据发送到远程的监测与诊断工作站，利用各种信号处理技术和分析软件对装备状态进行监测。如今，越来越多的数据驱动方法凭借强大的特征提取和自适应能力，广泛应用于故障诊断领域。

5.2.1 故障诊断方法分类

故障诊断分类方法多种多样，可以从不同的角度进行划分。按故障诊断的实现方法可分为以下四类：

（1）基于物理模型的故障诊断

基于物理模型的故障诊断方法需要研究系统故障机理，选取反映故障特征的参数作为模型参数，并及时修正、调整诊断模型，以便更好地实现故障诊断。但是，装备系统的故障机理和故障模式繁杂，通常难以构建精确的物理模型。因此，基于物理模型的故障诊断的实际应用范围和效果受到限制。

（2）基于知识推理的故障诊断

基于知识推理的故障诊断方法不需要建立装备系统的数学模型，一方面可以根据领域专家的经验知识和控制者的启发性经验知识，通过演绎推理或产生式推理来获取故障诊断结果；另一方面可以根据装备系统正常和故障模式下的行为特点，基于具有明确科学依据的知识及系统内部特点的约束关系，采用相应的算法得到故障诊断结果。该类方法主要有专家系统、模糊逻辑、神经网络、遗传算法、D-S（Dempster-Shafer）证据理论、灰色系统理论、故障树分析等。

（3）基于信号处理的故障诊断

基于信号处理的故障诊断方法同样不需要建立装备系统的数学模型，而是直接利用相应的信号处理方法，对装备系统的可观测信号进行分析，以相应故障在可观测信号中的表现为故障特征，实现相应的故障诊断。该类方法除了传统的时域分析法和频域分析法，还包括主元分析法、小波变换法、时频域分布法、信号模态估计法、分形几何法等。

（4）数据驱动的故障诊断

数据驱动的故障诊断，其基本原理是采用以深度学习为代表的机器学习方法直接对大量的离线和在线数据进行分析处理，找出故障特征，确定故障的发生原因、发生位置及发生时间。这种方法的研究对象以数据为主，不需要对诊断过程进行定性描述，比较适合装备运行状态监测。随着传感器大量配备，海量监测数据也为数据驱动方法提供了发展基础。

5.2.2　基于深度学习的故障诊断技术

深度学习（Deep Learning，DL）是基于数据驱动方法的重要分支。目前，各类基于深度学习的故障诊断和预测方法都是在各类深度学习模型的基础上发展而来的，主要包括多层感知机、自编码器、深度信念网络、卷积神经网络和循环神经网络。

（1）多层感知机

多层感知机（Multilayer Perceptron，MLP）是神经网络的基础，它将一组输入向量映射到一组输出向量，通常由一个输入层、一个输出层和中间的一个或多个隐藏的全连接层组成。每个全连接层由多个具有非线性激活函数的神经元组成（输入层除外），该层的每个神经元都与下一层的所有神经元相连。如图 5-1a 所示，多层感知机可以直接用于故障诊断，但其结构相对简单，特征提取能力有限；图 5-1b 所示为基于多层感知机串联的故障诊断。

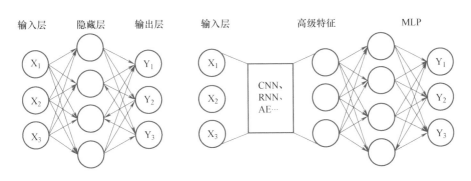

a) 基于多层感知机直接的故障诊断　　　　b) 基于多层感知机串联的故障诊断

图 5-1　基于多层感知机的故障诊断

（2）自编码器

自编码器（Autoencoder，AE）是一种无监督学习算法，主要由编码器、潜在特征表示和解码器组成，其结构示意如图 5-2 所示。

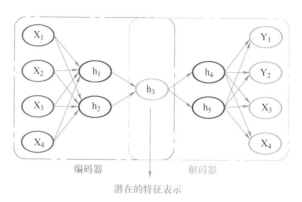

图 5-2　自编码器的结构示意

编码器将输入数据从高维空间映射到低维空间，解码器根据低维空间的高级特征重构输入数据并输出。自动编码器经过训练，使输入和输出之间的差异最小化。使自动编码器工作的是中间的"瓶颈"结构，它迫使原始输入压缩内容的表示，这样的结构使自动编码器能够提取特征。深度自编码器（Deep Autoencoder，DAE）是特征提取、降噪和数据生成等任务中最常用的结构。在故障诊断和寿命预测中可使用深度自编码器作为提取高级特征的关键步骤。

（3）深度信念网络

深度信念网络（Deep Belief Networks，DBN）由多个受限玻尔兹曼机（RBM）层组成，典型深度信念网络的结构示意如图 5-3 所示。

每个受限玻尔兹曼机都将以无监督的方式学习。多个受限玻尔兹曼机被训练出来，就可以组成一个深度信念网络。之后，多层感知机被设置在深度信念网络的最后一层，它接收受限玻尔兹曼机的输出特征向量并将其作为自身的输入特征向量，以监督的方式对整个网络进行微调。深度信念网络的权重可以用来初始化前馈神经网络的隐藏层。因此，深

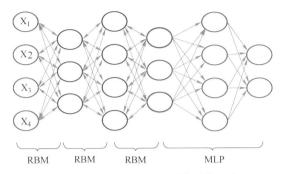

图 5-3　典型深度信念网络的结构示意

度信念网络克服了多层感知机由于权重参数的随机初始化而容易陷入局部最优和训练时间长的缺点。根据最后全连接层的设置，深度信念网络可以用于分类和预测任务。车畅畅等人将深度信念网络模型用于飞机系统中多个传感器的状态评估。

（4）卷积神经网络

卷积神经网络（Convolutional Neural Network，CNN）用来处理以多阵列形式出现的数据，其结构示意如图 5-4 所示。卷积神经网络利用了自然信号的特性，即局部感知、共享权重和下采样。卷积神经网络的这一重要特点使其架构与标准神经网络相比，所依赖的参数要少得多。

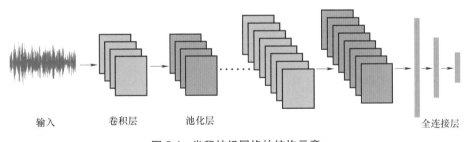

输入　　　卷积层　　　池化层　　　　　　　　　　　全连接层

图 5-4　卷积神经网络的结构示意

装备状态监测中常用的数据是来自传感器的一维数据，但卷积神经网络一般用于处理二维和三维数据。一维数据可以通过窗口采样、数据堆叠和信号处理转化为二维数据。因此，一些研究人员仍然利用二维卷积神经网络作为故障诊断的特征提取器。也有其他研究人员考虑传感器数据的时间序列特性，选择了一维卷积神经网络从传感器数据中提取特征。

（5）循环神经网络

循环神经网络（Recurrent Neural Network，RNN）是一种前馈神经网络，通过引入跨越相邻时间步的链接来为模型引入时间的概念。循环神经网络既可以用于故障诊断，也可以用于寿命预测，其结构示意如图5-5所示，其中隐藏变量 H 可以保存前一刻的信息。因此，循环神经网络的输出可以考虑以前的信息，这使得它们适合处理序列相关的问题，如语音分类、预测和生成。

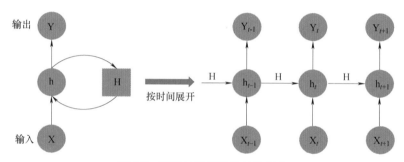

图 5-5　循环神经网络的结构示意

长短时记忆循环神经网络和门循环神经网络被提出作为改进的循环神经网络，实验结果表明，长短时记忆循环神经网络和门循环神经网络可以有效地避免梯度消失的问题。因此，它们比传统的机器学习和卷积神经网络方法更适合处理时间信息。此外，双向循环神经网络（Bidirectional Recurrent Neural Network，BRNN）可以使用特定时间范围内的过去和未来的所有可用输入信息进行训练，其结构示意如图5-6所示。

5.2.3　故障诊断应用数据智能技术应关注的问题

随着计算机技术的发展，越来越多的基于数据驱动的方法应用到故障诊断领域。由于实测数据存在总量大、产生速度快、形式多、价值密度低等新挑战，传统的"人工特征提取+模式识别"已不能满足需求。故

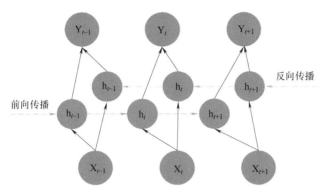

图 5-6　双向循环神经网络的结构示意

障诊断从问题类型和解决思路上都与模式识别高度相似，成熟的模式识别的研究方法可以为故障诊断提供解决途径。尤其是在人脸识别和图像识别等技术的推动下，深度学习的分类能力飞速发展，其优势在于摆脱了对大量信号处理技术与诊断经验的依赖，可直接从信号中自适应地提取故障特征，实现大量数据下故障特征的自适应提取与健康状况的智能诊断。卷积神经网络、残差网络（ResNet）和迁移学习等深度学习方法已经应用在故障诊断领域。深度学习作为一种数据驱动的方法，在实际应用中还需要关注以下问题：

（1）数据不足与数据不平衡问题

由于在装备运行的全寿命周期内，故障数据只是一小部分，因此难以获取。深度学习应用到实际的装备状态识别中的挑战之一就是使用小样本数据训练出足够精度和泛化能力的分类模型。邵海东等人针对典型故障样本量不足的问题，使用小波作为自编码器的激活函数，提取少样本的重要特征；同时利用相似度度量方法对模型进行训练，再使用迁移学习的思想，实现小样本下的跨域诊断。针对实际数据不足的问题，吴正红等人使用长短时记忆神经网络建立源域数据和目的域数据之间的映射关系，生成了一些辅助数据集，同时使用联合分布自适应（JDA）来减少辅助数据集与目标域数据之间的概率分布差异。实验证明，随着辅助样本数量的增加，平均分类精度逐渐提高。韩天等人使用卷积神经网络提取特征，使用支持向量机对特征进行分类，通过在卷积神经网络和支持向量机之间加入三个判别条件，提高了网络的训练效率。结果表明，该系统具有耗时少、精度高、泛化能力强等优点。美军联合人工智能中心与美国空军以及佐治亚理工学院合作，开发了深度神经网络模型，并结合相应计算流体力学模型的载荷耦合，重建了 HH-60G "铺路鹰" 直升机 6500 个飞行小时的不完整数据。

（2）缺乏标记数据问题

有监督学习可以得到高精度的分类模型，但训练集需要标签。目前，故障数据集的标签都是靠人工标记，工程实践中的数据量大，绝大部分数据都是未标记的。一方面，使用人工标记的少量数据可以视为小样本数据；另一方面，如何使用大量未标记数据训练并改善模型，也非常值得研究。唐堂等人使用自适应逻辑网络（ALN）算法提高了小波得到的光谱图质量，同时针对标签不足的问题使用协同训练的算法，显著提高了诊断精度。邵海东等人先使用未标记数据训练卷积自编码器，将训练好的卷积编码器作为特征提取模型，并使用标记的少量数据对编码器进行微调，从而解决了标签不足的问题。张志强等人使用窗口无重叠滑动采样的方式从原始信号截取了多尺度信息，并使用稀疏滤波网络无监督地提取特征。所提出的方法可广泛用于机械故障诊断的特征提取阶段，能自动从大量无标签样本中挖掘有用的故障信息。要解决标签数据不足的问题，关键在如何利用好大量的无标签数据。一方面，可以使用无监督学习的方法学习故障特征；另一方面，可以结合迁移学习、协同训练等方法，将无标签数据用于有监督训练的模型。

（3）变工况问题

影响模型的泛化性能有三个因素：数据量、模型复杂度和分布差异。张宪民等人针对实际应用场景中由于内外干扰引起的域移位现象，使用多尺度模块提取丰富的特征，促进了模型的动态调整性能和自适应能力；同时采用决策边界辅助对抗性学习策略，消除了域分布差异。该模型在变速箱的实验中表现出优越的可转移性和稳定性。针对变工况条件下的数据分布差，何知义等人使用源域数据训练多个卷积神经网络并使用目标域数据进行调整，再用加权的方式融合多个卷积神经网络的输出作为诊断结果。该方法结合了卷积神经网络、迁移学习和集成学习的特性，并在旋转机械的跨域故障诊断中表现出良好的性能。沈长青等人使用 ResNet-50 提取多尺度的中间层特征，这些特征具有良好的域不变特性；然后在这些特征上再提取高层特征并进行分类。实验结果表明，该模型具有很好的泛化能力和通用性。

故障诊断实质上是一种典型的分类问题，因此可以使用有监督学习模型。但是，在构建和训练模型的过程中需要考虑实际数据的特点。针对实际数据不足的问题，可以对数据进行扩充，也可以使用迁移学习和零样本学习。由于大量的监测信号是未标记数据，而对数据进行标记需要依赖历史诊断记录和专家经验，因此对未标记数据提供相应的故障标签非常耗时且成本较高。针对这一问题，可以使用无监督学习对数据进行聚类，同时通过半监督学习的方式充分利用未标记数据。此外，装备运行工况的变化将直接导致数据分布产生差异，进而影响诊断模型的执行效率和精度。因此，变工况下的故障诊断，可以使用域自适应和迁移学习的方法。

5.3　数据驱动的寿命预测方法与技术

寿命预测是指通过分析装备在使用过程中的磨损、损伤和故障情况来预测装备未来的寿命或剩余寿命的一种技术手段。随着科技的不断进步，以及人们对装备可靠性、安全性的要求越来越高，寿命预测技术也越来越受到关注。同时，寿命预测也是工业 4.0 和智能制造的重要组成部分，可以帮助实现智能化管理和自动化维护，提高生产率和质量。通过对装备使用情况、维护状况、环境条件等因素进行分析，预测装备的使用寿命，能为装备的预测性维修提供参考依据。

5.3.1 数据驱动的寿命预测框架

准确的寿命预测可为装备使用时间的确定提供支持，并为维修实施提供准备时间。在寿命预测的基础上，故障诊断模型在装备状态衰退的中后期进行，通过判断故障类型和故障位置，给装备维修提供技术上的指导。基于数据驱动的故障诊断与寿命预测框架如图 5-7 所示。

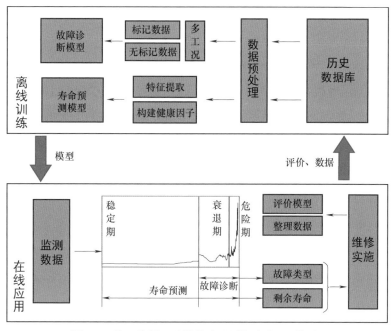

图 5-7　基于数据驱动的故障预测与寿命预测框架

故障诊断和寿命预测两个模型，以及离线和在线应用是两个相互迭代的过程。模型的训练需要使用大量数据，而且往往比较耗费时间。因此，训练过程在离线阶段进行。历史数据通过预处理之后分别用于两个模型的训练。在寿命预测模型训练的过程中，首先通过特征提取、特征融合等方式构建反映装备衰退过程的健康因子，健康因子可以为后续的寿命预测提供基础，同时为故障诊断应用提供指导。其次，寿命预测模型的最终输出是具体的可使用时长，可以使用深度学习方法构建从特征到剩余寿命的非线性映射关系。

5.3.2　寿命预测的目标及方法

（1）寿命预测的目标

从维修角度看，装备寿命预测的目标是检测到装备早期失效状态的出现，并且在装备失效前一直持续进行监视，在有充分时间提前量进行维修规划的前提下发出"立即进行维修"的告警信息。典型的维修预期要求及实现途径见表 5-1，主要围绕服役时间和维修成本提出了一系列保障要求。

表 5-1　典型的维修预期要求及实现途径

典型的维修预期要求	预期目标的实现途径
减少系统修复时间	自动识别故障类型并定位故障子系统部件位置，减少平均维修时间，主要通过最大化故障检测和隔离准确率体现
增加在役平均时间	增加装备可用率或减少非计划内维修，通过最大化预测准确率、时间提前量体现
减少周期性检查频率	监视和预测部件的降级趋势，优化周期性检查和部件更换安排，主要通过预测准确率体现
预测剩余寿命	在充分长的提前时间范围内准确得知部件何时失效并安排更换，主要通过预测准确率、时间提前量和故障隔离率体现
非计划内维修	通过降级趋势预测减少非预期失效数，将非预期失效导致的非计划内维修转换为计划内维修，提高部件的使用效益，主要通过失效预测准确率体现
维修活动引起的二次损伤	通过对部件的剩余寿命和到故障部位距离的评估，在失效前安排维修活动并对可能发生故障的部位进行检查，减少对其余部件的损伤，主要通过寿命预测准确率和隔离体现
装备系统寿命	通过预测趋势分析，缓解非计划内维修事件，或通过谨慎监视减少维修频率，实现只能系统使用效益的最大化，主要通过寿命预测准确率实现

（2）寿命预测的方法

最初的寿命预测方法主要是基于经验和规则，即根据设备运行的时间、负载、环境等因素进行估计和预测。然而，这种方法的准确性和可靠性较低，无法满足实际需求。随着计算机技术和数学统计方法的发展，越来越多的学者开始尝试使用统计学方法来预测设备的寿命。此后，物理模型和机器学习方法也逐渐应用到寿命预测中。物理模型法可以更好地考虑机器或设备的物理特性和工作环境，因此可以提高预测的准确性。而机器学习方法可以通过对大量数据的学习和训练，自动发现特征和模式，进而预测装备的寿命。寿命预测的研究和应用，不仅可以提高装备的可靠性和安全性，还可以节约维护成本，提高生产率。根据装备寿命预测的数据来源和实现原理的不同，可将寿命预测方法分为以下四类：

基于可靠性的寿命预测。该方法的研究对象是具有共同特征的一类装备，预测总体的故障分布规律。用于预测的可靠性指标有可靠度、故障密度函数和故障率等。基于可靠性的寿命预测方法的原理是在缺少相应的装备物理模型和数据的约束条件下，利用经验来进行预测。该类方法主要有基于故障树分析的预测方法和基于寿命分布的预测方法等。

基于失效物理模型的寿命预测。该方法通过综合状态监测数据和装备系统物理模型，来实时获得装备当前状态与正常状态的偏离度，从而对装备未来的可靠性水平进行预测。常用的失效物理模型有温度损坏的 Coffin Manson 模型、振动损坏的 Basquin 模型（时域）和 Steinberg 模型（频域）、描述多应力损坏的广义 Eyring 模型等。

数据驱动的寿命预测。该方法是根据大量的监测历史数据来分析系统输入、输出和系统状态之间的映射关系，建立预测模型，从而进行装备寿命预测。该类方法主要有卡尔曼滤波模型、浅层人工神经网络和深度学习模型等。

基于统计模型的寿命预测。该方法是针对装备的性能退化监测数据，以概率统计理论为基础，运用随机过程或统计方法分析数据隐含的装备状态信息，进而实现装备寿命预测。此类方法能够反映装备故障发生的不确定性，为装备预测性维修提供有效支持。基于统计模型的方法主要包括时间序列模型、卡尔曼滤波模型、隐马尔可夫模型、灰色模型、Wiener 过程模型和 Gamma 过程模型。时间序列模型作为一种处理动态数据的统计模型，通过分析装备某一变量的观测值数据序列的内在关系，寻找数据序列的发展变化趋势，采用趋势外推进行预测。常见的时间序列模型包括滑动平均模型、自回归模型和自回归滑动平均模型等。该模型所需的样本数据较少，计算复杂度低，但长期预测效果较差。

5.3.3　基于深度学习的寿命预测技术

寿命预测的本质是一个回归问题，深度学习是一种前沿的数据驱动方法。基于深度学习的寿命预测框架如图 5-8 所示，包括特征提取、预测模型和预测目标。特征提取是必不可少的部分，因为传感器采集的数据往往是带有噪声的高维数据，不能直接用于预测。预测模型的建立是为了实现高级特征与健康状况之间的映射。

根据特征获取方式的不同，模型可以分为基于健康因子（Health Index，HI）的寿命预测、基于端到端的寿命预测和基于多源数据融合的寿命预测三大类。

（1）基于健康因子的寿命预测

基于健康因子的寿命预测方法出现较早，其关键步骤是在特征提取阶段构建一个能够反映装备衰减状态的健康因子。预测模型将健康因子映射到设定的剩余寿命，由于深度学习模型具有强大的特征提取能力，也能完成回归任务。因此，深度学习在状态退化建模和预测模型中都得到了应用。

健康因子是人为构建的用于反映装备退化过程的参量，在研究中起着非常重要的作用。如何构建健康因子一直是研究的重点，主要方法有以下两种：

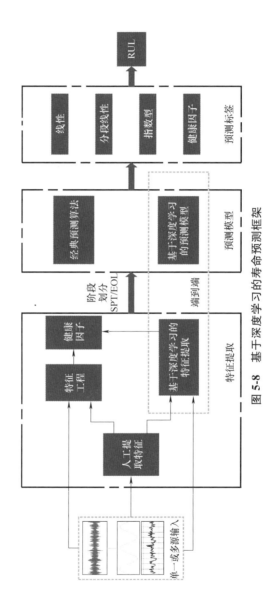

图 5-8 基于深度学习的寿命预测框架

第一种是将信号的原始特征直接作为健康因子。原始特征主要来自信号处理技术，包含大量的统计特征，见表 5-2，主要包括时域特征、频域特征和时频域特征。由于单一原始特征通常缺乏趋势性，人们便使用其他计算方式来构建健康因子，如指数分布和距离矩阵。为了综合考虑多种特征的优势，也可以利用一些降维方法对原始特征进行融合，从而构建健康因子，如主成分分析、核主成分分析（KPCA）和自组织映射（SOM）等。这些方法将原始特征作为输入。

表 5-2　剩余寿命预测中常用的原始特征

特征	名称
时域	有效值、标准差、均值、峰度、峰-峰值、峰值因子、波形因子、脉冲因子、裕度因子、偏度、能量、特征熵
频域	重心频率、均方频率、均方根频率、频率标准差
时频域	短时傅里叶变换、小波变换、同步压缩小波变换、边际谱、维格纳-威利分布、希尔伯特-黄变换、经验模态分解及其改进方法

第二种是利用深度学习方法构建健康因子。由于提取的特征不能代表原始信号的所有信息，且并非所有的原始特征都有利于构建健康因子，因此深度学习以其自适应特征提取能力为健康因子曲线构建提供了另一种解决方案。深度学习方法既可以对已有的原始特征进行融合，如自编码器，也可以从原始信号中在不依赖专家经验和大量人工的前提下以无监督的方式直接提取健康因子，如玻尔兹曼机。基于深度学习方法构建的健康因子具有良好的趋势性、单调性和稳健性。

由于深度学习具有拟合任意复杂函数的特点，可以完成非常复杂的非线性映射。而且使用者可以通过调整损失函数使模型达到不同的拟合效果。Habibullah 等人讨论了用支持向量回归的线性方法和深层神经网络的非线性方法，建立了健康因子的非线性退化模型。实验表明，与线性方法相比，深度学习往往会产生更好的回归结果。目前，越来越多的深度学习模型用于剩余寿命的预测，如广义回归网络、长短时记忆神经网络、双向长短时记忆神经网络和门控循环神经网络等。

（2） 基于端到端的寿命预测

端到端的寿命预测模型与基于健康因子的寿命预测模型相比有两方面的不同。首先，端到端的寿命预测模型不需要提取健康因子作为中间值，而是直接输出剩余寿命；其次，模型的所有参数在反向传播中同时训练。图 5-9 所示为端到端寿命预测模型的基本结构。利用深度学习的特征提取能力，端到端模型的输入可以是原始数据。此外，由于原始特征易于使用且可以提供先验知识，也可以作为模型输入。

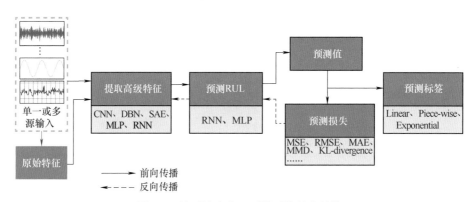

图 5-9　端到端寿命预测模型的基本结构

端到端的预测框架直接使用原始传感器的测量值，不需要事先具备预测和信号处理的专业知识，这有利于数据驱动方法的工业应用。明伟伟等人利用归一化的原始数据作为输入，利用一维扩张卷积自适应地提取特征，实现了寿命预测；同时利用残差连接和注意力机制对网络进行了改进。罗浩等人提出了一种新型的带有时间自我注意机制的双向门控递归单元来预测剩余寿命，根据重要程度给时间尺度上的样本分配不同的权重。王航等人利用卷积自动编码器从原始数据中提取高级特征，并使用长短时记忆神经网络实现了寿命预测。吴军等人利用卷积神经网络和双向长短时记忆神经网络分别提取了数据的局部鲁棒性特征和时间依赖性特征，以端到端的方式进行寿命预测，无须人工提取特征。

在端到端的预测框架中，深度学习能够从数据中提取高级特征，不需要额外的特征融合和特征选择的人工操作。然而，考虑退化数据的缺乏和原始时域信号的太多干扰，严格的端到端框架可能不是一个最佳选择。刘超等人提出了一个双级长短时记忆神经网络，下层长短时记忆神经网络预测特征序列，上层长短时记忆神经网络结合原始特征和预测的特征进行寿命预测。

在原始数据中应用主成分分析来选择对长短时记忆神经网络输入有用的特征，该方法在四个数据集上得到了验证。贾民平等人结合扩张卷积和残差自理机制，建立了一个端到端的寿命预测模型，考虑振动信号的非平稳性，以边际频谱作为输入。黄洪钟等人提出并行结构网络可以从基于一维时间序列的特征和基于二维图像的时频图中提取特征，进一步提高了端到端寿命预测的性能。李晓黎等人在端到端寿命预测框架中，利用人工制作的特征和基于注意力的长短时记忆神经网络提取特征。

（3）基于多源数据融合的寿命预测

传感器数据作为输入直接影响了预测模型的工作效率和预测精度。虽然大多数研究使用单一的传感器数据对装备状态进行评估和预测，但在实际应用中仍存在困难。一方面，单一传感器发生故障将导致整个监测系统失效，因此多传感器提供的信息冗余可以提高系统的稳定性。另一方面，现代武器系统是融光、机、电、液、气为一体的复杂装备，单一传感器数据难以提供完善的监测信息。因此，面向装备维修的状态参数应该包括振动、噪声、压力、流量、油液污染度、温度、转速、电流、电压等参数，使不同传感器提供的数据可以实现信息互补。

已有的研究表明，基于多传感器数据的预测具有更高的精度和稳定性。在寿命预测中，传感器数据融合可以在数据层面和特征层面实现。数据层面的融合是将多传感器数据共同作为输入，因此比较容易实现，而且更适用于基于深度学习的预测方法。首先，深度学习具备的非线性计算能力可以满足数据融合的要求。例如，并行的一维卷积神经网络可以同时提取并融合多种传感器的数据。其次，深度学习方法可以有效处理多传感器带来的冗余信息。虽然信息冗余可以提高模型的稳定性，但这些信息对寿命预测的贡献度不同。一些深度学习方法可以自适应地挑选并处理更有价值的信息，如注意力机制。

5.3.4 寿命预测模型的评价

从建立模型的角度看，评价标准可以帮助使用者调整模型，使其更好地应用于实际场景。常见寿命预测模型的评价指标见表5-3。

表 5-3 寿命预测模型的评价指标

评价指标	名称
基础误差	平均绝对误差（Mean Absolute Error，MAE）
	平均平方误差（Mean Square Error，MSE）
	均方根误差（Root Mean Square Error，RMSE）
	平均绝对百分比误差（Mean Absolute Percentage Error，MAPE）
	最大绝对误差（Max Absolute Error，MAE）
非对称性	故障预测与健康管理评分（2008 年）
	故障预测与健康管理评分（2012 年）
准确度	基于阈值
	基于 e 指数
	累积相对精度（Cumulative Relative Accuracy，CRA）
回归指标	R^2 分数
	95% 置信区间（Confidence Iasanterval，CI）

（1）基础误差

基础误差是对预测模型能力的客观衡量，经常被用作深度学习模型训练中的损失函数。

平均绝对误差、平均平方误差和均方根误差。可以作为回归损失函数，也可以作为寿命预测的评价标准，其计算公式为

$$MAE = \frac{1}{n} \sum_{i=1}^{n} |\hat{y}_l - y_i| \qquad (5-1)$$

$$MSE = \frac{1}{n} \sum_{i=1}^{n} (\hat{y}_l - y_i)^2 \qquad (5-2)$$

$$RMSE = \sqrt{MSE} \qquad (5-3)$$

平均绝对误差评价真实值与预测值 $\hat{y}$ 的偏差，即预测误差的实际大小。平均绝对误差值越小，模型质量越好，预测越准确。平均平方误差和平均绝对误差都反映预测误差的大小，但平均平方误差对异常值更敏感。平均平方根误差是均方误差的算术平方根。与平均平方误差相比，平均平方根误差与原始数据的维度相同，易于理解，反映了真实值与预测值的偏差程度。

平均绝对百分比误差。与其他评价标准相比，平均绝对百分比误差用百分比来衡量偏差的大小，这很容易理解和解释。然而，平均绝对误差或平均平方根误差应与实际值的维度相结合，以判断其差异。平均绝对百分比误差的计算公式为

$$MAPE = \frac{1}{n} \sum_{i=1}^{n} \left| \frac{\hat{y}_l - y_i}{y_i} \right| \times 100\% \qquad (5-4)$$

最大绝对误差。反映寿命预测值与实际值之间的最大差异。

$$MAE = \mathrm{Max} \{ y_i - \hat{y}_l \} \qquad (5-5)$$

（2）非对称性评价指标

在装备维修中，相比于超前预测，滞后预测往往更不被允许。因此，非对称性评价指标是在客观误差的基础上对滞后和超前预测的评价进行主观调整。

故障预测与健康管理评分是在 2008 年度寿命故障预测与健康管理国际会议上首次提出的，用于评估数据挑战模型。图 5-10 所示为均方根误差与非对称评价标准 Score_2008 的比较，可以看出 Score 在评估中更强调延迟预测误差，这更符合装备维修的需要。Score 分数的公式为

$$s = \sum_{i=1}^{n} s_i \qquad (5-6)$$

式中，n 为数据样本数量。

$$s_i = \begin{cases} e^{-\frac{d_i}{13}} - 1 & \text{当 } d_i < 0 \\ e^{\frac{d_i}{10}} - 1 & \text{当 } d_i \geqslant 0 \end{cases} \tag{5-7}$$

其中，$d_i = \hat{y}_l - y_i$ 表示第对 i 个样本寿命预测值和实际值的误差。另一个相似的 Score 分数在 2012 年度寿命故障预测与健康管理国际会议中被提出，对应公式为

$$s_i = \begin{cases} e^{\left(-\ln(0.5)\frac{d_i}{5}\right)} & \text{当 } d_i < 0 \\ e^{\left(\ln(0.5)\frac{d_i}{20}\right)} & \text{当 } d_i \geqslant 0 \end{cases} \tag{5-8}$$

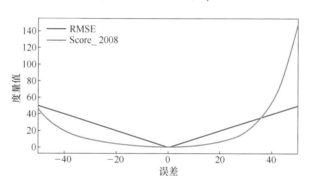

图 5-10　均方根误差与非对称评价标准 Score_2008 的比较

（3）准确度

准确度允许在不同尺度之间对模型进行比较。根据故障预测与健康管理分数，假设预测误差在一定范围内，则可以认为预测是正确的。基于这种阈值的概念，准确度可以定义为

$$A = \frac{100}{n} \sum_{i=1}^{n} Cor(d_i) \tag{5-9}$$

$$Cor(d_i) = \begin{cases} 1, \text{当 } d_i \in [-13, 10] \\ 0, \text{其他} \end{cases} \tag{5-10}$$

此外，也可以使用基于 e 指数的准确度

$$A = \frac{1}{n-1} \sum_{i=1}^{n-1} e^{-\frac{|\hat{y}_i - y_i|}{y_i}} \tag{5-11}$$

累积相对精度通常用来描述真实值和预测值之间的相对误差，结果

越接近于 1，预测的相对准确性就越高。累积相对精度 *CRA* 可以写成

$$CRA = \frac{1}{N}\sum_{i=1}^{N}\left(1 - \frac{|\hat{y}_l - y_i|}{y_i}\right) \tag{5-12}$$

（4）回归评价标准

回归评价标准被用来衡量模型预测结果的稳定性。

R^2 分数主要用于衡量模型的拟合程度，即模型的质量；同时也适用于不同量级的模型的比较。这个评价标准的关键思想是用平均值作为基准参考。

$$R^2 = 1 - \frac{\sum_i (\hat{y}_l - y_i)^2}{\sum_i (\bar{y} - y_i)^2} \tag{5-13}$$

式中，$\bar{y}$ 表示预测结果的均值。

95% 置信区间反映了平均预测的不确定性。

$$95\%\,CI = \hat{\bar{y}}_l \pm 1.96 \times \sigma^2(\hat{y}_l) \tag{5-14}$$

式中，95%CI 是预测结果的置信区间；$\hat{\bar{y}}_l$ 和 $\sigma^2(\hat{y}_l)$ 分别代表预测结果的均值和方差。

除了上述评价标准，还有 α-λ 性能、收敛性和相对精度可以参考。上述所有的评价标准都没有绝对的优势或劣势，仅根据评价标准来评价模型的能力缺乏实际意义。

5.4 典型应用

5.4.1 阿帕奇直升机机队健康与使用监控系统

为预防事故征候和等级事故的发生，提升飞行安全水平，改善机群的完好率，以色列空军提出了在机群应用"直升机健康与使用监控系统（HUMS）"的需求。飞行中队在日常维修，以及机械系统故障隔离、高价值部件更换中耗费了大量的维修工时，占用了场地和地面资源，导

致飞行时间减少，还未必能够找到正确的故障原因。通过维修改革，有望减少机队的停机时间并节省大量的维修费用。图 5-11 所示为寿命消耗与使用时间的关系，其目的是识别出早期失效（如图中红色的箭头所示），避免部件过早拆卸，节省费用（如图中绿色的箭头所示）。

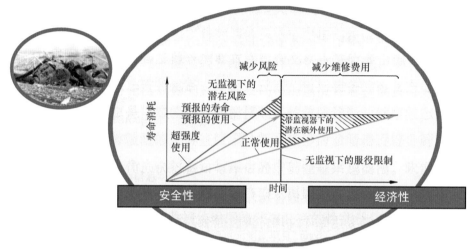

图 5-11　寿命消耗与使用时间的关系

（1）直升机机队健康与使用监控系统（THUMS）**计划**

以色列空军飞机面临的苛刻作战环境，进一步突出了应用机队健康使用与监控系统的迫切需求。以色列空军主要定义了单机跟踪、诊断和预测两种方式：

单机跟踪。自动跟踪限寿部件，根据实际的单机使用，而不是在最差情况下保守使用估计对部件进行退役管理，其牵引出了飞行状态识别算法的需求。

诊断和预测。根据演示验证结果，振动分析是健康监视的主要工具，评估决策主要依据机载安装的振动传感器网实现。

以色列空军以 AH-64A 阿帕奇直升机机群为对象，完成了直升机机队健康与使用监控系统的研制。该系统主要包括自动转子跟踪和配平调整，飞行中直升机传动组件、发动机的实时诊断和退化趋势，机载发动机性能分析，飞机性能计算，以及将上述结果通过驾驶舱的多功能显示屏显示。

（2）直升机机队健康与使用监控系统架构

直升机机队健康与使用监控系统主要包括机载系统和地面系统。

机载系统。由主要处理单元（负责记录并处理飞机数据）、传感器（由振动、转速、温度传感器组成，并通过硬线连接到主要处理单元）、驾驶舱的多功能显示屏（用于向机组人员显示指示信息）组成。

地面系统。由综合飞行外场系统（用于数据下载、机载数据显示、外场的记录和分析数据显示，优化的转子跟踪和配平调整计算）、地面站（支持直升机机群、选定的直升机、直升机组件、选定的传动组件和发动机部件的故障预测与健康管理）组成。

（3）直升机机队健康与使用监控系统使用

直升机机队健康与使用监控系统的使用方式如图 5-12 所示。

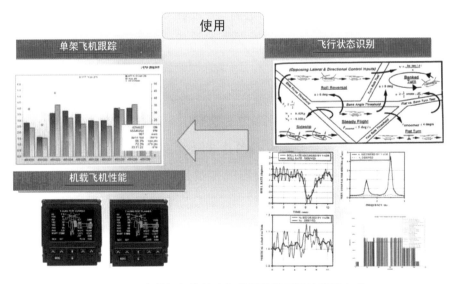

图 5-12　直升机机队健康与使用监控系统的使用方式

数据流。在飞行中，直升机机队健康与使用监控系统实时获得以往在飞行状态下记录的原始数据，自动进行诊断和决策，并在直升机着陆时向维修人员提供相关数据，机群健康和维修管理用户都可以通过系统数据网络获得直升机的机群健康状况、维修状态显示，还可以进行管理。数据从外场技术人员，通过中队指挥官，上报给以色列空军总部的工程专家和作战指挥官。

飞行状态识别。系统地面站可以识别每个飞过的架次的所有飞行状态，支持按照直升机尾号，以及特定机尾号下所有飞过的架次进行单独累计。经以色列空军测试，其准确率超过 95%。自动飞行状态识别和统计有助于评估和比较每架直升机的总应力和疲劳情况，支持对任务分配进行优化，实现直升机单机使用强度的均衡。

此外，以色列空军还推动飞机传动和结构部件的累计损伤率由采用理论工作谱向应用直升机机队健康与使用监控系统单机实测工作谱转变，调整优化维修策略进一步改善了安全性和经济效益，如图 5-13 所示。

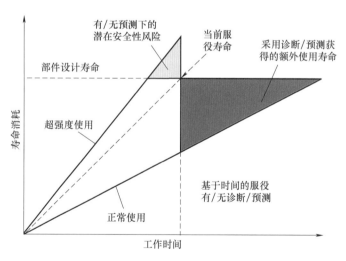

图 5-13 基于理论和实际载荷谱的寿命消耗

（4）直升机机队健康与使用监控系统效果

阿帕奇中队应用经验证明直升机机队健康与使用监控系统是非常有效的工具，图 5-14 所示为该系统检测到的几个重要异常事件，如发动机超限跟踪。发动机超限指的是发动机工作参数超出限制门限值的事件，常见的超限事件有整机振动大、发动机转子转速超转、发动机涡轮叶片超温等。图 5-15 所示为主齿轮箱齿轮组失效事件，图 5-16 所示为左侧齿轮组的健康趋势。在这个案例中，图中所示的是齿轮组三个齿轮的健康指示器调制值，可见前继动齿轮（lcgmr+lngsr）的调制值比其他两个齿轮（lcgmr+lcgsr 和 lcgmr+la1sr）的调制值高。

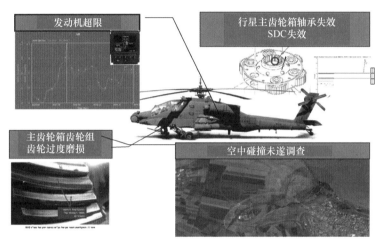

图 5-14　由直升机机队健康与使用监控系统检测到的几个重要事件案例

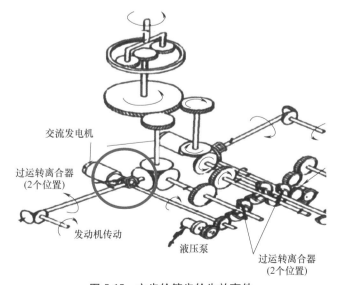

图 5-15　主齿轮箱齿轮失效事件

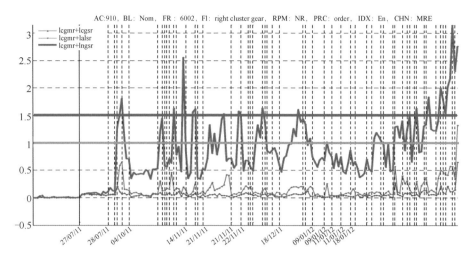

图 5-16 左齿轮组齿轮的健康趋势线

尽管直升机机队健康与使用监控系统应用效果表现不俗，但设定的红色报警值过于保守，以色列空军也期望直升机机队健康与使用监控系统能够辅助其决策，从当前的预防性维修向新型数智维修发展。在系统的研制和部署阶段，主要取得了以下研制经验：

① 以色列空军开始并没有意识到直升机机队健康与使用监控系统不是货架产品的直接采办，而应为螺旋式研制，应持续对系统性能进行适应和升级。虽然直升机机队健康与使用监控系统的目标方向正确，但是过于模糊，主要是当时的技术不够成熟。

② 直升机机队健康与使用监控系统不仅是引入到机群的一项新概念或一个新系统，其对很多方面都会产生重要影响，需要有深度的观念转变过程。

③ 定义谁是用户、如何集成其需求非常重要。直升机机队健康与使用监控系统的用户很多，以色列空军中的技术人员、飞行员以及维修工程师都对该系统感兴趣，系统研发的目标是满足用户的需求。

④ 初始列装期望与现实落差。系统设计用于解决外场技术人员负担过重、器材短缺、飞行安全等众多难题。但当系统开始列装时，很多用户发现系统预期的能力不成熟或者根本不可用。因此需要给予系统足够

的耐心和成熟周期。

⑤ 直升机机队健康与使用监控系统是一个复杂的系统,集成了来自不同机载源的实时数据。以专业方法建立并管理系统的架构非常关键。在飞行期间以实时的方式做哪些工作,在地面做哪些工作;哪些应当推送给机组人员,哪些应当推送给技术人员等都非常关键。

⑥ 小规模的机群用户通常会考虑直接采购货架系统,以获得立竿见影的效果,在运行中快速成熟系统。但是,根据需要开发的系统具有很好的灵活性,可进行裁剪,但成熟过程较为漫长。

(5) 直升机机队健康与使用监控系统改进

为进一步提升直升机机队健康与使用监控系统的能力,以色列空军主要采取了如下步骤:

第一步,要映射并对部件进行优先级排序:飞行安全问题及经济性等的考虑。

第二步,理解维修策略的原因:原始设备制造商推荐、过去的经验以及当前维修策略背后的逻辑。

第三步,潜在部件的失效机理:疲劳、运动部件磨损、过热、泄露等。

第四步,选择故障早期检测的正确技术:振动诊断、疲劳载荷谱识别、能谱、燃烧的速率控制、碎片或类似问题。

第五步,对已开发工具的验证:植入故障试验、飞行小时累计;数据和模型驱动。

第六步,外场实现的诊断和预测方法开发。

第七步,维修策略的变革。

(6) 向数智维修变革

以色列空军后续将在以下四个方面开展深入研究,助力向数智维修概念变革:

改进的建模能力。为减少虚警,减少新的失效模式算法开发的时间和工作量，可使用改进的建模工具。这些模型应考虑缺陷或退化的影响，产生模拟真实或"无噪声"的时间历史，研究传递函数效应和最佳的传感器布局，并支持带有物理先验知识的经验方法研究以及对几何加工和装配参数的敏感性研究。最后，开发适用于不同失效模式、更加可靠的状态指示器模型，以实现可靠的故障程度和位置估计。

改进的传感能力。为改进健康预报的可靠性，应当开发提高传感能力，并将其嵌入现代机械装备内部的关键区域。这一改进的传感能力采用可裁剪的微机电传感器甚至纳米技术。改进的传感能力应当可以减少虚警的数量，并最终帮助突破所需的视情维修方法。

改进的预测工具。必须改进决策的制定过程。在更好的预测工具基础上，建立可靠的严重度评价标准至关重要。应当针对每种相关的失效模式建立损伤的传播工具和预报方法工具。只有在改进预测工具的助力下，数智维修才能成功。

数据挖掘。当与直升机工作数据进行协同分析时，预计在直升机机队健康与使用监控系统记录数据基础上改进的数据挖掘工具能够有效发现异常。

5.4.2 EJ200发动机故障预测与健康管理

战斗机发动机作战使用场景复杂，需要更短的发动机维修时间，以便再次出动。受预算限制，减少发动机寿命周期耗费需求迫切，也带动了发动机故障预测与健康管理系统的发展和应用。EJ200是"台风"战斗机的发动机，配装有先进的故障预测与健康管理系统，具有寿命使用监视、发动机性能监视、发动机振动监视和诊断，故障检测和定位等功能。

（1）发动机健康管理系统的组成

航空发动机健康管理系统采用机载系统+地面系统架构。

发动机监视单元。在机载状态下监视发动机主机和附件系统的关键装置，可监视发动机构型、关键部件的使用以及发动机振动水平，并对数字电子控制单元和滑油金属屑监视系统发送的监视结果进行存储和分析，支持对发动机系统的实时状态监视和缺陷的即时检测。

数字电子控制单元。 EJ200 发动机系统的电子控制装置，实时监视发动机的传感器和作动筒信息，并将发动机状态参数、关键事件信息（喘振、喷火等）等发送到发动机监视单元进行存储。当检测到发动机或附件失效时，失效的详细信息和实际发动机参数将由数字电子控制单元进行存储，保存在非易失内存中，以便进行详细分析。

滑油金属屑监视系统。 该系统负责提取滑油中的铁磁性磨粒信息，并将其报告给发动机监视单元。

接口处理单元。 其主要作用是对发动机相关数据进行传输和分发。

维修数据面板。 维修数据面板是直接安装在飞机上的显示装置，飞机飞行后的失效信息和事件会被推送到维修数据面板上显示，用于向维修人员提供飞机和发动机状态的第一手信息。

便携式维修助手。 便携式维修助手主要用于机载系统和地面保障系统之间传输飞机系统的定期维修数据。由于受到存储容量限制，通常只有在检测到失效/事件信息时，该助手才记录当时的发动机特征数据快照和实际状态信息（如寿命计数、振动特征）。除了下载飞行数据，该助手还可以用于配置机载系统监视和诊断功能。

大容量存储装置。 用于连续记录整个飞行过程中的发动机或飞机特征参数，以支持地面进行的特定调查（如发动机性能、振动等），且仅在开展特定调查时才将该装置安装到飞机上。大容量存储装置数据将被下载到地面保障系统进行显示，或传输到国家保障中心或工业部门的分析系统等进行深入分析。

坠毁免损毁存储单元。 用于存储飞机和发动机数据，以支持严重飞行事故征候或事故之后的调查。当有事故时，坠毁免损毁存储单元的数据可由地面保障系统读取和显示，并被传输到执行数据调查任务的授权机构。

EJ200 发动机地面故障预测与健康管理系统的功能结构如图 5-17 所示。

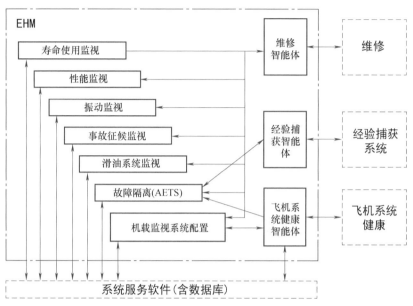

图 5-17　EJ200 发动机地面故障预测与健康管理系统结构

（2）监视和诊断功能

使用寿命监视。优化部件的使用时间，延长部件寿命和免维修区间，降低系统和维修费用是发动机系统的普遍要求。部件的使用寿命取决于使用剖面。基于使用剖面的部件寿命计数由机载系统实现。发动机故障预测与健康管理系统在每次飞行后获取其寿命计数，并对寿命计数进行校核。当机载系统出错时，系统使用适应于剖面的临时补偿因子对寿命计数进行修正，并在下次发动机运行前上传到发动机监视单元。发动机故障预测与健康管理系统可以对寿命计数进行趋势分析，以预测被监视部件的预期剩余寿命，从而支撑维修操作规划。

性能监视。性能监视功能的任务是在发动机寿命周期内保障发动机的性能（即推力和耗油率等）维持不变。通常在稳定的发动机状态下记录发动机的特征参数，并据此计算发动机控制系统调整达到要求推力水平的修正因子。发动机故障预测与健康管理系统可以监视性能参数，并进行推力水平趋势分析，以诊断发动机性能快速下降的问题，预测何时进行维修或更换发动机。

振动监视。振动监视功能可连续监视发动机的振动水平。发动机安装有两个振动加速度传感器，会连续监视振动测量信号，并监测振动超限或由于即将发生的发动机缺陷导致的振动水平突变。系统在飞行中记录特征参数和振动信号并将其传输到发动机故障预测与健康管理系统，系统据此进行趋势分析以实现故障的早期检测，并通过模式比较算法进行故障的定位。

事故征候监视。事故征候指的是影响发动机使用安全的故障事件。事故征候监视功能用于采集和记录机载监视系统检测到的所有缺陷或事件信息，并根据其持续时间和严重程度计算加权因子。系统会记录失效或事件前后短时间内的发动机特征参数，以支持在地面进行失效调查。所有事故征候在飞行后显示在 MDP 面板上。发动机故障预测与健康管理系统将所有检测到的事故征候传送到维修系统，以启动必要的维修操作。

滑油系统监视。滑油系统监视功能用于监视滑油消耗和滑油金属屑颗粒计数。在这两种情况下，系统都会进行超限报告。长期趋势分析用于检测即将发生的发动机缺陷。

故障隔离。机载系统对发动机的传感器、作动筒、附件及其运行状况进行实时监视。不同功能检测出的故障信息都由机载系统进行融合，并将失效定位到外场可更换单元，便于维修人员修复故障。对于无法定位的故障，系统还支持维修人员进行手动故障隔离。系统会记录手动检测的结果并进行失效的深入隔离。

（3）振动监视系统的组成

振动是航空发动机状态监视最为灵敏的参数之一。振动信号由安装在机匣上的一个或多个振动加速度传感器捕获。振动传感器的最佳安装位置通常需要经过大量试验确定。采用服役环境下获得的振动信号，并考虑飞机和发动机的运行参数，可以使系统更可靠地监视发动机的健康状况，辅助确定发动机功能异常的原因。发动机振动监视的主要目标是增强发动机的安全性。振动监视系统的主要功能有：在稳态和暂态运行状态下，识别危险振动状态并产生对应的座舱告警信号；通过早期失效识别避免主要的二次损伤；通过发动机振动隔离和诊断减少维修费用；考虑当前发动机状态的维修优化。

振动监视数据流。振动监视是 EJ200 发动机监视系统的重要功能。振动监视功能分布在机载和地面系统之间，如图 5-18 所示。振动数据可以通过多种服务传输到地面保障系统，如接口处理单元（IPU）、大容量存储装置和便携式维修助手，并将数据存储到地面保障系统中的对应数据库。

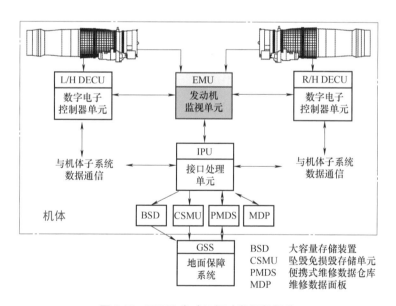

图 5-18　EJ200 发动机振动监视数据流

振动传感器安装。EJ200 发动机随机安装有两个振动传感器，安装位置如图 5-19 所示。传感器安装在机匣上，允许监视低于 1000Hz 以下频率的转子动力学特性。振动传感器通过硬线连接到发动机监视单元，安装位置可达。

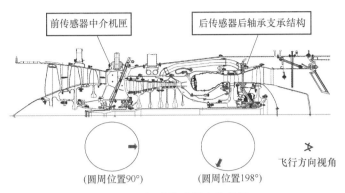

图 5-19　振动传感器安装位置

振动工作周期和导出参数。转速信号由发动机数字电子控制器单元提供给发动机监视单元，用于描述发动机低压转子（NL）和高压转子（NH）的动力学特征参数，并生成振动监视参数。振动监视由发动机监视单元执行，每 0.5s 进行一次数据采集和分析。在每个循环周期内，同时生成两个对应传感器的时域振动采样集合。系统导出下述振动参数，发动机监视单元振动工作周期和数据捕获如图 5-20 所示。

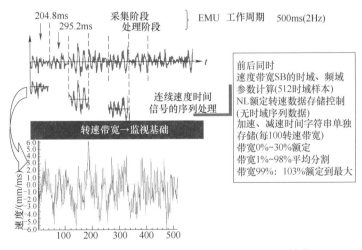

图 5-20　发动机监视单元振动工作周期和数据捕获

- 低压转子 1 倍频幅值，记为 1EO NL。

- 高压转子 1 倍频幅值，记为 1EO NH。

- 可编程频率幅值（PROG）。

- 宽带振动能量均方根幅值。

- 残余振动能量幅值，由宽带振动能量 RMS 幅值减去 1EO NH、1EO NL 和 PROG 的离散傅里叶变换（DFT）幅值得到。该参数反映的是观测时间区间内除 1EO NL、1EO NH 和 PROG 振动成分之外的振动信号能量成分。

利用上述参数，系统支持振动故障征候检测、振动趋势分析和振动诊断功能。

振动数据集。振动基准数据集，为发动机交付试车中采集的振动特征参数，用于生成振动故障征候检测的相对基准值，包括两个振动传感器的导出参数，以及加减速状态下每个转速带宽的对应值。**每转振动最大幅值数据集**，包含单次发动机运行期间所有转速带宽加速减速前后传感器的所有导出参数。该数据集合还采集环境静压力、飞机法向轴加速度（gz）、飞机法向角速度（r）、飞行马赫数（Ma）和进气温度（T2）等飞行参数（图 5-21）。该集合在每次发动机起动时重置；在发动机运行期间，记录每一转速带宽下可达的最大振动水平。**振动最大幅值与振动时间历史数据集**，包含自从上次发动机监视单元重置以来时间区间内不同导出振动参数的最大幅值。加减速的数据集合独立存储。振动时间历史数据集包含不同转速范围内前后传感器测量的时域速度数据集合。

振动故障征候时间历史数据集。该数据集合包含振动故障征候规定的前、后时间周期内连续采集的振动速度数据（图 5-22）。

每个数据集合都包含前、后传感器 100 个转速范围的发动机加减速振动测量数据。所有的数据集合都由状态信息（存储状态、传感器状态和信号整定接口状态）和运行参数进行标定。

（4）振动监视系统的功能

振动故障征候检测。为检测振动故障，每个导出幅值都与预先确定的限制值进行比较，并生成不同类型的征候：

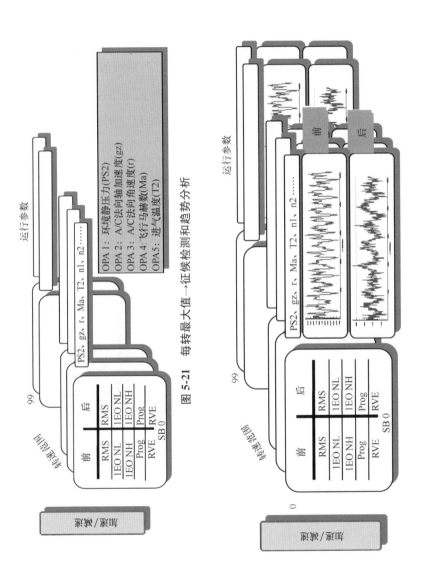

图 5-21　每转最大值→征候检测和趋势分析

图 5-22　最大幅值+时间历史→诊断

- 座舱告警（绝对振动限值超限，向飞行员告警）。

- 维修告警（低于座舱限制的绝对振动限值超限，向地勤人员告警）。

- 相对维修告警（当前振动幅值与数据集中的发动机振动特征，特指当前发动机，比值超出预定义限制值）。

每类告警根据持续时间以两种方式产生：稳态告警（限制超限持续时间大于预定义的时间区间）；暂态告警（限制超限持续时间小于预定义的时间区间）。暂态告警和稳态告警使用不同的限制值。每次振动告警（征候）都根据实际机动飞行（正常飞行状态、高过载、陀螺力矩）进行分类。座舱告警信号由数控单元中转至飞机系统。征候检测概念→振动限值超限如图 5-23 所示。

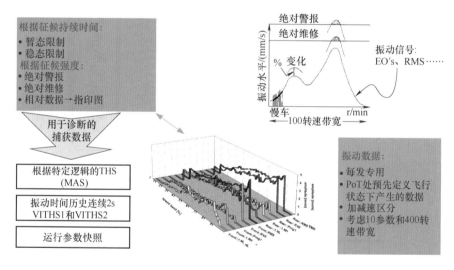

图 5-23 征候检测概念→振动限值超限

振动趋势分析。趋势评估用于预测问题、预防发动机失效。此分析用于从发动机运行的下载数据集合中导出预兆，观测发动机振动水平的上升或下降趋势。振动趋势分析主要依据每转振动最大幅值、最大幅值和时间历史数据。将当前数据与参考数据和偏差进行比较，采用回归技术生成趋势曲线，预报何时发动机将超出允许限制。振动趋势分析时必须考虑飞行状态相关的运行参数。

振动诊断。通过离散傅里叶变换可将振动数据转换到频域，并跟踪发动机设定阶次的转子转速，得到频域幅值谱。瀑布图由关于转子转速的不同频域幅值谱排列生成，是进行振动诊断的有用工具，如图 5-24 所示。

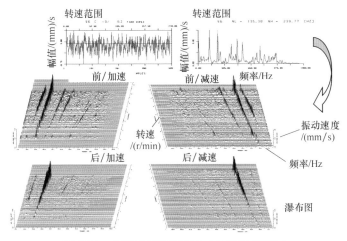

图 5-24　由时域波形得到瀑布图的过程演示

根据瀑布图描述的发动机振动转速阶次变化、子谐波、侧波、固定频率、共振、跳跃/急降和噪声水平等不同特征，就可以描述不同的振动模式。将这些振动模式与从典型发动机故障环境下获得的已知模式库进行比较，就能够实现特定发动机振动原因的识别。已有模式库主要由飞行试验、发动机台架试车等采集获得，极端和灾难性环境下的发动机机械响应 3D 仿真也是振动模式的数据来源。

将振动监视系统与发动机整机 3D 有限元模型结合，可为评估和解析振动冲击事件对发动机完整性的影响提供重要支撑。可由振动监视系统检测和诊断的典型机械故障有：

- 正常衰退导致的不平衡增加。
- 结冰条件下 LP 压气机转子叶片冰积聚。
- 高压转子弯曲。
- 外来物打伤、鸟撞和叶片掉块引起的过度不平衡。
- 飞机抖振。

- 挤压油膜、碰摩、连接松动引起的不稳定。
- 轴承推力低。
- 内部变形断裂的轴承支承或安装连接引起的不对中。

（5）发动机故障预测与健康管理系统应用效果

EJ200 发动机采用单元体设计，在故障预测与健康管理系统的支持下，发动机实施视情维修策略，在基层级，可对现场可更换单元进行更换，对发动机进行快速修复，发动机平均更换时间小于 45min，每飞行小时的直接维修人时大大降低，发动机拆装率低于每千飞行小时 1 次，具有良好的可靠性、维修性和保障性。

参考文献

［1］ REN L, DONG J, WANG X, et al. A data-driven auto-CNN-LSTM prediction model for lithium-ion battery remaining useful life ［J］. IEEE Transactions on Industrial Informatics, 2020, 17（5）: 3478-3487.

［2］ CHE C, WANG H, FU Q, et al. Combining multiple deep learning algorithms for prognostic and health management of aircraft ［J］. Aerospace Science and Technology, 2019, 94: 105423.

［3］ ZHAO B, YUAN Q. A novel deep learning scheme for multi-condition remaining useful life prediction of rolling element bearings ［J］. Journal of Manufacturing Systems, 2021, 61: 450-460.

［4］ CHAO M A, KULKARNI C, GOEBEL K, et al. Fusing physics-based and deep learning models for prognostics ［J］. Reliability Engineering & System Safety, 2022, 217: 107961.

［5］ HE Z, SHAO H, WANG P, et al. Deep transfer multi-wavelet auto-encoder for intelligent fault diagnosis of gearbox with few target training samples ［J］. Knowledge-Based Systems, 2020, 191: 105313.

［6］ WU Z, JIANG H, ZHAO K, et al. An adaptive deep transfer learning method for bearing fault diagnosis ［J］. Measurement, 2020, 151: 107227.

［7］ HAN T, ZHANG L, YIN Z, et al. Rolling bearing fault diagnosis with combined convolutional neural networks and support vector machine［J］. Measurement，2021，177：109022.

［8］ WU J，TANG T，CHEN M，et al. A study on adaptation lightweight architecture based deep learning models for bearing fault diagnosis under varying working conditions［J］. Expert Systems with Applications，2020，160：113710.

［9］ ZHIYI H，HAIDONG S，XIANG Z，et al. An intelligent fault diagnosis method for rotor-bearing system using small labeled infrared thermal images and enhanced CNN transferred from CAE［J］. Advanced Engineering Informatics，2020，46：101150.

［10］ 张志强，杨清宇. 一种用于机械故障特征提取的多尺度稀疏滤波网络［J］. 控制与决策，2022，37（5）：1267-1278.

［11］ ZHAO B，ZHANG X，ZHAN Z，et al. Deep multi-scale adversarial network with attention：A novel domain adaptation method for intelligent fault diagnosis［J］. Journal of Manufacturing Systems，2021，59：565-576.

［12］ HE Z，SHAO H，ZHONG X，et al. Ensemble transfer CNNs driven by multi-channel signals for fault diagnosis of rotating machinery cross working conditions［J］. Knowledge-Based Systems，2020，207：106396.

［13］ 沈长青，王旭，王冬，等. 基于多尺度卷积类内迁移学习的列车轴承故障诊断［J］. 交通运输工程学报，2020，20（5）：151-164.

［14］ YANG F，HABIBULLAH M S，SHEN Y. Remaining useful life prediction of induction motors using nonlinear degradation of health index［J］. Mechanical Systems and Signal Processing，2021，148：107183.

［15］ XU X，LI X，MING W，et al. A novel multi-scale CNN and attention mechanism method with multi-sensor signal for remaining useful life prediction［J］. Computers & Industrial Engineering，2022，169：108204.

［16］ ZHANG J，JIANG Y，WU S，et al. Prediction of remaining useful life based on bidirectional gated recurrent unit with temporal self-attention mechanism［J］. Reliability Engineering & System Safety，2022，221：108297.

［17］ WANG Y，WU J，CHENG Y，et al. Memory-enhanced hybrid deep learning networks for remaining useful life prognostics of mechanical equipment［J］. Measurement，2022，187：110354.

［18］ SONG T，LIU C，WU R，et al. A hierarchical scheme for remaining useful life prediction with long short-term memory networks［J］. Neurocomputing，2022，487：22-33.

［19］ CAO Y, DING Y, JIA M, et al. A novel temporal convolutional network with residual self-attention mechanism for remaining useful life prediction of rolling bearings ［J］. Reliability Engineering & System Safety, 2021, 215: 107813.

［20］ HUANG C G, HUANG H Z, LI Y F, et al. A novel deep convolutional neural network-bootstrap integrated method for RUL prediction of rolling bearing ［J］. Journal of Manufacturing Systems, 2021, 61: 757-772.

［21］ CHEN Z, WU M, ZHAO R, et al. Machine remaining useful life prediction via an attention-based deep learning approach ［J］. IEEE Transactions on Industrial Electronics, 2020, 68 (3): 2521-2531.

［22］ LI T, ZHAO Z, SUN C, et al. Hierarchical attention graph convolutional network to fuse multi-sensor signals for remaining useful life prediction ［J］. Reliability Engineering & System Safety, 2021, 215: 107878.

［23］ WU J, HU K, CHENG Y, et al. Data-driven remaining useful life prediction via multiple sensor signals and deep long short-term memory neural network ［J］. ISA transactions, 2020, 97: 241-250.

第 6 章　数智维修信息融合

数智维修信息融合是为支撑数智维修实现而对装备全寿命周期、全业务流程、全体系要素信息进行的融合处理，其目的是形成装备维修保障的态势图、知识库和策略集，是实现数智维修的大数据"底座"、智能化"后台"。

6.1　数智维修信息融合概述

信息融合虽然在发展阶段上属于信息化的范畴，但却是实现数智维修的前提和基础。信息融合不是单一的技术，而是涉及数据处理、人工智能、模糊数学、人机交互、科学可视化等领域的理论、方法和手段，并且是与装备维修保障体制、业务流程产生关联影响的颠覆性技术群。随着信息技术的发展，数据的传输、转换、存储等问题逐步得到解决。如何采用一定的算法将收集的数据转换为有助于装备维修保障的有关信息，进而依据信息形成决策，以实施数智维修变得越来越重要。为此，需要数据转换、挖掘与关联等低层信息融合关键技术，以及强化学习等高层信息融合技术的支撑。数智维修信息融合带来的显著优势是可避免数据分散在各个不同的数据库中，使用时需要对数据进行反复校核的难题，极大提升了联合作战环境下装备维修保障的效率和效益。

6.1.1　数智维修信息融合范围

（1）全寿命周期装备维修保障信息的融合

装备全寿命周期包括立项论证、研制生产、试验鉴定、订购交付、使用保障等多个阶段。全寿命周期信息融合强调把各阶段的装备维修保障工作视作一个相互影响、相互促进的有机整体，统一协调、整体考虑，将各阶段产生的数据信息通过数智技术手段融合处理。要明确所包含的数据类型（装备状态信息、故障信息、备品备件信息、技术手册、图样等）、数据来源（设计分析、实装采集、其他管理系统等）、数据规范要求（具体包含的各类属性信息，比如备件型号、数量等信息）等，为各类数据的收集和分析提供指导。图 6-1 描述了装备全寿命周期中各类装备数据来源，这些数据是实施装备数智维修的重要数据基础，也是维修信息融合的关键对象。

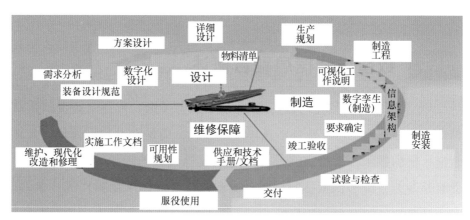

图 6-1　装备全寿命周期维修保障信息融合示意图

在装备的使用过程中，技术状态的完整性和准确性至关重要，其关系到装备是否能够顺利完成预先设定的任务，实现作战效能。建立基于单装的技术状态管控，实现准确掌控每个装备的最新技术状态，将履历信息关联到每个节点，能够实现以装备的最新状态快速响应的维修需求，并根据单装履历更准确地分析故障原因及提出合适的改进措施。单装管理是实现各类业务快速响应和精确决策及数智维修的基础。在此基础上，通过对故障维修、定检、技术服务通报、备件串换、运行记录等活动信息的记录，形成装备使用阶段全寿命周期履历，实现装备实时技术状态的监控和展示，以及履历数据的规范化和智能化，为从单装完好性保障向实现作战效能保障转变奠定基础。

（2）全业务流程装备维修保障信息的融合

全业务流程装备维修保障信息的融合，覆盖保障领域的各类业务，如装备日常管理、保养、修理、器材供应及设备设施保障、人员培训使用、计划预算安排等，是对装备维修保障业务流程的全程跟踪。装备维修保障信息融合包括从维修资源规划和筹措到装备战场管理、从供应链管理到装备损伤维修等多个方面，在不同应用场景下，各层级对维修数据的需求和使用目的各不相同，如何解决装备维修保障信息融合对平时和战时、研制阶段和使用阶段，以及战略战役战术不同层级、不同用户的需求是一项极其复杂的工作。

全业务流程信息融合，能够实现海量数据到优质信息的转变，为保障决策提供支持。武器装备长期保障过程中所积累的海量保障数据，如性能衰变规律信息、各类备件消耗规律信息、保障机构保障资源需求规律信息、各类故障模型信息、各种环境信息、各型装备关联信息等，利用大数据挖掘技术，实现对所积累保障数据的分析利用，得到武器装备维修保障的一般规律，将武器装备历史保障数据转变为维修信息。

同时，基于各类装备维修保障数据，借助大数据建模技术建立复杂武器装备维修的数据模型，并将该模型与传统理论系统模型融合，从而解决复杂系统的建模难题。借助大数据技术对维修数据的分析利用，将数据优势转变为信息优势，为维修系统的各类决策提供支撑，实现装备维修科学决策，达到优化资源利用、提高维修效率的目的。在此之后，借助大数据融合及可视化技术，实现维修状态动态呈现。

信息融合覆盖保障领域的各类业务，如装备、备件、物资、人员、财务的管理，实现各保障流程的全程跟踪，如在供应链领域实现对需求报告、订购、申领与发放的全过程跟踪；能广泛掌控各类保障资源与管理信息，在此基础上开展有效的业务规划和合理的资源配置。全业务流程装备维修保障信息融合示意图如图 6-2 所示。

（3）装备维修保障全体系要素信息的融合

装备维修保障全体系要素信息的融合，体现在各管理和实施装备维修保障的所有相关组织机构（各级装备部门、各级装备保障机构、用装部队、装备承制单位、装备维修企业等）、装备（海、陆、空、火等）、维修资源（人力、维修器材、维修设备、维修设施、技术资料）等要素上，以及战略层、战役层、战术层各层级保障行动信息的融合。

在传统模式下，不同实体各自保存着各自的装备状态信息、保障信息，严重缺乏透明度，造成了较高的时间成本和金钱成本，而且一旦出现问题难以追查和处理。信息融合的优势在于：一是从顶层整合多部门保障管理业务，理顺各部门间的业务关系，统一各军种的业务程序，提供标准化的业务实施流程，对业务全程进行跟踪；二是提供统一规范的数据，解决了数据相互矛盾、错误率较高的问题；三是信息实时更新，只需一次性输入即可全系统使用，不需要在多系统之间进行信息同步；四是实现全资可视，可对用户需求进行预测，优化库存，提高业务效率；五是可以使各层级从总体上掌握保障业务的最新状态，并进行综合协调管理。

维修数据架构复杂、接入用户多而杂、接入信息量大且差异大、接入环境多变、接入状态多变迁移迅速、接入信息安全等级和保密要求高，要求处理的数据量异常庞大，要求处理速度快、要求提供的应用种类繁多且差异性强。特别是在瞬息万变的战场环境下，装备状态动态变化导致多状态特征提取与实现相似特征要素关联非常困难。通过以上信息的融合：形成保障开放共享的新格局，形成大保障局面，实现保障能力和保障方式的新跃升。因此，装备维修保障信息融合过程中最大的挑战，就是确定如何整合、同步和优化军内外相关机构、业务、能力和资源。

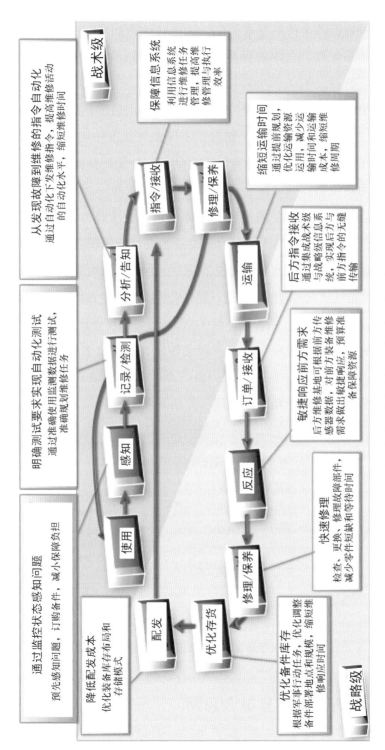

图 6-2　全业务流程装备维修保障信息融合示意图

战术级

战略级

保障信息系统
利用信息系统
进行维修任务
管理，提高维
修管理与执行
效率

从发现故障到维修的指令自动化
通过自动化下发维修指令，提高维修活动
的自动化水平，缩短维修时间

明确测试要求实现自动化测试
通过准确使用监测数据进行测试，
准确规划维修任务

通过监控状态感知问题
预先感知问题，订购备件，减小保障负担

降低配发成本
优化装备库存布局和
存储模式

指令接收

修理/保养

分析/告知

记录/检测

感知

使用

运输

订单/接收

反应

修理/保养

配发

优化存货

缩短运输时间
通过提前规划、
优化运输资源
运用，减少运
输时间和运输
成本，缩短维
修周期

后方指令接收
通过集成战术级
与战略信息系
统，实现前方与
后方指令的无缝
传输

敏捷响应前方需求
后方维修基地可根据前方传
感器数据，对前方装备维修
需求做出敏捷响应，预算准
备保障资源

快速修理
检查、更换、修理故障部件，
减少零件短缺和等待时间

优化备件库存
根据军事行动任务，优化维
备件部署地点和规模，缩短维
修响应时间

装备维修保障全体系要素信息的融合示意图如图 6-3 所示，从全寿命周期、全业务流程、全体系要素信息的融合可以看出，数智维修信息融合具有以下特点：

在研究时域上，向装备全寿命周期拓展，由过去的"装备使用任务保障"向"装备全寿命保障"转变，不仅要与装备使用阶段的保障方案相匹配，还要与装备设计阶段保障方案的权衡与优化挂钩。

在应用对象上，向一体化保障发展。打破对单一型号装备进行保障的模式，器材保障规划要满足装备一体化建设、维修力量统一使用的客观要求，满足军民融合与平战结合、专业组合与资源整合的新模式。

在信息要素上，向综合集成的方向发展。保障信息要素不进行综合集成就难以提供完整和正确的保障方案，需打破传统意义上各自为政、信息孤岛的现象，信息要素之间协调一致，相互关联，资源同步更新，相互匹配。

在研究目标上，向精确化保障理念转变。要由过去的"单纯重视效果"向"质量效益型并重"转变，由"粗放式、概略式、模糊式保障"向"集约化、科学化、精细化管理"方向发展。

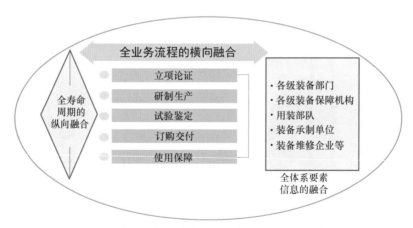

图 6-3 装备维修保障全体系要素信息的融合示意图

6.1.2 数智维修信息融合思路

信息系统综合集成是实现数智维修信息融合的基本途径，系统综合集成的主要途径体现了数智维修信息融合的思路。数智维修的实现与数据的产生、传输和使用密不可分，数据作为独立要素在整个装备维修保障过程中加速流动，必须强调信息系统的互联互通和综合集成。

由于很多信息系统开发的初始目的只是为了实现相应的业务功能计算机化，如不同军种、不同层级维修机构采用不同的信息系统，在实施这些系统的早期阶段并没有考虑到不同系统之间的数据交换和协同工作，采用的开发技术不同，甚至连底层数据库也不尽相同。异构系统致使系统间互连互通互操作困难，阻碍了信息融合。遗留系统往往执行着原有的重要业务流程，摒弃遗留系统，重新开发新的系统，不仅会造成已有资源的浪费，而且开发周期较长，投入的人力物力较大，代价较高。鉴于装备保障领域存在大量信息系统，未来保障信息系统综合集成建设的基本思路如下：

一是以少量大系统集成、替换众多小系统。在整合现有信息系统的过程中，要根据保障信息系统的功能是否符合当前实际需求为标准，选择是否要求某一系统退役，为将来实现保障业务一体化奠定基础。在一体化保障信息系统的开发过程中，综合集成大量现有系统，实现对各保障业务领域使用的众多小系统的替换，破除各军种孤立信息系统林立的局面。

二是建成业务功能全面的一体化系统，广泛覆盖各类保障业务需求。一体化系统要覆盖保障领域各类管理业务，如装备维修、器材、物资、人员、财务的管理，实现各保障流程的全程跟踪，如在供应领域实现对需求报告、订购、申领与发放全过程的跟踪，还要能广泛掌控各类维修资源与管理信息，在此基础上开展有效的业务规划和合理的资源配置。

三是采用体系结构框架指导信息系统开发，确保互联互通。一体化保障信息系统的开发必须提供标准的端对端一体化能力。新系统要保证只需要进行最少量的接口和数据调整，就能保证指挥人员访问授权信息。新系统的开发能够兼容工业部门及军队内合作伙伴的系统，要尽量利用信息基础设施，避免重复建设。同时，在可行的情况下，尽量利用本军种或其他部门已有的建设成果。

6.1.3 数智维修信息融合效果

信息系统融合可以解决各保障部门之间、信息系统之间协同能力不强的问题，把涉及作战任务的人员、维修、器材、弹药、运输及其支持功能集成为统一的网络环境，提供了一个融合的、实时的、多维的装备维修保障空间，使各用户无须关心信息的来源即能实现对共享数据和应用软件的透明访问，实现了装备维修保障的精确和实时可视。

信息系统融合要实现对现有的各种装备维修保障信息系统进行综合集成，其实质不是要建造更多新的保障信息系统，而是要解决各类现有的装备维修保障信息系统之间数据和信息的共享与互操作问题。通过信息系统综合集成，要将分散于现有的各种信息系统中的保障需求、资源分布、运输条件、指挥控制等信息进行综合集成，为战略、战役、战术各层次，以及各军兵种的保障指挥人员提供保障态势的全景图像，采用联合决策支持工具为任何一个作战节点的精准保障提供优化的保障实施方案。

信息融合使战场上各部队的保障态势高度透明，相互之间的信息流动速度大大加快，维修资源高度共享，进而使保障反应速度和精准保障能力大大提高。

美国陆军的装备完好性通用态势图（图6-4）就是应用新技术提升保障能力的典型项目。该项目从一系列的数据来源收集集成数据，进入保障信息仓库（LIW），经处理加工，形成通用保障态势图。美国陆军全球作战保障系统（GCSS-A）已成为国防部最大的业务资源规划系统之一，于2017年12月配发所有陆军部队，并将其所有功能集成到一张通用态势图中。为陆军所有司令部、供应机构、野战维修机构和资产订购办公室，共约14万名用户，配发该系统。系统的重要特点是，上到各级指挥人员，下至各保障人员，都能浏览同一数据。基层部队的保障人员能够输

入装备信息，报告详细的部队力量和装备状态，指挥人员通过这些数据
了解部队的战斗力情况，做出正确决策。

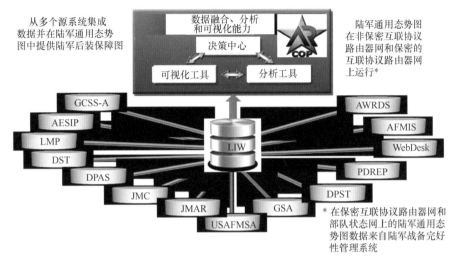

图 6-4　美国陆军装备完好性通用态势图

LIW—保障信息仓库　GCSS-A—陆军全球作战保障系统　AE SIP—陆军企事业系统整合计划

LMP—保障现代化计划　DST—数据系统技术人员　DPAS—国防资产管理系统

JMC—联合弹药司令部　JMAR—联合医疗资产知识库　USAFMSA—美国陆军部队管理保障局

GSA—联邦勤务总署　DPST—备灾保障组　PDREP—产品数据报告与评价大纲

WebDesk—网盘资源　AFMIS—自动化财务管理信息系统　AWRDS—陆军战储部署系统

美国陆军、海军和海军陆战队，以保障大数据信息系统驱动装备维
修保障决策的基础能力在过去十年中已先后形成，促进了其装备维修保
障能力从粗放到精确的转型。

6.2　维修数据到维修信息的转换

维修数据转换是将维修数据从一种格式或结构转换成另一种格式或
结构的过程，对维修数据集成和数据管理等活动至关重要。在信息爆炸
的时代，对于装备维修保障机构来说，想要获得及时、可靠、准确的决
策支持，建立起从掌握的维修数据信息向有效的决策支持转化的桥梁，
离不开维修数据的加工与整合能力，而这些能力都与维修数据处理密不

可分。维修数据处理的核心是将维修数据转换为装备维修保障的相关信息，然后依据这些信息实施数智维修，如图 6-5 所示。

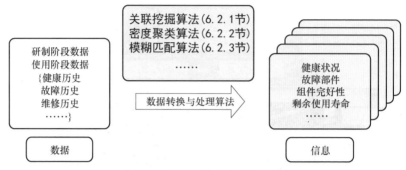

图 6-5　数据到信息的转换过程

6.2.1　基于关联挖掘的维修数据关系梳理

不同类型的维修数据间存在复杂的关联性，如不同装备或者不同装备的各个模块的维修数据之间的复杂关联性使维修数据具有多重维度，为突破单类数据价值信息的局限性，需要通过横跨多种类型数据的融合关联，形成装备维修保障领域的知识，面向不同的目标从不同维度对数据快速聚合，以满足不同的装备维修保障任务需要。

装备维修的数据可借助人工智能的程序思考和学习能力，以及人工智能提供的计算机执行传统上需要人类智能完成任务的能力，既能够改善维修数据质量，又能迅速地完成维修数据分析并获得装备信息。当维修数据相关的指标数量巨大时，如何更加智能化地对维修数据指标进行处理是必要且急切的需求。随着维修数据的增加，某些规则将越来越成为强关联规则，难以用数学公式等显式方法表示出在多样异构的维修数据间蕴藏的潜在规则。因此，有效地挖掘出潜在的规则，对于维修数据处理有着重要的意义。维修数据常常包括多个指标，这些指标可能存在着一些潜在的关联规则，必须进行多指标关联分析，将数据挖掘中关联分析挖掘手段应用到维修数据处理中。

分析装备维修数据指标关联度主要有以下两方面的作用：其一，维修数据维度多样并且数量巨大，通过关联性分析可以了解和展现多指标间的特征，明确指标间的具体关系，为接下来的学习训练做数据预处理，清除冗余数据；其二，借助多指标关联度对装备维修需求进行预判，加快机器学习收敛速度、选择最佳维修策略。采用一种多维装备维修指标规则发现与关联分析技术相关的方案分为三部分：维修指标数据预处理、维修数据的关联规则挖掘、维修数据的关联规则分析，具体流程如图 6-6 所示。其中关联规则挖掘采用关联规则挖掘算法中的 Apriori 算法实现，强关联规则分析则采用统计分析方法中的斯皮尔曼相关系数进行计算分析。

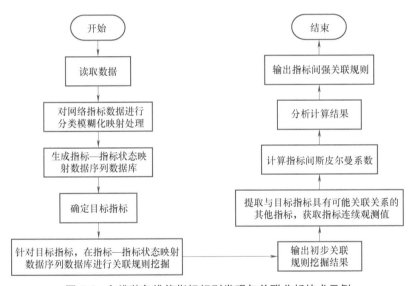

图 6-6　多维装备维修指标规则发现与关联分析技术示例

（1）维修指标数据预处理

首先，将采集到的装备维修保障指标数据按照不同指标状态进行分类，生成新的指标——维修状态映射数据序列数据库，指标状态分为三种，分别是正常状态、告警状态和异常状态。通过式（6-1）的映射函数实现指标数值 x_{ij} 和指标状态的模糊化映射：

$$\mu_j(x_{ij}) = \exp\left[-\frac{(x_{ij}-a_j)^2}{(\sigma_j)^2}\right] \tag{6-1}$$

式中，x_{ij} 为第 i 个样本的第 j 个维修指标值，i 和 j 取值为正整数，取值范围与样本大小和维度有关；α_j 为映射函数的中心值；σ_j 为映射函数的宽度。$\mu_j(x_{ij})$ 越大，指标状态越正常，数值小则代表指标处于异常状态。同时，不同的指标分别有不同的映射函数，通过调节参数大小，便可得到各个指标各自的映射函数。

（2）维修数据的关联规则挖掘

其次，选取一个目标指标，通过 Apriori 算法实现指标—指标状态映射数据序列数据库关联规则挖掘。关联规则挖掘指的是针对事务数据挖掘频繁项集，从而在大型数据库中发现变量之间相互关联的方法。项集即若干项的集合，项集的长度就是含有项目的数量。对于项集 C 如果其支持度大于等于指定的最小支持度，则称为频繁项集 L_k，其中 k 表示该项集的长度。关联规则（标记为 $X \geqslant Y$）指示两个项集 X 和 Y 之间的特定关系。如果频繁项集 L_k 中同时包含项集 X 和 Y 且满足指定的最小支持度、置信度、提升度则支持关联规则 $X \geqslant Y$。支持度、置信度和提升度是度量关联规则有效性的重要指标。支持度定义为前项 X 和后项 Y 同时出现的概率，是产生最大频繁项集的依据；置信度定义为包含前项 X 的事务中也包含后项 Y 的概率，度量了前项 X 出现的条件下后项 Y 出现的可能性；提升度定义为置信度除以后项支持度，反映了前项 X 的出现对后项 Y 的影响程度。在进行关联规则筛选时，支持度的阈值设定为 5%~10%，置信度的阈值设定为 70%~90%，提升度设定为大于 1。Apriori 算法是一种基于频繁项集和强关联规则搜索过程的递归算法，其流程如图 6-7 所示。

（3）维修数据的关联规则分析

在得到 Apriori 算法输出的关联规则后，将具有关联关系的指标所观测到的时间连续参数值计算斯皮尔曼等级相关系数，得到数字表征化的指标间关联强度，从而分析得出指标间的关联关系。其取值全集范围是 $[-1,1]$，当取值为 0 时表示不相关，取值为 $[-1,-0.5)$ 时表示强负相关，取值为 $[-0.5，0)$ 时表示弱负相关，取值为 $(0，0.5]$ 时表示弱正相关，取值为 $(0.5，1]$ 时表示强正相关。

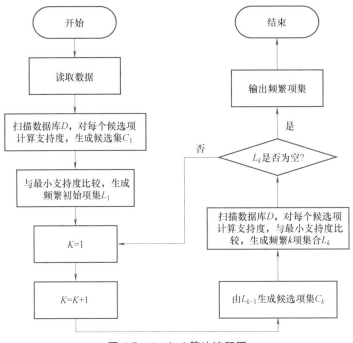

图 6-7   Apriori 算法流程图

6.2.2   维修数据的密度聚类异常标注方法

维修异常数据处理是实现维修数据质量提升的关键。在装备全寿命周期内，维修数据将难以避免地出现部分数据缺失、存在噪声干扰等，从而使维修数据处于异常状态，对维修决策制定带来直接或间接的影响。因此，高效地识别维修过程中的异常行为对合理的维修决策制定起到关键的作用。鉴于维修数据的类型多样、体量庞大，采用人工方式难以对其进行准确的分析与处理。同时针对大量的维修指标，要完成高效精准的异常检测，还缺少异常标注的指标型维修数据。

针对装备维修保障领域，异常标注数据缺失的难题，可引入无监督学习的方式将维修数据集进行聚类，并筛选出噪声数据进行异常标注。异常数据可以为海量维修数据的异常检测提供参考。聚类算法可以在缺少异常标签数据的情况下完成训练，并甄别新出现的不符合预期行为的异常数据类型。因此，在维修数据量大、异常标注数据不足的情况下，采用聚类方法为异常检测系统提供异常样本、实现自学习功能的意义重大。

维修数据的聚类不等于分类，聚类所要求划分的类是未知的。带有噪声的密度空间聚类（DBSCAN）算法可以发现任意形状的聚类，能有效发现噪声点和离群点，十分适合处理不规则的数据样本。DBSCAN 算法有两个参数：数据点的邻域半径与邻域半径内的最小邻居数，分别用 Eps 和 MinPts 表示。DBSCAN 算法原理是以每个数据点为圆心，计算以 Eps 为半径的圈包含数据点的个数为该点的密度值。然后选取一个密度阈值 MinPts，圈内点数小于 MinPts 的圆心点为低密度的点，而大于或等于 MinPts 的圆心点记为高密度的点。如果有一个高密度的点在另一个高密度的点的圈内，就把这两个点连接起来，从而不断地串联数据点。如果有低密度的点在高密度的点的圈内，把它连到最近的高密度点上作为边界点。所有连到一起的点形成一个簇，不在任何簇内的低密度点即标记为异常点。

当应用到海量维修数据指标中进行异常数据聚类时，参数自定义的 DBSCAN 算法示意图如图 6-8 所示，具体步骤如下：

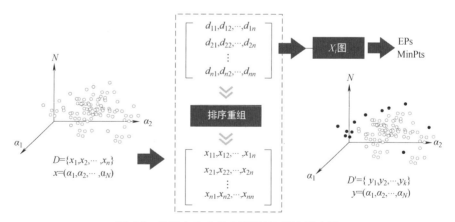

图 6-8　参数自定义的 DBSCAN 算法示意图

1）输入具备多维指标的维修数据集 $D = \{x_1, x_2, \cdots, x_n\}$（$x = \{\alpha_1,$

$\alpha_2,\cdots,\alpha_N\}$, α_i 为第 i 维指标值)。

2）由 DBSCAN 参数自适应方法自动确定 DBSCAN 算法中的两个参数 Eps 与 MinPts。通过参数自适应方法,在直接输入数据集后即可得到聚类相关参数,并应用算法得出异常结果集,其具体方法如下:

● 由输入的多维指标数据集 D 在 N 维空间中得出距离分布矩阵 $\text{DIST}_{n\times n}=\{d(i,j),1\leqslant i\leqslant n,1\leqslant j\leqslant n\}$, d 表示第 i 个数据点到第 j 个数据点的距离。

● DIST 重新排序:每行的值从小到大排序,得到排序后的距离矩阵 $X_{n\times n}=\{x(i,j),1\leqslant i\leqslant n,1\leqslant j\leqslant n\}$, $x(i,j)$ 表示排序后距离 i 点最近的第 j 个距离。

● 将 X_i (X_i 表示矩阵 $X_{n\times n}$ 的第 i 行的数据列表,即距离第 i 个数据点的排序后的距离值的集合, $1\leqslant i\leqslant n$) 画图,计算 X_i 中每个点相对于下一个点的斜率, j 处的斜率为 $\|x(i,j)-x(i,j+1)\|$, $1\leqslant i\leqslant n$, $1\leqslant j\leqslant n$ 。然后计算所有非零斜率的平均值和标准差,在计算斜率平均值和标准差时将斜率为零的排除。找出第一个大于平均值与标准差之和的斜率,该斜率对应曲线拐点处的聚类半径最大,聚类效果最好,因此该处对应的距离值即为 EPs。

● 在距离值为 Eps 时对应的 j 即为 MinPts。

3）将数据集 D 中的所有对象标记为未读。

4）从 D 中取任意数据点 $D_i\in D(i=1,2,3\cdots)$,并将 D_i 标记为已读。

5）通过 Eps 与 MinPts 对任意数据点进行判断,如果它为核心对象（即自身是高密度点）,找出位于其半径范围内的所有密度可达数据对象（密度可达,就是以该高密度点为核心,在半径范围内的点即为密度可达点）,并标记为已读。若其不是,且没有哪个对象密度可达,则将其标记为异常点;该步骤识别出的异常点自身不是高密度点,也不在任何一个高密度点的半径范围内。

6）重复第 4 步和第 5 步直至所有的数据点都被标记。

7）将其中某一个核心对象作为种子,将该对象所有的密度可达点归为一类，形成一个较大范围的数据对象集合，也称作聚类簇。

8）不断循环7），将所有核心对象都遍历完，剩下的没有归为一类的点即异常。采用聚类分析的方法对数据进行异常检测的主要原理是通过标记不属于任何一类的数据来确定异常。在聚类完成后，还需要标注工具对其进行标记。

6.2.3 维修数据的异构模糊匹配

维修数据来源广、类型多样、接口复杂、访问不均衡等突出特点使对维修数据进行高效匹配变得非常困难。尤其，在现实环境下，会存在维修数据文件访问模式在空间和时间上不均衡的情况，具体表现为某段时间内某些数据只占总数据量的一小部分，但承载的访问量巨大。因此，如何对全域全量全维的异构维修数据进行高效匹配，为维修数据管理与分析提供基础，是亟须解决的关键问题。

针对维修数据具有的多维度异构特征，利用模糊数学的思想对维修数据的特征进行明确的数学关系描述。由于维修数据每维特征的属性值大小与范围均存在较大差别，其特征属性的变化方向会直接影响维修数据的分类结果，提出基于平移极差转换的维修数据特征优化机制，将原始的维修数据映射到 [0，1] 区间，同时保留了原始数据值之间的联系，消除了量纲和数据取值范围的影响。最后，针对异构维修数据的高效匹配问题，通过评估多模态异构维修数据与相同维度数据间的相似性，并依据相似度判断数据是否为同类数据，从而实现维修数据的有效模糊分类。

考虑到维修数据的多维异构特性，首先对具备相同维度的数据进行分类处理，基于模糊理论对相同维度的数据特征进行表示。由于数据特征的多维表示特点，首先通过平移标准差转换将原始矩阵中的元素进行标准化表示，以消除数据每维特征间由于不同量纲带来的相互影响，如式（6-2）所示。

$$x'_{ik} = \frac{x_{ik} - \frac{1}{n}\sum_{i=1}^{n} x_{ik}}{\sqrt{\frac{1}{n}\sum_{i=1}^{n}(x_{ik} - \bar{x}_k)^2}}, (i = 1, 2, \cdots, n; k = 1, 2, \cdots, p) \qquad (6\text{-}2)$$

式中，x_{ik} 为第 i 个样本中第 k 个可观测的数据；$\bar{x}_k$ 表示均值；x'_{ik} 表示标准化后的数据。在数据标准化之后，基于欧氏距离，计算数据每个维度特征相对于数据本身的模糊隶属度。由于模糊隶属度的值直接反映了每维特征对数据本身的影响程度，因此可将数据表示为基于模糊隶属度的多维矩阵形式。由于欧氏距离法是最常用的距离测量方法，可在多维空间中对点之间的绝对距离进行测量。因此，欧氏距离法可以确保每个维度的指标处于相同的规模水平，以保证结果的有效性，见式（6-3）和式（6-4）。

$$r_{ij} = d_{ij} = \|X_i - X_j\| = \sqrt{\sum_{k=1}^{p}(x_{ik} - x_{jk})^2} \qquad (6\text{-}3)$$

$$\mu_{i_0 i} = \left[\sum_{k_0=1}^{C}\left(\frac{d_{ii_0}}{d_{ik_0}}\right)^{\frac{2}{m-1}}\right]^{-1}, 1 \leqslant i_0 \leqslant C; 1 \leqslant i \leqslant n \qquad (6\text{-}4)$$

式中，r_{ij} 表示样本 X_i 与样本 X_j 之间的相似度，用欧氏距离 d_{ij} 衡量；x_{ik}、$x_{jk}(i, j = 1, 2, 3, \cdots, n; k = 1, 2, 3, \cdots, p)$ 是第 i 或 j 个样本中第 k 个可观测的数据；C 为聚类的个数；$\mu_{i_0 i}$ 表示样本 X_i 隶属于聚类中心样本 X_{i0} 的模糊隶属度；m 为模糊度；d_{ii_0}、d_{ik_0} 分别表示欧氏距离。

由于维修数据的特征呈现出高维化与异构化，每维数据特征的属性值大小与范围均存在较大差别，且各维特征属性的变化方向会直接影响整个待采集数据的分类结果。为了保证各维数据属性值间具备可比较性，首先需对数据进行平移极差转换，以保证样本数据在 [0, 1] 范围内。进而，考虑到数据不同维度特征的优化方向不同，需进行不同方向的平移极差转换过程。通过对待采集数据每维特征的优化方向进行判别，并利用相应的优化方法对属性值进行平移极差转换，能够保证数据的每维特征具有可比性。

将繁杂且异构的多维维修数据进行分类匹配，可以提高数据处理的效率，同时节约处理成本。而如何确定数据所属类别，是数据匹配过程中很重要的组成部分，具有一定的研究意义与价值。基于相关系数法的模糊相似度计算方法，可以通过计算多模态数据间的模糊相似度，为数据的分类匹配提供依据。相关系数方法是计算两个随机变量之间的关联度。如果相关系数绝对值越大，说明两个随机变量之间的相关性越高[1]。其次，通过经验判别法设置合理的模糊度阈值，将计算出的模糊相似度值与阈值进行比较，以此判断数据所属类别。若是，则将待处理数据归为某类。否则，将待处理数据进行标记，再次归为待匹配数据序列，直至归为某类为止。维修数据分类匹配过程如图 6-9 所示。

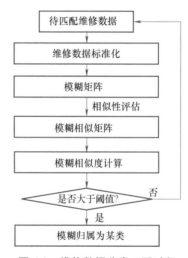

图 6-9　维修数据分类匹配过程

6.3　维修信息向维修知识的转换

维修数据形成维修信息后，为了充分发挥维修信息的作用，还需进行信息的融合。采用基于装备维修保障业务规则的异构信息融合技术，构建知识图谱支撑的保障信息融合模型，可以从海量维修数据中抽取有价值的数据形成知识库，实现基于装备维修保障业务规则的信息融合，

满足装备海量多源数据的融合管理、应用决策和资源规划等需求。采用
基于关联规则挖掘算法实现维修数据关联性分析，基于数据关联程度构
建多层数据抽象与映射模型，可以满足海量多源数据的融合管理需求。
在此基础上，通过融合装备维修保障业务规则的维修资源规划方法等，
结合多样化的维修业务需求，实现装备维修资源的动态规划。本节重点
分析基于知识图谱的信息融合过程与方法，包括维修知识自动抽取、多
维维修知识相关性分析、维修信息融合等，如图 6-10 所示。

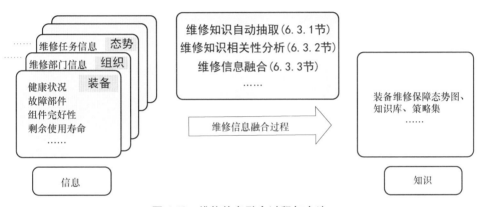

图 6-10   维修信息融合过程与方法

6.3.1   多源异构装备维修知识自动抽取

构建装备维修保障领域的知识图谱，需要从多源异构数据中抽取以
实体、关系、实体三元组为表现形式的领域知识，继而将领域知识连接
构成知识图谱。多源异构数据包括来自各单位部门的各种类型的巨量结
构化、半结构化和非结构化数据，构建装备维修保障知识图谱需要研究
多源异构知识自动抽取模型。基于机器学习的多源异构知识自动抽取模
型可以从巨量多源异构数据中快速发掘知识，形成实体关系三元组，构
建知识图谱。

（1）装备维修保障领域知识图谱本体构建

本体是共享概念模型的形式化、规范化的明确性说明。所谓共享，

是这个领域公认的术语组成的集合。概念模型不单单是概念，还包括了概念的属性及概念间的关系。形式化指计算机可读，能够被计算机所处理。明确性指本体中的术语、属性和定理都有明确的定义，而非模棱两可的。本体也是知识图谱的抽象描述，本体构建的合理性将直接影响知识图谱的质量，继而最终影响通过知识赋能的下游应用。

构建知识图谱本体的方法通常包含自底向上与自顶向下。自底向上的方式一般适用于开放域的知识图谱本体构建，能够自动抽取概念、概念层次与概念之间的关系。而自顶向下的方式通常适用于领域知识图谱本体构建，这是因为领域知识图谱涉及的范围、概念等均可控。采用自顶向下和自底向上结合的方法，同时考虑装备维修保障专业知识和数据本身结构信息和相似度等特征，建立面向装备维修保障的合理、有效、易于应用的本体。针对多源异构数据特点，一次性构建大而全的本体是极具挑战的。因此装备维修保障领域知识图谱本体的构建需根据数据特点，构建易于拓展和迭代发展的本体，并不断进化。

（2）基于数据映射的结构化数据知识自动抽取

结构化数据一般是指可以使用关系型数据库表示和存储，可以用二维逻辑表来表达实现的数据。结构化数据构建知识图谱的主要步骤如下：

1）获取源数据，其中，源数据包括表格结构、表格数据和表格外键约束信息。

2）根据已有的本体考虑源数据中哪些字段作为实体，实体的类型是什么，哪些字段作为关系，并解决记录链接的问题。记录链接是指在数据集中查找跨不同数据源（例如，数据文件、书籍、网站、数据库）引用同一实体的记录的任务。

3）将筛选出的实体、关系用资源描述框架（RDF）表示，它本质上是数据模型，由节点和边组成，节点为实体、资源、属性等，边表示关系（实体间关系及实体与属性的关系）。

4）用 RDF 表示的实体映射到图上的节点，用 RDF 表示的关系映射到图上的边。

（3）基于机器学习的非结构化数据的知识抽取

非结构化数据包括使用说明书、维修手册、故障隔离手册等技术出版物类文本数据，记录故障信息和维护信息的文本文档、图片、视频和语音数据等数据，虚拟样机中的模型数据，设计图样中的数据，维修保障设计分析报告、试验评估报告等纸质文档类数据。下面以文本数据为例说明知识抽取过程。

非结构化数据，是指形式相对不固定，不方便用数据库二维逻辑表来表现的数据。例如：纸质文本文档、图片、视频、音频等。文本数据等非结构化数据中蕴含着丰富的知识，可用来构建维修的知识图谱，但这些知识隐含在非结构化数据的上下文中，难以通过文本匹配等简单模型来实现知识抽取和发现。自然语言处理模型从大量非结构化文本中学习文本上下文语义的含义，基于令牌标注模型可以识别文本结构，发现命名实体。基于实体语义向量实现关系分类，继而构建实体关系三元组，实现非结构数据知识自动抽取。

首先使用预训练语言模型来将非结构化数据中的文本表示成语义向量。为了获得更精确的装备维修保障领域文本语义向量，需要使用装备维修保障领域的文本语料进行预训练语言模型训练。具体步骤包括：

1）语料库准备，即收集装备维修保障领域文本数据，将文本数据组织成易于计算机并行读取的文本文件，以供下一步开展模型预训练做准备。

2）模型预训练，预训练可采用无监督方法，采用掩盖语言模型（MLM）算法，随机将句子中的部分文字替换成特殊字符［MASK］，然后基于自我注意力机制：$\mathrm{Attention}(\cdot) = \mathrm{Softmax}\left(\dfrac{QK^{\mathrm{T}}}{\sqrt{d_k}}\right)V$ 学习文本中各文字之间的相关性。通过叠加多层 Transformer 块，实现深度多头注意力网络。网络的最后一层用来预测［MASK］位置的原本单词。不断进行训练直至模型收敛，完成模型预训练。

然后基于令牌标注模型根据文本语义向量识别发现命名实体。实体通常是跨越多个文字的，从文本中自动识别出实体的文字跨度并准确分类实体类型，是具有挑战的。基于令牌标注模型可以建模文字之间的结构依赖关系，而基于预训练模型的文本语义可以体现实体类型，从而解决这个挑战。具体步骤包括：

1）获取文本语义向量。切分文本数据，构建符合的预训练模型长度并且最大限度地保留文本集合的文本结构信息，然后将文本输入上一步完成的预训练模型中，以获得文本语义向量如：$X = \mathrm{PLM}(S)$ 其中 X 是获得的文本语义向量，S 是输入文本。

2）令牌标注。将获得每个文字的语义向量输入到令牌分类器，然后经过令牌分类器获得各文字对应的令牌类别，如：$Y = \mathrm{Softmax}(\mathrm{MLP}(X))$，其中 $Y_i \in Y$ 是第 i 个文字对应的令牌类别。使用 B（开始）I（中间）E（结束）S（独立）O（非实体）令牌体系，即可根据令牌类别识别出文本中所有的实体。

最后将识别发现的实体两两配对，识别实体之间存在的关系，构建成实体关系三元组。具体来说，对于每一对实体，首先获取联合语义向量：$\hat{X} = \mathrm{Cat}(X_i, X_j)$，其中 $\hat{X}$ 表示获得的联合语义向量，X_i 和 X_j 分别表示头实体和尾实体，Cat 表示将向量串联起来。然后基于该联合语义向量输入到关系分类器以得到各对实体的关系：$R = \mathrm{Softmax}(\mathrm{MLP}(\hat{X}))$，其中 R 是关系类型。

6.3.2 维修多维度知识相关性分析

考虑到各个维度的装备维修领域知识信息的不对称性，需要对维修知识的相关性进行分析，建立各种维修信息之间的关联关系，为数智维修提供支持。比如通过对各部件/组件状态参数、故障现象、装备健康状态、维修/预防措施等信息的相关性进行分析，建立上述信息之间的关联，可辅助进行故障诊断和定位，为维修/预防措施或装备保障决策的制订提供支撑。下面通过对知识、语义两种典型的关联分析技术的介绍，探讨如何开展维修信息的相关性分析。

（1）弱信息环境下的领域知识关联分析技术

在装备维修领域，有的维修信息隐蔽性强，但却是潜在的有用信息，如某装备某系统或部件的异常信息。这些信息是客观存在的，且不易被挖掘。面向功能域的高阶语义关联要解决弱信息环境下的知识融合问题，具体的技术途径如下：

1）映射预处理，即给定两个异构装备，对其进行匹配预处理，预处理工作主要包括解析装备和准备某些匹配算法所需的数据结构，可在预处理阶段构造语义子图，用于精确描述装备中元素的语义。

2）构建基于语义子图的文本匹配器，利用预处理阶段获得的语义子图，采用基于语义子图的文本匹配方法为弱信息装备生成少量、高质量的匹配结果，并将其作为相似度传播的初始种子。

3）相似度传播，采用强约束条件相似度传播模型对弱信息装备进行结构匹配，传播过程以初始匹配种子为输入，并在传播的不同阶段采用合适的传播策略。传播过程迭代进行，直到满足传播结束条件为止。

4）经过相似度传播后，进行映射度处理，得到一个相似度矩阵，还需要通过匹配提取和匹配调试技术，才能得到最终的匹配结果。

（2）基于链接模式的语义关联分析技术

采用图结构对语义关联进行建模。第一，对装备实体关系三元组进行过滤，仅考虑描述装备对象间关联的三元组；第二，将三元组扩展为链接五元组，每一个链接五元组中不仅包含头实体、关系和尾实体的统一资源标识符（URI），而且还包含头实体和尾实体的类型信息；第三，利用链接五元组将 RDF 描述的 RDF 图转化为类型对象图，简称为 TOG 图。RDF 图中资源的类型为隐式信息，需要通过 RDF 语义推理得到，而 TOG 图中对象的类型信息为显式信息；第四，在 TOG 图的基础上，进一步提出链接模式的概念，链接模式是 TOG 图中的频繁子图，作为语义关联背后的模式，链接模式确保了每一个挖掘到的语义关联在模式上均具有一定的典型性；最后，基于链接模式的定义，提出语义关联的图模型。在给定的 RDF 图中，一个链接模式可能被该 RDF 图的多个子图实例化，每次实例化都会构成一组对象间的语义关联。

基于以上分析，提出两种可应用于装备维修保障领域的语义关联挖掘方法。一种是分阶段挖掘方法：第一阶段通过经典的频繁模式挖掘算法，从 TOG 图中挖掘出部分或所有链接模式；第二阶段在挖掘出的链接模式中选取部分模式，在 RDF 图中寻找对应于这些模式的实例化子图，作为最终挖掘出的语义关联。另一种是合并式挖掘方法：该方法在同一步骤中挖掘链接模式和语义关联。在利用频繁模式挖掘算法进行链接模式挖掘时，语义关联在计算链接模式的支持度时被挖掘出来。最终挖掘结果是 TOG 图中的所有关联模式与 RDF 图中的所有语义关联。

6.3.3 维修信息融合与集成

（1）基于领域知识图谱的文本实体链接技术

在完成装备维修保障领域知识采集的基础上，需要将抽取到的维修领域知识链接到已有的领域知识图谱当中。然而现阶段的实体链接方法将实体和指称项特征分开表示，导致忽略了实体与指称项在特征上的相关性。除此之外，现有模型只考虑了实体和指称项的局部上下文特征，忽略了大量有用的全局特征。针对这一问题，模型通过设计多个不同层次的特征抽取器，来提取装备实体和指称项中有价值的局部特征和全局特征。模型的框架由三个基本单元组成——候选实体特征提取、指称项特征提取及相似度计算，如图 6-11 所示。

基于交互的实体指称项联合训练方法。 在模型训练之前，首要任务是获取指称项和实体的潜在特征，也就是为每一个文本和装备实体训练一个嵌入表示。在实际的操作过程中，一种简单的方法是将指称项（实

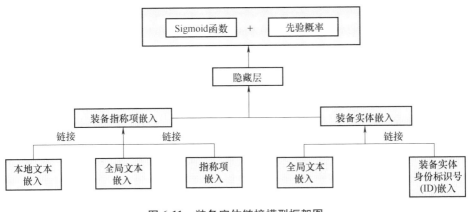

图 6-11 装备实体链接模型框架图

体）中包含的每一个单词或者字相加来获取这个指称项（实体）的嵌入表示，但是实体作为一个整体的单元，用相加的特征表示具有很强的局限性，无法完整地描述指称项（实体）的特征。我们应该为每一个指称项（实体）单独训练一个特征。针对实体及其指称项特征无法融合的问题，提出一种改进的嵌入表示特征训练模型，它将每个单词或者字映射到一个低维连续向量空间。

基于交互式强化学习框架下的实体链接模型。为了更好地提取实体及其指称项的局部和全局上下文特征，提出强化学习框架下的全局特征方法和基于神经网络和注意力机制的局部特征提取方法，在此基础上实现实体链接模型的上下文全局特征提取，使模型取得更高的实体链接精度。

模型的主要目的是从全局上下文特征中抽取有用的特征。因此将实体或者指称项与所要提取的单词，通过一个隐藏层提取潜在特征。在此基础上将其放入一个评估器中，通过评估器来判断该单词是否对实体链接模型有正面的影响。如果有，则选择该单词，否则遗弃该单词，并转入下一个单词。最后利用过滤后的单词来抽取高层全局特征。

在获得指称项和候选实体特征之后，将它们进行级联并输入到两个隐藏层中，然后对输出结果利用sigmoid函数进行计算，获取指称项和实体特征之间的相似性得分。最后利用相似性得分和先验概率之间的线性组合结果来对每一个候选装备实体进行排序。

在隐藏层中指称项和实体特征被级联，然后转发到双层神经网络中，输出单个表示向量，并由sigmoid函数处理之后得到相似性得分。

仅根据上下文特征对候选实体进行排序是不合适的。应该同时考虑指称项与实体之间的最终相似性和先验概率，通过将相似性得分$\text{sim}(m,e)$和先验概率$p(e|m)$进行线性加权组合，得到最终的候选装备实体打分，并以此为依据对候选装备实体进行排序。

（2）基于多模态装备维修保障领域数据的集成技术

现代化信息装备的迅猛发展，不仅使维修数据的规模越来越大，而且数据的存在形式也越来越复杂。领域数据以多模态的形式存在，包括数据库、文本、图像、视频等。考虑到多模态数据具有不同层次上的语义表达性，为了从其中获得更全面的知识，提出利用双向空间语义注意力网络对多模态知识进行集成。为了更加清晰地描述，下面以图像与文本两种模态的领域知识集成为例，对具体的解决方案进行阐释。

图像和文本两种模态知识集成的任务可以定义为：给定n个图像$v=\{V_1,V_2,\cdots,V_n\}$和与之对应的n段文本$\tau=\{T_1,T_2,\cdots,T_n\}$，学习得到集成后的信息。因为文本是信息表达最常见的方式，因此用生成的文本数据表示集成后的最终信息。

为解决这一任务，将任务分解为编码和解码两个过程，其中编码过程旨在集成文本和图像信息生成抽象的特征表示；而解码过程则旨在利用集成了多模态的抽象特征表示生成新的文本表示。

编码过程：对于编码过程，提出双向空间语义注意力网络，网络结构分为三个部分，一是文本到图像的注意力网络（Text to Image，T2I）；二是图像到文本的注意力网络（Image to Text，I2T）；三是双向注意力解码模块，是用于将两个网络统一起来的整体学习框架，获取图像文本对的最终生成的集成信息。在两个注意力网络中，图像中的关键目标利用 EdgeBox 预先提取，并利用预先训练的卷积神经网络（convolution neural network，CNN）抽取其抽象特征。

解码过程：对于解码过程，通过设计编码器得到相互注意力下的文本和图像两种模态数据信息的特征向量（简化表示为 c）后，采用基于循环神经网络的解码器生成新的文本表示。

6.4 典型应用

6.4.1 美国陆军全球作战保障系统

美国陆军通过综合集成信息系统，构建起支撑装备维修保障的一体化信息平台，为实现数据融合和数智维修奠定了关键基础。美国陆军装备司令部于 1997 年启动建设陆军全球作战保障系统，用于解决各类保障业务系统因条块化发展所导致的保障信息不能互通的问题，实现战术战役层面各类保障信息的有效融合。系统建成后使陆军保障人员和合同商保障人员可查看完整的保障信息，并基于数据及时做出正确的决策。保障指挥人员可利用"陆军全球作战保障系统"，获得陆军全部装备和物资的近实时信息，从而快速形成决策并下达任务。由于这套系统功能过于复杂，系统开发的速度很慢，历经了二十年的研制与试验，直到 2012 年才开始装备部队，并于 2017 年底形成了完整版本装备部队。

陆军全球作战保障系统是美国陆军以德国 SAP 公司在商业领域获得广泛应用的"企业资源规划"系统为基础，再根据陆军保障业务的需要，增加和修改相关功能所建成的保障信息系统。这套系统集成了陆军保障领域过去使用的多个信息系统，用一个单独的数据库储存所有保障业务数据，以确保陆军保障领域业务信息的无缝融合。系统实现了管理陆军全部的战术补给和维修活动，可向保障人员近实时地提供维修和供应信息，加快保障业务的处理速度，提高保障工作的执行效率。该系统的使用使陆军所有保障业务流程实现了标准化。陆军全球作战保障系统包含五个功能模块：人员管理、仓储管理、物资管理、维修管理、财务管理。

人员管理模块是陆军全球作战保障系统的基础模块。该模块从陆军部队管理保障局获取准确的陆军部队人员和装备编制数据，在系统内构建起部队结构和各种层级关系，以便保障指挥人员来创建保障任务并安排保障人员执行保障任务。利用这个模块，指挥人员可以按任务分派人员，指挥人员分头执行任务，理顺任务流程。

仓储管理模块提供的保障资源信息可用于开展需求计划和预测、净资产计算、规划保障资源交货时间和超量库存控制。仓储管理模块和物资管理模块共同作用，可以智能化地制定保障资源库存配置策略，具有对仓储物品的可追踪能力和可视化能力，能够有效控制库存物资超量、管理可修复备件，以及查询保障资源是否交货。模块的采购和分发功能可提供采购和分发过程的动态报告、流程监控（按期/超期）、在运可视化和完整的订单历史查询等能力。

物资管理模块提供了对陆军所有物资的登记管理与可视化能力。物资管理模块集成了陆军保障领域以前使用的"增强型部队资产登记与供应系统"。通过资产登记模块，陆军作战和保障部门可以完整掌握部队拥有的各类物资。物资管理模块可根据用户的身份提供其职责范围内的物资分配与可视化功能。该模块具备对直至最底层物资的可视能力。利用这一模块，装备、备件及其他各类物资在部队之间的流转变得非常便利，且全过程可追踪。由于陆军全球作战保障系统采用单一数据库，可即时评估各类物资再分配方案。拥有权限的用户还能对单一或多个物品进行搜索，并浏览所有维修相关物资的信息。

维修管理模块提供了装备维修信息，可让用户掌握装备的维修状态，加强对维修人员的资质管理。在装备情况查询界面上，用户可以浏览装备的维修状态，如装备是否完好、是否在修、是否已修完等。只需轻点鼠标，用户即可查看维修工作的顺序、零件的状态及有关该装备的其他信息。

财务管理模块可有效记录战术层面的保障费用。对于保障人员来说，财务管理模块是一个全新的程序。这个模块重在追踪、记录战术保障费用，而不是预算执行情况。大多数的财务交易由系统在后台自动处理，不会影响到用户的使用，无须保障人员介入，保障费用会被自动记录下来。例如，记录单件装备的维修费用，用户可根据这一费用预测一场演习的维修费用。对指挥员来说，财务管理模块是预测经费需求的一个强有力工具。

陆军全球作战保障系统部署应用后，对陆军各级仓库、维修厂、供应管理部门、财务与物资登记管理部门均产生了显著影响。无论是前线作战部队，还是后方补给仓库和维修机构，都采用这套系统，统一管理陆军战术战役层面的保障业务。系统向各级保障人员提供了更加准确、更加及时的信息，帮助维持装备的战备完好性。对实现数智维修而言，这套系统带来的信息融合能力能够实现四个方面的优势：

一是使维修部门能够便捷地管理装备维修任务，快速订购备件。系统将永久性保留维修部门在该系统内的操作记录。维修人员可利用系统规划安排维修任务，并同时跟踪各层次的维修备件，以便快速订购备件，以及检查供应渠道的备件准备情况。利用该系统，还可以实现维修备件在部队内部的横向流动。

二是备件管理部门将能够更好地管理陆军维修备件供需规划。备件管理人员能够获得完整的备件供应态势图，包括装备和备件的位置、状态和分配计划，获得全方位的装备和备件可视性，从而做好应对各种需求的准备。此外，供应部门能够有效规划、确定未来的需求，并及时满足需求。仓库不再需要进行费时的库存清点。配合人工智能技术，管理部门提高了备件需求预测能力，减少了用户等待时间。

三是以准确的保障信息支撑保障指挥部门及时做出决策。利用这套系统，陆军指挥官可获得接近实时的保障业务综合信息、全部资产的可视化、财务管理能力，能够在变化的环境中迅速有效地做出决策。系统使用后提供的备件和装备状态实时数据正在改变陆军保障任务的指挥方式。参谋人员能够准确预测物资将要抵达的时间和装备将具备全面执行任务能力的时间。指挥官能够迅速对战场上的变化做出反应，抓住优势的机遇，规划军事行动。

四是财务部门可有效跟踪战役战术层面保障经费的使用情况。系统将能够及时跟踪与保障相关资金的使用与申请状况。指挥人员则可以根据经费使用情况计算部队演习的保障成本等。陆军全球作战保障系统的财务管理模块还和陆军通用的财务管理系统对接，在陆军财务体系内形成一套可审查的财务记录系统。

6.4.2 某型船用柴油机非结构化数据融合

数智维修信息融合，即包括美国陆军全球作战保障系统建设中所开展的高层信息融合，也包括国内外已经有的大量实践案例的装备系统、子系统级别的低层信息融合。本小节以 TBD234 型柴油机为例，介绍某型船用柴油机数据融合的主要过程和结论。

装备维修数据散见于装备技术手册、维修工艺卡、装备管理信息系统、履历卡、维修工作记录等多种文档中，这些数据既有结构化数据，也有非结构化数据，采用基于机器学习的多源异构知识自动抽取技术，可以从装备设计建造数据及使用维修过程中形成的大量数据中获取用于指导维修保障的信息。

设备构成表是设备技术手册或技术说明书的重要内容之一，柴油机的构造数据可以用形如表 6-1 的设备构成表表示。该表将 TBD234 型船用柴油机的机体逐级分解至零部件一级；对柴油机的其他组成部分，也可采用相同的方式分解。

表 6-1 **TBD234 型柴油机构造表**（部分）

组成编码	名称	组成编码	名称
00	TBD234 型柴油机	011503	销
01	机体	011504	轴密封圈（飞轮端）
0101	机体	0116	冷却水管盖
0102	强力螺柱（用于气缸盖）	011601	盖（用于冷却水管）
0103	气缸套	011602	垫片
0104	O 形圈	0117	机油通道盖
0105	堵头	011701	盖（用于机油通道）
0106	堵头	011702	垫片（用于机油通道）
0107	螺塞	0118	观察孔盖板
0108	螺塞	011801	观察孔盖板
0109	螺塞	011802	密封垫片
0110	轴承衬套（用于凸轮轴）	0119	盖（用于机体）
0111	主轴承盖	011901	盖（用于机体）
0112	主轴承盖	011902	垫片
0113	强力螺柱	0120	前端盖
0114	衬套	012001	前端盖
0115	后端盖	012002	轴密封圈（减振器端）
011501	密封垫片	0121	中间齿轮
011502	后端盖（飞轮端）		

数据融合实际上是在不同数据之间建立语义上的联系，使孤立的数据条目转化为有实际语义且相互关联的整体数据。在构建全面、合理的领域本体的基础上，针对形如表 6-1 所示的柴油机构造数据，按照本体语义，可以明确刻画出不同数据条目之间的层次关系，如图 6-12 所示。图中的每个节点表示柴油机的一个零部件，节点之间的连线表示节点之间的层次关系。可以看出，层次关系图有效地表达了装备不同零部件之间的聚合和依存关系。

使用维修工艺卡一般包含在设备的操作使用手册或维修手册中。表 6-2 所示为 TBD234 型柴油机使用前检查工艺卡的部分内容。同理，可以将该表的数据表达成语义图形式，如图 6-13 所示。

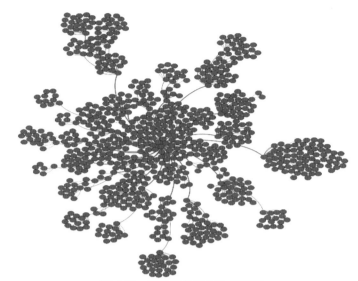

图 6-12　柴油机构造层次关系图

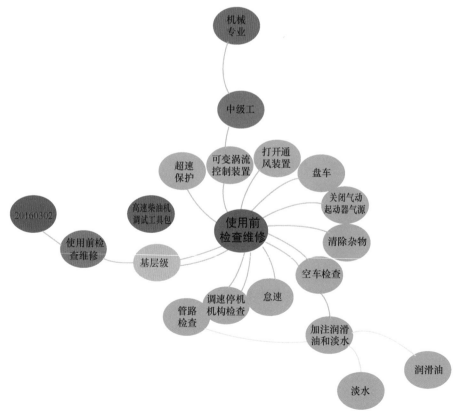

图 6-13　使用前检查维修语义图（示意）

表 6-2　柴油机使用前检查工艺卡（示例）

维修项目编号	组成编码	名称	维修项目	维修间隔
001	00	TBD234 型 柴油机	柴油机使用前 检查与维修	U

安全注意事项：

1. 暖机时小心烫伤

维修设备（工具）、备件、易耗材料、人员需求

1）设备及工具。

序号	名称	规格/型号	数量及单位	备注
	高速柴油机调试工具包	— — — — —	1	7234.019.077.7

2）维修器材。

序号	名称	规格/型号	数量及单位	备注

3）易耗材料。

序号	名称	规格/型号	数量及单位	备注

4）人员。

序号	专业	人数	技能等级	备注
	机械专业	2	中级	

修理步骤及工艺：

使用前检查与维修

1　总则

1.1　向柴油机中加注符合要求的润滑油和淡水。如果是首次使用出厂后封存的柴油机，应使用柴油除去防腐油脂，放干或用泵抽出油底壳内残存的防腐油，然后再加注润滑油和淡水。

1.2　检查所有管路、螺纹连接件和软管接头是否拧紧并处于完好状态。

1.3　检查电缆是否处于完好状态。

1.4　检查调速和停机机构，应能自由运动，检测、停机和遥控设备应能正常工作。

1.5　操纵速度控制手柄，使柴油机处于急速状态，如柴油机和齿轮箱连接，须使齿轮箱处于空车位置。

1.6　清除柴油机上的所有杂物，并将柴油机外表擦洗干净。

（续）

1.7 起动前应盘车 2 圈，若柴油机长期未工作，起动前应盘车 4 圈。盘车前，必须关闭气动起动器的气源。

1.8 打开机舱或机房通风装置。

1.9 每次起动前，应检查可变涡流控制装置和节流阀运动是否灵活。

1.10 查检进气管路上的超速保护装置是否处于打开的位置（即：手柄的位置与进气管长度方向一致）。如果手柄与进气管长度方向成 90°夹角，用手拨动手柄（A 列顺时针转动，B 列逆时针转动），当听到"咔嗒"声时，表明手柄已转动到位。

1.11 ……

假设在使用前的检查维修过程中发生了如表 6-3 所列的故障，可以进一步将柴油机构造数据、维修工艺卡数据及故障记录表的数据全部进行融合，得到形如图 6-14 的数据融合类比地图。从类比地图可以看到，不同来源的装备维修数据形成了不同的图层，在形成对数据统一理解的基础上，利用语义关联抽取不同的数据进行综合应用。例如：结合基于领域数据的多维度知识相关性分析技术，对装备基本原理、技术说明书、操作使用手册、故障及维修记录等维修保障数据进行融合，可以根据维修人员发现的故障现象，按相关性列出可能的故障部位清单及检查或判别方法，指导维修人员对相应的零部件进行检查或判别；并根据维修人员反馈的检查结果调整故障清单及检查或判别方法，从而达成对设备故障诊断及排查的作业引导。

表 6-3　使用前检查故障记录表

检查时间	检查维修项目	维修人员	故障现象	故障部位
20160302	使用前准备与检查	张三	松脱	进气总管
			泄漏	冷却水泵

本案例仅展示了针对柴油机构造数据、维修工艺卡、故障记录表的融合。在实际使用中，还可针对使用和检查中发现的故障现象等，对包括可靠性、维修性和保障性设计文件、操作使用手册、培训教材、故障和维修历史数据等在内的技术资料和维修保障数据进行融合，形成包括故障诊断支持、维修作业指导、应急使用决策建议等更丰富的应用。

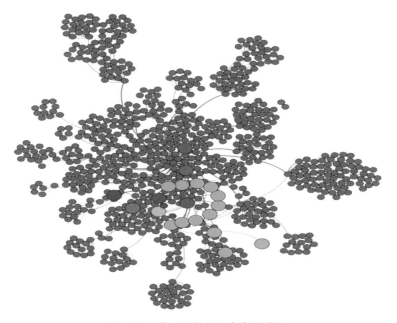

图 6-14　柴油机数据融合类比地图

参考文献

［1］ MANICKAM P, MARIAPPAN S A, MURUGESAN S M, et al. Artificial intelligence （AI） and internet of medical things （IoMT） assisted biomedical systems for intelligent healthcare ［J］. Biosensors, 2022, 12 （8）: 562.

［2］ LIN M, HUANG C, CHEN R, et al. Directional correlation coefficient measures for Pythagorean fuzzy sets: their applications to medical diagnosis and cluster analysis ［J］. Complex & Intelligent Systems, 2021, 7 （2）: 1025-1043.

［3］ EDELMANN D, MÓRI T F, SZÉKELY G J. On relationships between the Pearson and the distance correlation coefficients ［J］. Statistics & Probability Letters, 2021, 169: 108960.

［4］ ZAMINI M, REZA H, RABIEI M. A Review of Knowledge Graph Completion ［J］. Information, 2022, 13 （8）: 396.

［5］ HAO X, JI Z, LI X, et al. Construction and application of a knowledge graph ［J］. Remote Sensing, 2021, 13 （13）: 2511.

第 7 章 数智维修资源保障

在数据智能时代，维修保障系统将"感知"与"响应"相结合，通过全面利用物联网等新一代信息技术，构建起一个网络化的资源保障体系，实时"感知"保障网络各节点的需求；同时，以智能化的工具支撑制定最佳决策；以快速的分发配送能力实现需求的快速"响应"。数智维修资源保障建设目标是为未来信息化智能化战场建立起具备强适应性与灵活性，能够积极主动提供精确集约资源保障的分布式保障系统，以实现对作战保障需求的快速响应和应急处置，并向各类军事行动提供精准保障。

本章以维修器材为例，分析了数智维修资源保障的相关问题，主要介绍了数据智能时代装备维修资源供应的感知与响应模式和维修资源管理的可视化，存储的智能化、立体化及供应的优化决策技术。

7.1 基于感知与响应的维修资源规划

7.1.1 数智维修对资源保障的要求

感知与响应保障将传统的"烟囱"式保障结构，转变成"网"状保障结构，解决了不同部队（机构）、不同层级之间信息难以沟通的问题，感知与响应保障打破了限制传统保障能力的结构桎梏，使保障信息流动更加畅通，为增强保障适应性、提高保障速度奠定了基础。图 7-1 反映了两种保障模式的本质特征。

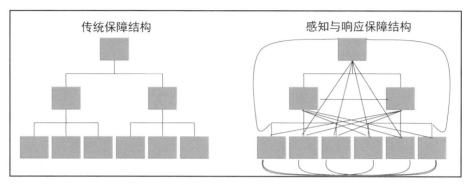

图 7-1　传统保障结构和感知与响应保障结构

在传统保障中，保障部队是按照严格的层级模式建立的。命令和指示从上级下达给下级，信息又从下级反馈给上级。在这种模式下，保障行动相对而言更依赖于其上级和直接保障部队，保障行动一般只能由上级保障机构和相关的直接保障机构供给。在感知与响应保障环境下，虽然指挥依然是层级式的，但保障网络各节点之间相互连通，信息流没有明显的层级关系，各级人员都在共同的态势感知环境下工作。

（1）数智维修要求实现灵活的适应性保障

传统保障方式是"烟囱"式的保障，各军种只负责各自军种内部队的保障，战场空间内各部队的保障均由各自的保障部队提供，保障部队之间缺乏相应的沟通与协作能力，缺乏灵活性。因而，在传统保障中，需要预先制定保障计划，以弥补灵活性较差的不足。未来信息化智能化战场将呈现多维、非线性、快速变化的特征，在这种环境下，传统保障方式由于其自身的局限性很容易产生各种问题，尤其在向事先无法准确预测的军事行动提供保障时，保障系统无法及时改变保障计划与保障策略，无法及时适应保障需求的变化，无法实现预期的保障效果。

传统的供应链在战场上非常脆弱，极易遭受敌方攻击，尤其是随着先进侦查情报系统的应用，未来战场透明度越来越高，精确打击武器使用范围越来越广、精度越来越高，导致保障力量的生存受到了更大的威胁，传统保障链在战场上的隐蔽性越来越差，在未来信息化智能化战场上的生存能力越来越弱。而且，在传统保障中，部队保障来源较为单一，供应链一旦被破坏，战场上的很多部队将面临严重的保障问题。

数智维修要求资源保障由网络中的保障机构以响应需求的方式来提供，各部队（机构）之间的协作能力大大加强。感知与响应保障强调以灵活的保障适应战场的快速变化，保障系统把保障网络内的所有部队（机构）视为一个整体，凭借强大的通信能力，在保障网络各节点之间实现信息的快速流通，全面及时地掌握战场保障态势。认知决策工具能够根据这些变化及时对保障方案做出调整与修改，根据战场形势的变化，及时调整保障计划与方案，因而能够向变化更快、更加不确定的战场提供保障。与传统保障相比较，感知与响应保障不仅能保障线性的、顺序化的军事行动，更能够向未来非线性、不确定的战场提供保障。

适应性保障能力包括两方面的内容：一是保障系统根据战场保障需求实现维修资源最优化分配的能力；二是保障系统根据战场空间内各要素（指挥员命令、战场形势、维修资源状态等）的变化及时调整保障活动的能力。在全态势感知的基础上，保障系统根据各部队拥有的维修资源状况、战场环境条件、各维修资源的优先权、保障规则，从战场空间全局的角度控制维修资源的分配与使用，从而保证保障活动是按照最有利于实现任务效果的方式组织，保证维修资源的使用效率最高、效果最好。

（2）数智维修要求维修资源精准、快速

数智维修要求保障系统具备相应态势感知与全谱资源可视能力，能够及时、准确地了解部队需求，尽早预测需求，同时能够实时精确地控制战场上的维修资源，能够适时、适地、适量地向部队提供其所需的精准保障。

一方面，通过全态势感知，保障系统能够实时准确地掌握保障系统内各维修资源的状态信息，能够按照认知决策工具制定的保障规则，给各维修资源分配优先权，精确地控制维修资源的分配与使用。另一方面，保障系统能够实时了解各部队的战斗力状态、地域分布、拥有资源状况、资源消耗状况、正在执行的任务、未来的任务计划等信息，能够及时准确地了解部队的保障需求。因此，战场空间内的某一节点一旦出现保障需求时，其他节点将根据战场态势与维修资源优先权这两方面的信息决定是否响应，只要这两方面的信息允许该节点响应，保障信息系统将为供求双方制定保障方案，保证所需的维修资源精确地从资源提供方进入需求方。

数智维修要求运输投送系统灵活、快速。传统保障系统对维修资源进行控制、处理与配送的能力不足，不能快速、及时地满足部队的保障需求，部队从出现需求到满足需求之间的等待时间很长，尤其是从后方基地向前线战场输送维修资源的时间过长，影响了部队的战备和战斗力。其次，规模型保障在增加了保障工作量的同时还极易导致维修资源的浪费。速度型保障突出强调保障的速度，包括发现并提出保障需求的速度；保障系统处理保障需求的速度；保障系统控制、处理、配送维修资源的速度等内容。在感知与响应保障环境下，战场空间内所有部队的维修保障资源共同组成了战场内的保障网络，每一支部队既可以是维修资源的需求者，在需要时可以向战场内的其他部队请求所需保障资源；也可以是维修资源的提供者，在必要时将自己的保障资源提供给战区内其他急需的部队。这种做法打破了保障资源严格隶属于各级部队自身，无法从同级或其他非隶属单位获取他人保障资源的传统做法，把传统上战区内逐级链条式的保障模式转变为在全战区内根据任务优先级进行保障资源全局调度使用的网络化共享模式，使战区内保障资源储备和运用更加灵活，减少了需要向战区内投送的保障资源规模，提高了战区内维修资源集约化、精细化使用水平，大幅度减少了维修资源的浪费，降低了保障成本。

在感知与响应保障环境下，战场内各部队（机构）共同构成了保障网络，部队（机构）之间的协作能力得到加强，大量维修资源可以在保障部门之间共享互通，联合保障能力大幅提升。网络化的保障方式分散了传统保障链的维修资源供应压力，分散了保障负担的同时，分散了单个供应链的战场生存风险，提高了保障生存能力。其次，感知与响应保障拥有强大的态势感知和认知决策能力。通过全态势感知，部队能够掌握战场的态势变化，在此基础上，决策人员可以根据最新战场形势规划保障路线和保障方式，计算保障行动的风险并建立起风险消除机制，提高保障行动的安全性，确保保障系统具有一定的抗风险能力。

（3）数智维修要求实现基于预测的主动保障、联合保障

传统保障方式由于采用规模型保障，且不具备全资可视能力，故战场管理混乱，相关数据难以准确统计。在保障效果衡量方面，一般采用的是总体性的衡量指标，如战场吞吐量、总重量、总行程、参与的总人数、完成的任务数等。这些衡量指标只能对保障工作进行粗糙的衡量，仅能在大体上描述战争中保障工作实施的状况，无法量化地衡量保障效果，也无法具体地描述保障对各作战任务最终结果的贡献，为掌握和反馈保障信息带来巨大不便，成为查找保障工作中问题与漏洞的障碍。

较之传统保障方式，感知与响应保障能够通过保障信息系统实时跟踪进入保障系统的全部维修资源，能够精确地控制维修资源的分配与使用，能够准确地掌握各维修资源的流向与消耗状况，因而能够完整、准确地记录全部的保障相关数据与信息。在此基础上，利用信息分析工具可以轻易地发现当前保障工作中存在的问题与漏洞，可以量化地衡量各保障任务产生的效果，可以准确地衡量保障对各军事任务效果的贡献。

实现基于预测的主动保障，需要充分利用与保障相关的数据、信息和知识，分析未来可能出现的保障问题，并针对这些潜在的问题，主动向用户推送维修资源。基于预测的主动保障研究内容包括：可能影响军事任务效果的未来需求模式；供应网络出现延迟、异常及其他破坏性事件的应急处理；运输网络延迟、异常导致保障系统对外部运输能力的依赖性；预测未来形势与环境的变化对保障产生的影响，研究消除影响的办法；研究维修资源的消耗速度；预测因消耗突增或反馈错误造成的资源供应不足；研究作战进程对维修资源供应的影响等。

实现联合保障需要战场空间内各军种、地方机构之间消除保障壁垒，共享维修资源，联合提供保障能力。联合保障能力是感知与响应保障的一个重要目标。该系统为各军种、机构提供了统一的框架结构和接口标准，能够保证各部队（机构）之间共享保障信息，具有同步态势感知能力，为各部队、机构之间形成深层次的联合保障能力提供了信息基础，而保障力量结构采用模块化编组、积木式使用的方式更有利于保障任务的联合与合作。

7.1.2　感知与响应保障系统的构成

感知与响应保障的核心是，利用普遍存在的信息基础设施，在全面感知保障体系内所有用户的实际保障需求基础上，根据作战任务要求，制定最优化的保障决策，对保障系统内的维修资源进行快速分配和补充，实现保障系统对用户需求的快速响应。为此，必须具备三个方面的要素：一是能够获取用户的需求信息，掌握自身拥有的资源信息；二是能够对需求和资源开展分析，提供支持军事行动开展的最佳维修资源分配方案；三是要具备快速维修资源配送的能力，实现保障系统内资源的快速流通与分配。

感知与响应保障本质上是建立起一种以网络为中心的、开放式智能保障系统（其逻辑结构模型见图 7-2）。在逻辑结构上，感知与响应保障系统主要分为三层：实施层、网络层、管理与决策层。实施层包括所有参与实施感知与响应保障工作的单位，如提出需求的部队用户，基地、仓库等供应机构，提供快速配送的运输部门，以及地方相关机构等；网络层是将保障系统各节点连接起来，构成完整保障系统的通信基础设施，是信息传输的通道，包括多种有线和无线通信设施；管理与决策层负责把所有需求信息搜集起来开展综合分析，制定优化保障方案，向决策机关提供决策支持的功能。

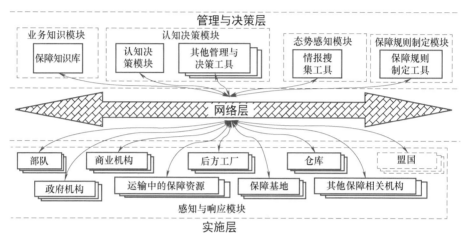

图 7-2　感知与响应保障逻辑结构模型

　　在感知与响应保障中，全部维修资源均由保障系统统一管理，所有的用户都把与自身相关的维修资源和保障需求信息报告给态势感知模块，使保障系统能够及时了解用户的需求状况，还能够对维修资源进行精确控制。在这个逻辑组成中，主要包含了五个组成模块：感知与响应模块、态势感知模块、业务知识模块、保障规则制定模块和认知决策模块。

　　图 7-2 的下半部分是感知与响应模块，该模块是系统的用户层，主要包括保障系统内军队的各级各类单位，以及地方相关机构等能够产生保障需求或能够满足保障需求的实体，他们是系统的各主要节点。感知与响应保障可以通过监视整体态势，动态调整保障决策，并依据预定的或实时生成的决策规则开展规划。

　　图 7-2 上半部分的其他四个模块，构成了系统的管理与决策层：①业务知识模块主要包括为决策提供支持的各类保障数据库、知识库；②认

知决策模块包括保障信息收集、管理、分析、处理所需的相关智能化保障决策工具，分析态势感知模块提供的相应信息，根据业务知识提供的相应保障知识，从保障系统全局的角度进行保障决策；③态势感知模块主要负责提供指挥员的命令，战场态势，供求双方的位置、任务及需求数量，维修资源的位置、数量、质量等实施保障所需的信息；④保障规则制定模块主要负责根据指挥员的命令、各部队的任务及维修资源的优先顺序制定供求双方实施保障的规则。

保障信息在不断的流动和变化中，其相关信息在保障系统的各个子系统中不断交互。基于信息流的感知与响应保障运行机制，建立网络化资源精确保障，实现资源保障信息渠道畅通，确保保障信息流流程优化、通畅、快捷、高效和准确；实现全局性协调各项装备保障业务活动，简化信息业务交互的复杂性，提高保障效率，并可应对资源保障过程中的突发事件；实现资源保障活动的动态监控，利用实现约定的信息流程改正每个保障业务的不完善处，使保障活动动态化；实现实时感知并获取资源保障行动的全域活动过程，通过信息流把握保障主动权，主动制定科学合理的资源保障方案。典型感知与响应保障系统信息流运行机制如图 7-3 所示。

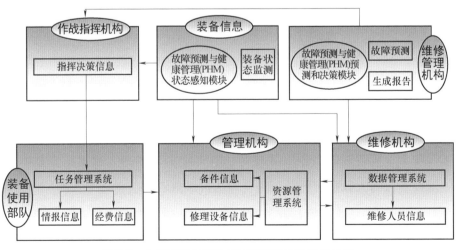

图 7-3　典型感知与响应保障系统信息流运行机制

7.2 维修资源感知与数据分析

从世界范围内的军事装备维修器材管理及使用情况看，维修资源规划与管理是装备保障工程领域最为困难、最具有挑战性的工作之一。在20世纪末之前，即便是世界发达国家军队对装备维修资源需求的掌握都面临十分被动的局面，基本上是依靠经验和类比的方法来预测维修资源需求，特别是针对维修器材的筹措，往往为了保证供应而过量采购和储备，极大地增加了维修器材储存和管理成本，并造成了大量的资源浪费。例如：美国海军海上系统司令部对某型号舰艇在三年的使用周期中的分析结果表明，近60%的维修器材需求不能得到满足，随舰维修器材中只有8%满足了故障维修的要求，有近80%的器材长期闲置、利用率极低。

装备维修资源规划针对装备维修保障海量感知数据，将智能处理技术应用于装备维修资源业务领域的大数据分析，利用大数据智能分析相关关键技术，建立装备维修资源业务数据智能分析系统，从而实现装备维修资源业务数据全寿命周期有效管控、分析和利用，提高装备维修资源数据利用的能力和智能化水平，为装备维修资源大数据管理和决策提供智能支持。维修资源大数据分析主要内容：

1）建立维修资源感知综合数据集。包括维修、器材、装备动用、战时保障、人员及训练的数据集。

2）研究大数据智能分析关键技术。针对装备资源保障大数据研究和建设中存在的一些基础性、机制性问题，将智能处理技术应用于装备维修资源业务领域的大数据分析，研究突破多源异构数据知识图谱构建技术、基于计算智能的数据服务技术、面向应用领域的大数据挖掘技术等关键技术，为大数据智能分析和管理装备维修资源奠定技术基础。

3）建立装备维修资源业务数据智能分析管理系统。针对海量感知数据的分析应用不系统、不规范、不持续，难以满足日常业务对数据资源高效利用需求的问题，结合维修资源管理业务特点与应用场景，开发基于大数据智能分析技术的管理系统，通过分析挖掘出海量业务数据中的隐含规律和服务模式，有助于自动优化业务流程，提高管理需求的预测精度。

4）支持装备维修保障信息融合、任务规划、装备资源管理、精准保障等日常业务应用。

7.2.1　维修资源数据感知

通过装备维修资源物联网可以感知装备维修资源的状态，其涵盖了从维修资源的生产直至回收的全过程，如图 7-4 所示。从供应链的角度进行分析，可以把装备维修资源物联网的理论模型分为三层：感知层、网络层、应用层。

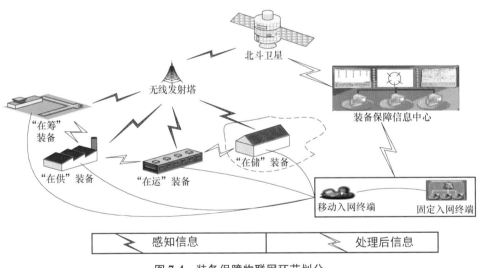

图 7-4　装备保障物联网环节划分

感知层。实现信息的感知，即自动识别并采集所需装备维修资源信息。针对不同环节，可采用不同的信息感知设备。例如"在储"装备维修资源可以采用射频识别（RFID）标签或无线通信网络进行定位感知，而"在运"装备维修资源由于运行范围较大，则必须借助于移动通信和卫星定位。

网络层。网络层主要实现两个功能：一是初级信息的解码和再处理。

经过解码和再处理后，初级信息变成适合于不同用户的分类信息，并存储在分布于网络上的分布式数据库，以供各类用户调用。例如，装备维修资源仓库获取了一箱器材，通过阅读标签得到了它的特定编号，即得到初级信息，而后再通过网络调用分布式数据库中该编号所对应的信息，从而完成了对装备维修资源的感知。二是实现信息传输。下级单位向上级汇报、装备维修资源信息获取等都需要借助于网络层。这就需要统一装备维修资源编码标准并设计标准的系统接口。传输网络主要包括军队综合信息网、北斗卫星通信系统等。

应用层。装备维修资源物联网将应用层划分为三部分：应用系统、载体和终端。应用系统主要包括装备维修资源筹措系统、供应系统、存储系统、运输调度系统等，这些系统可调用装备器材保障物联网的资源。载体是指安装有装备维修资源物联网应用终端的设备设施或人员。终端有固定式、车载式、手持式等类型。根据其所搭载的载体不同而有所区别。在装备维修资源指挥机构安装的监控设备是固定式的，在各种保障车辆上安装的监控终端是车载式的；配发给单兵，用于定位、导航、查询等功能的手持机是手持式的。

7.2.2 维修资源数据智能分析

近几年来，将人工智能与大数据相结合的理论和技术研究成为热点，以谷歌 AlphaGo 战胜人类棋手为标志，基于计算智能的大数据分析已经进入新的发展阶段，其最大特点是不需要建立问题本身的精确模型，不依赖于知识表示，而是在观测数据上直接对输入信息进行处理，这一特点非常适合于解决大数据分析中那些由于难以建立有效形式化模型且用传统技术难以解决，甚至无法解决的问题。将人工智能与大数据等新技术作为装备维修资源智能化建设的重要研究方向，通过突破关键技术和创新应用模式，着力解决装备维修资源大数据研究和建设中的基础性、机制性问题。

装备维修资源数据智能分析管理系统采用分层的技术体系架构，包括多源异构数据知识图谱构建技术、基于计算智能的数据服务技术、面向应用领域的大数据挖掘技术三个方面：

多源异构数据知识图谱构建。基于图的知识表示和存储能够更有序、有机地组织知识，在解决知识查询的精度及可扩展性方面展现出了巨大的优势。多源异构数据关联性模型和知识图谱构建技术以不同业务属性、结构化和非结构化数据为研究对象，研究基于图的知识图谱，包括知识提取、知识表示、知识存储等三类。知识提取包括实体映射、概念抽取、属性定义、实体关联等相关技术，支撑本体的构建；资源描述框架/资源描述框架架构（RDF/RDFS）、Web 本体语言（OWL）、可扩展标记语言、属性图等表示方法形成知识的建模和表达；知识图谱主要以图的形式存储于数据库中，典型的数据库包括 Google 的 Freebase、微软的 Satori、OrientDB 及 PostgreSQL 等。

基于计算智能的数据服务。在大数据应用中，数据受到采集设备的精度、系统状态变化的随机性和非线性、自然环境等不可控因素的干扰，导致获得的数据普遍存在复杂性和模糊性。基于计算智能的数据服务技术旨在建立一种类似于人脑信息处理机制的多层神经网络，通过逐层组合低层特征来获得更抽象的高层特征表达，以发现复杂数据内在的分布式特征表示，弥合由于事物之间差异的中间过渡性引起的划分上的不确定性，增强了推理结果的可解释性，能够更深刻地刻画出海量数据中蕴藏的丰富信息，是一种已经得到广泛应用的计算智能方法，对于定性或以语言变量描述和分析大数据具有巨大的应用潜力和实用价值。

面向应用领域的大数据挖掘。在构建知识图谱和智能数据服务的基础上，结合装备维修资源业务领域，将大数据挖掘作为智能分析的有效解决方案之一。例如，可结合历史情况，对形势和发展走向进行预测，从而提高信息融合的准确性；利用筹划决策知识图谱分析解决战场维修资源任务规划的规模化计算问题，从而支撑快速、高效和精准的任务规划；利用深度神经网络来构建大数据分析模型，深刻揭示海量数据中丰富而复杂的信息，从而提高装备维修资源管理的科学性；以战场和保障知识图谱为主,辅以实时监测战场装备和力量变化,通过关联比对和分析,为装备维修资源精确化管理提供最优的解决方案。

以感知的维修资源数据为基础,可以确定维修资源需求。结合装备维修保障与维修资源消耗的关联关系,可得到维修资源数据分类方法,并以此为基础,分别构建非预防性装备维修资源消耗量预测模型与预防性装备维修资源消耗量预测模型,从而确定整体维修资源消耗量预测模型。

通过分析维修与维修资源消耗的关联关系,确定基于维修类别的维修资源分类方式,并将感知的维修资源消耗数据分类,从而为维修资源消耗预测模型的构建奠定数据基础。结合所确定分类装备维修资源消耗数据,分别面向预防性装备维修资源与非预防性装备维修资源构建模型以预测维修资源需求量,进而确定装备维修资源需求量。以维修器材为例,预测模型构建流程如图 7-5 所示,装备维修资源需求量预测模型的构建,为维修资源库存补充供应的优化奠定了基础。

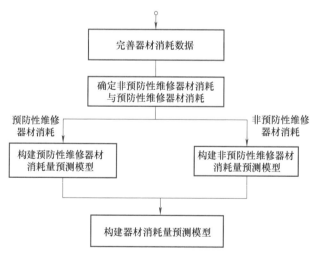

图 7-5　器材消耗量预测模型构建流程

7.2.3　维修资源储存与管理

智能化的维修资源存储与管理一般依托自动化立体库。而自动化立体库是一种用计算机控制的堆垛机或穿梭运输车，结合输送机等机械设备进行维修资源存储与收发作业管理的仓储系统。

自动化立体库由相应建筑结构和高层货架、堆垛机、输送机、穿梭车、搬运设备、仓储信息系统及相应的辅助系统等软硬件设施设备组成。涉及机械、电子、自动控制、计算机等多种技术。自动化立体库是实现高效率物流和大容量储藏的关键系统，在现代化生产和物资流通中具有举足轻重的作用。目前，在装备资源存储管理领域已开始广泛建造和应用自动化立体库。

智能化的维修资源存储自动化立体库的建造技术要求高、投资大、周期较长，但其自动化、智能化程度强，收发作业效率高，且与其他物流环节衔接紧密，涉及保障物资管理流程的再造，可极大地提高物流管理水平，具有较大的经济和军事效益。此外，其主要特点可分为两方面：一是提高了库房利用率，自动化立体库充分利用高层货架储存技术，极大地提高了库房的空间利用率；二是自动化程度高，自动化立体库采用计算机管理、自动检测装置、信息识别装置、控制装置、通信、监控调度、图像监视等设备，可以快速地自动完成存取作业信息收集、识别、装备维修资源作业决策、存取、拣选、清点和盘库，有效地提高了仓库储存能力，实现了维修资源存储管理的智能化。

智能化的维修资源存储自动化立体库依据其建筑面积进行功能分区，结合存储需求及库房定位，库房主要分为托盘存储区、料箱存储区、出入库输送区、出入库作业区、应急作业区、辅助管理区等。其中，托盘存储区用于空托盘物资的存储，采用托盘堆垛机配合托盘立库货架的形式；料箱存储区用于料箱物资的存储，采用多层穿梭车、料箱提升机、穿梭车换层提升机配合料箱立库货架的形式；出入库输送区作为托盘物资、料箱物资的出入库作业，包含物资货物外形检测、称重、扫码识别等；出入库作业区作为物资入库装卸暂存整理、出库发货暂存等；应急作业区作为应急作业通道或者维修作业通道。辅助管理房区，可以设置保管员工作室、配电室、消防控制室和工具间。

维修资源存储自动化立体库的作业流程一般包括入库作业流程、出库作业流程、盘点/抽检作业流程。

入库作业流程包括卸货、绑定组盘、扫码称重检测、自动入库;出库作业流程包括堆垛机(穿梭车)取货、输送机和直线穿梭车输送,拣选、将物资送至出库口、装车。盘库时对存放单一品种的物资,系统会控制巷道堆垛机自动对盘点物资进行扫描清点;对存放多个品种的物资,系统会自动将需要盘点的物资依次调出,交由操作人员清点,自动形成盘点清点报告。

上述作业流程的管理与控制主要是由仓储信息系统实现的。

仓储信息系统可完成立体库的物流作业自动化、智能化管理。作为核心,系统主要进行库内物流信息的管理和硬件设备的自动化调度。一方面可以对库内物流传输过程实施全程控制和快速信息跟踪、反馈,以保证系统信息的实时性和准确性,并实现自动化仓储作业的全面控制与管理。另一方面可以为上位信息管理系统提供所需的物流信息,为各管理部门提供有效的运行信息和辅助决策信息。

仓储信息系统一般由仓储管理模块(WMS)和仓储控制模块(WCS)构成。仓储信息系统通过仓储管理模块实现了与上层物资管理系统的信息交换,接收物资出入库任务单,并将任务单发送给调度监控层,采集、跟踪、存储各种物流信息,并对物资信息进行归类、整理和综合处理,实现了装备维修物资的存储管理;通过仓储控制模块可接收仓储管理模块的物流管理信息,将其分解并通过网络下达给具体的作业执行层,通过构建的模型,对穿梭车、堆垛机、自动导引运输车(AGV)等设备进行各项复杂的任务控制。实现了对库内装备维修物资物流的统一调度,并对各个物流环节、设备状态、流程进行监视和控制,两大模块协调作业,可无缝完成自动化立体库房的全部物流环节。

7.3 维修资源可视化与保障建模技术

7.3.1 维修资源可视化技术

（1）维修资源存储可视化

仓库库房业务管理和设备设施的管理完善程度，决定着仓库的存储能力和水平。随着科学技术的发展和仓库机械化、自动化的逐步实现，仓库拥有的设备种类越来越多，技术性也越来越强，设施更趋完善。因而仓库的业务管理与设备设施管理已成为仓库管理的重要一环。实现可视化管理，搞好仓库设施建设与管理，对于加速实现仓库管理现代化具有重要意义。

装备维修资源存储可视化。装备维修资源状态管理模式可以采用基于射频识别/掌上计算机（RFID/PDA）的业务管理可视化系统和基于LED 电子标签的业务管理可视化系统互相独立或相互配合运行并完成仓库业务管理任务。基于 RFID/PDA 库房管理系统以射频识别（RFID）为主要信息载体，记录每件装备器材的信息或每个货位的存储信息，通过掌上计算机获取并更新；而基于 LED 电子标签的业务管理模式，主要是通过 LED 电子标签来实现仓库业务管理过程的电子化、自动化，也可以实现业务流程的优化和可视化。在仓库应用过程中，基于 RFID/PDA 的模式和基于 LED 电子标签的模式可以根据不同的需求和应用环境进行选配。

装备维修资源仓库库房监控可视化。基于装备器材保障物联网的器材仓库库房设备设施管理，包括对环境信息监测和智能控制等进行数据和流程分析。用于监控的传感器能够安装在任意所需监测的地方，如军事区域、部队营区、仓库、电子厂房、机房、温室等对环境要求高的场合。

装备维修资源状态管理三维可视化。储存器材管理的主要作用是辅助业务管理和库房设备设施管理两项功能的实现。库房设备设施管理和业务管理是信息的感知和传输过程。储存器材管理则是信息的可视化显示过程，其作用是为用户提供更加直观且有参考价值的信息，管理部门可以在装备器材保障物联网平台上，根据虚拟可视化仓库来获取器材仓库"在储"装备器材信息，而无须亲自到库区内部检查。

（2）基于地理信息系统的维修资源可视化技术

装备维修资源是对装备实施有效技术保障的物质基础，是为使装备系统满足战备完好性与持续作战能力要求所需的全部物资与人员。对维修资源的科学管理、有效配置，是装备形成、保持和提高战斗力的关键。

装备维修资源的供应保障是否及时有效，将直接影响到装备的战备完好性，过多的资源配置会导致使用费用的增加，只有合理地配置资源才能在有限费用的情况下，最大限度地保障装备维修资源的供应需求，因此科学而准确地预测维修资源需求是保证及时有效供应的关键。

基于地理信息系统（Geography information system，GIS）的维修资源可视化是在原地理信息系统的基础上，增加对装备维修资源信息的管理与控制。地理信息系统是一种功能强大，能够处理多种地图（如矢量地图、光栅地图）数据的系统，能够实现地图的显示、地图的定位、地图上对象属性的访问和设置、地图的编辑、地图的打印等功能。装备维修资源信息主要包括维修资源的种类（资源 ID 号、名称等）、供给数量、使用消耗情况、费用情况、保障手段的优化决策、维修资源的空间位置、运输方式及途径等，在地图中将装备维修资源信息与其配置的空间位置信息相结合，将两类信息连成一体，实现维修资源信息与所显示地图的漫游、定位、关联、查询、放大/缩小、打印等操作，即可完成维修资源全过程的可视化工作。

7.3.2 维修资源建模与优化方法

维修资源建模与优化方法主要包括：单项法（又称传统法，20 世纪

70 年代以前）、基于需求的方法（20 世纪 70 年代）、系统分析法（20 世纪 80 年代）、以可用度为中心的建模方法（20 世纪 80 年代至 20 世纪 90 年代初）、基于战备完好性的建模方法（20 世纪 90 年代中期至 21 世纪初）。目前，在基于战备完好性的建模方法基础上进一步延伸发展为"基于战备完好性工程"的建模方法。

（1）单项法

单项法普遍使用于 20 世纪 70 年代之前。该方法通过对某个单项维修器材的库存管理费、订货费和短缺费进行分析，利用一个简单的公式来确定该项器材的配置量及采购方案。单项法应用库存论的基本公式，即 20 世纪初由威尔逊提出的最优批量订货公式（Economic order quantity，EOQ）：

$$\begin{cases} Q^* = \sqrt{2\lambda\Omega/tc} \\ R^* = \lambda \cdot T_d + k\sqrt{\lambda \cdot T_d} \end{cases} \tag{7-1}$$

式中，Q^* 为经济订货量；R^* 为最优订购时间点；λ 为器材的年平均需求量；Ω 为器材的订货费用；t 为器材年库存管理费率；c 为器材单价，T_d 表示采购延误时间（供货周期）；k 为安全系数。

单项法沿用多年，只需要对采购的器材库存数量进行决策，而无须考虑其他影响因素，因此操作起来简单易行。但该方法的缺点是在决策过程中无法控制系统所属所有维修器材总费用及器材需求的满足程度，因此按照单项法分析得到的方案结果有可能存在经费投资不合理的现象。

（2）基于需求的方法

器材管理人员需要重点关注的问题是"现有的器材存量是否能够满足需求"。因此，在 20 世纪 70 年代，器材保障规划建模由单项法发展为基于需求的方法。基于需求的方法是通过记录产品单元在观测周期内的故障次数和器材消耗量，根据历史数据预测器材消耗规律，从而计算器材需求率，见下式（7-2）。再根据设定的器材需求满足指标，即器材期望满足率（Expected Fill Rate，EFR），来确定器材库存量。

$$\mathrm{EFR}(s) = p_{\mathrm{r}}(x=0) + p_{\mathrm{r}}(x=1) + \cdots + p_{\mathrm{r}}(x=s)$$

$$= \sum_{x=0}^{s} p_{\mathrm{r}}(x) \tag{7-2}$$

式中，s 为器材配置量；$p_{\mathrm{r}}(x)$ 为器材需求量概率分布，一般情况下按照泊松分布计算；$\mathrm{EFR}(s)$ 为在配置量为 s 的情况下，能够满足器材需求的概率。

该方法的关键是要对器材消耗规律和需求量进行准确的预测，如果得到了准确的预测结果，就能够根据式（7-2）计算器材的配置量。但该方法的缺点是在决策过程中无法控制器材保障方案所形成的装备可用度，因此计算得到的方案可能会出现满足率高而装备可用度低的现象。一般来说，器材满足率是仓库管理人员关注的问题，而装备可用度是装备使用者关注的问题。

（3）系统分析法

装备管理人员在制定器材保障方案时会经常遇到这样的问题：如何确保装备维修工作不会因器材短缺而延误，需要追加多少经费才能使器材保障能力从现有的水平提升到更高的百分比；装备供应可用度与费用之间有着怎样的变化关系；当前的器材保障体系结构是否合理，若不合理，需要从哪些方面进行改善。针对上述问题，在传统的单项法和基于需求的方法基础上，提出了系统分析法。

系统分析法中引入了一个与装备供应可用度密切相关的效能指标——期望短缺数，也称期望后订货数。器材短缺将会导致故障设备不能得到及时维修而造成长时间停机，满足率仅是衡量器材发生需求时所能满足的程度，而短缺数是衡量缺少器材的持续时间。对于单项器材而言，期望短缺数（Expected Backorders，EBO）对装备供应可用度 A 的影响可表示为：

$$A = 1 - \mathrm{EBO}(s)/N \tag{7-3}$$

式中，$\mathrm{EBO}(s)$ 为在器材库存量为 s 时的期望短缺数；N 为装备的部署数量。

如果考虑到装备系统中所属不同器材的影响，则装备供应可用度可表示为：

$$A = \prod_{i=1}^{n} A_i = \prod_{i=1}^{n} \left[1 - \mathrm{EBO}_i / (N \cdot Z_i) \right]^{Z_i} \tag{7-4}$$

式中，i 为系统所属的器材项目编号；Z_i 为第 i 项部件在装备中的单机安装数。

采用系统分析法能够考虑装备中不同器材项目对系统效能的影响，通过在器材保障效能和费用之间进行权衡，对器材方案进行集成优化，与此同时，还能够生成系统最优费效曲线，而费效曲线能够为决策者制定器材方案提供依据。

（4）以可用度为中心的建模方法

以可用度为中心的建模方法是在系统分析法基础上发展而来的。可用度是衡量装备效能的重要指标，对于集群装备，可用度表示某一随机时间内可工作装备数占总数量的百分比；对于单台设备，可用度表示该设备处于可用状态的时间占运行总时间的百分比。装备可用度可进一步分为"使用可用度""供应可用度"及"维修可用度"。以可用度为中心的建模方法是在系统分析法的基础上，计算最优器材保障方案使装备可用度达到最高。

（5）基于战备完好性的建模方法

除了与使用可用度相关外，装备的战备完好性还与装备任务强度密切相关。例如，装备任务间隙时间充分长时，一般的维修和更换活动不会影响装备执行下一阶段的任务，若间隙时间非常短，则下一阶段的任务计划会受到影响。因此，在以可用度为中心的方法基础上，结合装备的任务剖面，发展基于战备完好性的建模方法。美国海军将"基于战备的器材配置方法"作为舰船器材储备的指导原则，能够显著提高舰船武器系统的作战能力。

按照"基于需求的建模方法"，系统所需的器材量是根据历史故障数据确定的，而"基于战备完好性的建模方法"是根据关键子系统的战备完好性要求来确定器材量的，充分考虑了可能影响系统正常工作的、随机出现的器件故障。基于需求的器材模型适用于机械类器件，主要是由于磨损而导致的故障。电子产品的故障通常是随机的，因此在确定电子类器件的器材量时，必须考虑武器系统的战备水平。当前，在基于战备完好性的建模方法基础上进一步延伸发展为"基于战备完好性工程"的建模方法。相关资料显示：在使用"基于需求的建模方法"时，舰船"密集阵"近程系统的可用度只有45%，"宙斯盾"系统的可用度只能达到24%；而利用"基于战备完好性的建模方法"时，"密集阵"近程系统的可用度达到87%，"宙斯盾"系统可达到91%。

7.3.3　维修资源模型开发及应用技术

在维修资源规划理论研究基础上，一些国家致力于理论与实践的结合，重视维修资源规划模型的工程应用，并相继开发了先进的保障规划模型软件，表7-1列出了部分维修资源模型软件的功能介绍。经过长期的数据积累和对核心模型的改进，这些模型的操作性能和输出结果可信度不断提高，被广泛应用于军事、航空航天及商业各个领域。通过大量的实践证明，应用模型软件为用户节约保障费用的同时，还能够显著提高装备可用性。

表 7-1　部分维修资源模型软件的功能介绍

全称	模型软件简称	开发设计单位	主要功能介绍
综合后勤模型（Logistics composite model）	LCOM	美国兰德公司	用于分析基地级的维修资源对飞机出勤率的影响，以及与装备可靠性、维修性、保障性密切相关的性能参数的影响，普遍应用于陆、海、空各领域
多等级多层次器材库存优化（VARI multi-echelon technique for recoverable item control）模型	VMETRIC	美国决策工具支持公司	以保障费用为约束，装备使用可用度为目标，求解并优化多个维修等级、多个约定层次的器材配置方案，能够模拟装备系统使用、故障维修过程，评估装备任务持续能力

（续）

全称	模型软件简称	开发设计单位	主要功能介绍
后勤保障仿真与器材优化（The leading logistics support and spares optimization tool）模型	OPUS10	瑞典 SYSTECON	具有强大的费用/性能建模和优化能力，能够优化器材分配并设计后勤保障解决方案，以最低的保障费用达到装备可用性要求，具有优化的维修地点分析和维修级别分析，可直观输出结果
系统运行和保障体系仿真（Simulation of logistics and operations）模型	SIMLOX	瑞典 SYSTECON	通过模拟装备系统的运行、故障维修活动来分析保障方案与装备完好性之间的关系，可进行维修资源配置的可持续评估，分析有限的维修资源对系统任务成功性的影响
基于寿命周期事件的费效分析（Monterey activity-based analytical platform）模型	MAAP	美国决策工具支持公司	可用于总成本/寿命周期费用的全寿命周期成本（LCC）计算和保障效能分析，以及多种类型的维修资源优化，实现对装备系统保障方案的权衡分析与评价
面向多时期的器材动态优化（TFD engine for multi-period optimization）模型	TEMPO	美国决策工具支持公司	用于在"特定关键阶段且采购期长的昂贵产品"与可以提供"即时性能且采购期短的非昂贵产品"之间的预算权衡分析
供应链优化（Supply chain optimization）模型	SCO	美国决策工具支持公司	后勤保障链优化及全资产可视化管理系统，在资产管理数据库的基础上，实现对器材库存、装备维修、资产及维修设施的动态管理
空军基地后勤模型（Single airbase logistics model）	SALOMO	荷兰皇家空军	主要用于飞机在和平时期的使用与维修分析，能够预计一个空军基地的多个重要指标，如飞行小时数和任务执行率等

综合后勤模型（Logistics composite model，LCOM）是一个基于蒙特卡洛方法、资源排队论、系统工程的仿真工具，最早主要用于空军维修人力资源与飞机出勤率的研究，目前它被作为一个策略分析工具使用。它的特点在于，能够将基地级的维修资源相互联系起来，并分析它们对

飞机出勤率等与装备的可靠性、维修性、保障性关系很密切的性能参数影响。综合后勤模型也在进行改造性开发，通过向高级体系结构（HLA）规范过渡，使综合后勤模型具有更好的系统兼容性、可互操作性、可重用性及软件可移植性和便携性。

多等级多层次器材库存优化模型是美国决策工具支持公司（Tools for decision，TFD）研制的一款多等级、多层次、多系统的器材库存优化工具，主要面向装备设计部门、装备供货及使用部门，在功能、性能及灵活性上处于世界领先水平，运行速度快、结果准确、所需数据少、简单易学、便于使用。多等级多层次器材库存优化模型在器材库存优化计算过程中，能够在同时满足装备使用可用度及器材费用指标约束条件下进行，主要目标是将装备故障所造成的损失减小至最低限度，将装备器材库存成本压缩至合理范围内的最低水平。目前，多等级多层次器材库存优化软件已经发布 4.0 版本。多等级多层次器材库存优化模型主要包括零件管理、系统构型建模管理、保障点管理、保障结构建模、想定建模、器材优化、结果分析与报表等功能模块，能够在给定的维修作业体系、器材存储供应模式、保障环境及任务想定下，预测器材品种及数量，优化器材存储结构及布局，生成器材配置方案、器材采购方案。多年来广泛应用于重大项目中（如 F-35 战斗机、B-2 轰炸机等），并取得明显效果，为 F-35 战斗机节约了 50% 的器材费用，使该模型的正确性得到广泛认可。

后勤保障仿真与器材优化模型是一个多功能器材保障规划分析模型，它可以用来解决与保障相关的各种问题，如保障方案、保障费用、系统可用度等。它是能够在备选的后勤保障机构、系统设计参数、维修策略、库存策略、商业利益等问题之间进行权衡的研究与决策工具。后勤保障仿真与器材优化模型经历了 30 年发展，在确定器材需求方面与其他方法相比，达到了前所未有的精度。通过用户的使用评价，认为该模型可以：降低维修费用（超过 50%）；降低器材费用（通常可达到 20%~30%）；在给定预算的条件下实现更高的系统可用度；降低与大量器材库存有关的其他费用（储存、登记、员工工资等）；在最小化参数（价格、故障率、周转时间等）变化带来的风险中，其确定的最优结果具有较强的鲁棒性；模拟非常灵活的供应保障活动；比较不同的备选方案；确定优化的器材配置/分类；确定最优的维修位置；选择最佳效费比的解决方案。

空军基地后勤模型（Single airbase logistics model，SALOMO）是荷兰皇家空军开发的一个后勤保障模型。该模型目前主要用于飞机在和平时期的使用与维修分析。它能够预计一个空军基地的多个重要指标，如飞行员的飞行小时数和 F-16 战斗机执行任务率等。为了研究使用过程与保障过程之间的关系，或对可能的维修与使用策略进行比较，用户可以通过改变 SALOMO 的输入参数对不同的备选方案进行评估。因此，SALOMO 为用户提供了一个很好的决策支持平台，能够辅助对 F-16 战斗机部署水平和飞行员技术水平进行分析，从而支持对空军基地的管理。

7.4　典型应用

7.4.1　某部队装备智能仓储与运维典型实践

传统装备仓储空间利用率低，设施设备老化，直接影响了装备、设备的贮存质量及运转效率，无法有效保持装备的完好性。随着智能化、物联网技术的快速发展，现代装备仓储信息化智能化水平不断提高。现代化仓储能够实现信息的安全传输、交互与处理，依托海量信息，深度挖掘与利用数据，围绕装备在仓库中的管理、测试、维修活动，进行智能决策与规划、高效而准确的调度并使用仓库内的各种保障力量，依托自动机器人等执行手段实现装备在仓库各环节的自动运行，促进各流程的精确高效、灵活智能，为用户提供适时、适量、高质的装备和技术支持，实现装备精准保障。

某部队装备智能仓库通过核心控制系统智能管控平台软件将指令信息、控制信息等下发至智能转运系统、智能转载系统、测控系统、高密度智能贮存系统，完成对各类任务调度、装备与设备管理、信息管控、综合监控等功能。

（1）智能化装备仓储主要特点

一是高密度贮存。 面向多类型多型号的装备，通过缩小贮存间隙、立体高密度贮存等方式提升空间的利用率。针对不同吨位的产品，可依托柔性可变形货架或通用型托架适应产品外形尺寸和重量，从而实现对多类产品的通用贮存，同时通过科学高效的贮存管理与使用模式，提升产品存取效率。

二是自动转载与转运。 针对仓库内贮存的各类产品，具备快速输送和转载的功能，通过全向运动的自动化输送车和自动化转载机器人实现，可大幅减少作业时间；针对不同种类的产品，自适应转载结构，吊装不同外形、种类的装备，同时运用人工智能手段，可实现执行机构的自调整，促进转载流程实现多兼容自动化，减少时间和人工成本耗费，进一步提升仓库中的流转效率。

三是自动测试。 针对仓库中内批量贮存的需测试的产品，具备快速批量测试能力，并且具备数据自动判读功能，通过智能主控终端集成产品测试智能供配电、测试及控制信息智能化、开放式测试任务调度管理等手段实现，在硬件设备方面应用通用化、模块化思路，针对不同产品并行测试实现即插即用，从而使大量产品可在短时间内即可完成测试，促进整个测试流程的效率大幅提升，确保一定数量的产品处于随时可用的状态，另一方面也可实现随用随测。

四是快速准备。 伴随着各类任务的下达，处于半成品/待组装等状态的产品需快速完成准备，同时需具备快速完成更换部组件等能力，该功能通过自动化的机器人及视觉识别系统等实现，通过自动化工作台和测量系统实现产品部件的快速组装，以及部分组件的更换，从而确保产品的快速组装和持续供应能力。

五是智能化信息综合管控。 基于仓库内多源的信息、庞大的数据、繁杂的装备与设备，以及丰富的流程，建立统一的智能化管控，通过多维信息智能实时感知、信息安全可靠传输、多源信息融合处理和基于云技术的大数据存储与挖掘等技术实现，协同感知环境、装备、人员信息，融合与处理海量动态信息，实现信息的动态处理与态势演化，从而支撑智能辅助决策；同时依托智能调度、资源规划和多任务流程工序优化技术，科学规划仓库运维，针对紧急与非紧急等任务状态，合理快速分配和调度资源，有效保障仓库各自动化系统稳妥高效运转，以提升快速供给能力。

六是智能维修与保障。针对仓库中的故障产品，为快速恢复其性能，具有故障快速诊断与智能维修等功能，以实现库房内产品及其他自动化设备的装备维修保障支持，从而提供智能化、自动化的故障预测与健康管理，为操作人员提供装备维修保障辅助决策。该项功能通过基于数据驱动的算法，利用全寿命周期内同类产品的海量数据与测试结果建立与校准数据模型，给出典型故障的数据表征现象；利用产品全寿命周期内各类使用、测试、维修等信息，对装备当前健康状态进行评价，为产品出库提供辅助决策支撑。

七是自动化保障等功能。通过集中的统一管理系统进行保障管理，为仓库提供有效的供配电、卫生等管理及环境条件保障，确保各项工作的有序开展。

（2）综合监控与信息管理系统

综合监控与信息管理系统能够全面采集装备、设备各类信息，显示电子地图、执行任务命令等，并接收分系统发送当前工作状态及各类信息；通过对装备的三维建模，根据采集的相关装备及环境信息，实现数据驱动和场景再现；实时监控包括装备外观数据（表面形体、橡胶制品老化、油渗漏、车辆运转情况、铭牌标志），以及装备性能状态（工作电压、电流、机械设备的运转精度等技术参数）。

综合态势概览。 通过地图能够显示仓库内部的整体布局概览，从而提供对内部场景建模，采用三维场景显示，可对内部所有装备、设备、设施、人员进行标定，并显示其实时状态信息。同时可显示区域温湿度等信息的实时统计及显示，完成对产品数量、类型、特点的跟踪显示。

状态显示监控。具备显示当前仓库内部所有设备实时状态信息，并在电子地图上实时动态监控显示，实时更新。可实时查看仓库内各时间段、各功能区计划任务的执行情况，包括未开始、执行中、已完成等，所有信息均以可视化形式展现。点击各状态任务，可查看该状态下任务的详细列表，包括任务名称、任务计划开始时间、任务计划结束时间、任务实际开始时间、任务实际结束时间、任务偏离计划原因等。点击具体任务名称，可以展示该任务的实时状态信息。

全场景虚实映射。通过 3D 模型与真实设备连接，实现贮存货架、自动输送装备、自动转载等设备的实时运行状态监视。获取 AGV 设备实时位置、姿态等数据，用于远程操作辅助支撑；展示设备在选定时间段内的利用率情况；监控设备运载情况，包括工作时间、传送路径、负载情况、运行速度、剩余电量、贮存货架上产品情况等，如图 7-6 所示。

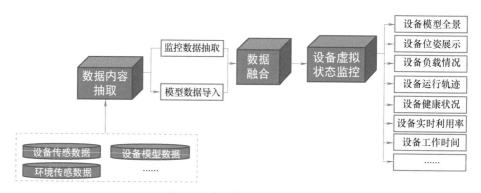

图 7-6 全场景虚实映射流程

维修器材管理。可实时查看仓库中各功能区内现有产品和设备的备品、配件、专用工具、通用工具、耗材及其他相关工具的种类、数量、状态等在库数据统计的罗盘展示，以及维修器材出入库数据统计分析展示等。点击具体维修器材可展示该维修器材的状态信息，包括维修器材的名称、型号、编号、所处位置、入库时间、生产厂家等。

（3）库房内产品故障预测与健康管理

故障预测与健康管理主要用于实现库房内产品及其他自动化设备的装备维修保障支持，提供智能化、自动化的故障诊断和健康状态评估，为操作人员提供装备维修保障辅助决策，并协助信息管控中心收集故障信息与维修保养信息。

当产品或自动化设备发生故障或需要进行保养时，智能管控平台软件将对测试数据进行分析，并利用智能转运系统或其他方式将其运送至维修室，以完成对数据的预处理并进行智能诊断和健康状态评估，从而实现对产品故障的准确检测和隔离，判断系统当前的健康状态。针对确定的故障模式，系统可自动生成维修/保养方案，包括维修步骤、所需维修器材/工具工装等。同时，将相关方案上报至智能管控平台软件请求开展维修保养工作。待请求通过后，自动生成相应的维修保养指南，指导维修间的操作人员按步骤开展工作，对工作进行和完成情况进行记录和管理，并上传至智能管控平台软件实现数据管理。

产品履历管理。对产品从初次安装、开始工作，到故障返修，再到功能丧失报废处理等过程中所产生的多源异构动态数据进行有效管理。产品履历管理统一管理采集到的产品部件的状态监测数据、测试诊断数据、维修数据、环境数据等装备数据，服务于装备工作时间、平均寿命时间、剩余寿命、平均故障率等关键指标的分析，同时能够基于相关数据，根据所属产品类型，实现对数据的预处理，主要处理方法包括数据降噪处理、相空间变换、快速傅里叶变换、小波包分析、卡尔曼滤波算法等，为后续开展产品智能诊断与健康状态评估提供数据支撑，以便对装备的健康状态有更直观、可量化的了解，如图7-7所示。

故障诊断。在对装备进行实时虚拟监控的基础上，融合故障树分析法和专家知识系统，对装备异常问题进行分析诊断。通过提供由上至下的装备故障推理过程，支持故障状态指示、故障快速定位、故障隔离、

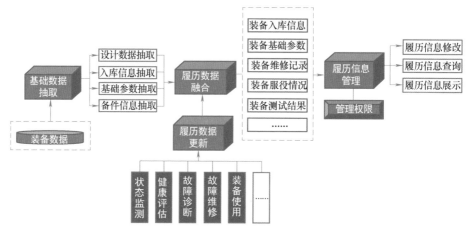

图 7-7　产品履历管理流程

故障告警，避免了人为判断的主观性，同时形成了经验数据积累，提升了故障处理效率。

健康状态评估。通过产品通用性能数据、测试数据、历史履历和环境信息等的融合，建立健康状态等级划分的指标体系。结合历史状态及评估值、维修信息、故障信息等，服务于产品收发、定期检测和快速供给情况下的装备健康状态评估。基于产品健康状态评估模型得到装备健康状态，为产品选用提供决策支撑。

装备维修保障方案生成。主要根据产品状态监测与智能诊断模块、健康状态评估模块的数据结果，采用知识图谱与知识推理技术，制定符合产品当前特点的装备维修保障方案。方案包括具体的装备维修保障步骤、所需人力人员、维修器材、装备维修保障活动执行情况等。

（4）任务调度与自动运维

根据各类产品维修、组件更换任务，系统基于推送的维修方案进行任务拆解和分配，计算装备维修保障器材消耗，结合器材库存储供给数据和产品履历数据，智能规划异常处理流程、技术支持主体、工具使用、器材采购调配及工单生成。辅助维修资源的动态调配，在限定时间内对准确部位进行精准维修，防止故障蔓延。结合任务工作区域，规划具体设备的运行流程，调度执行设备完成维修/更换任务。

业务流程规划。信息智能管理平台在接收到出库、入库、装备转运、设备部署等任务后，对任务信息中任务名称、任务编号、任务内容、任务下达方名称、任务下达时间、任务负责人、任务完成要求等要素进行提取，随后基于任务中装备数量、技术中心各功能区货架数量、技术中心设备数量等信息并运用业务流程规划模型（协同控制算法、功能区布局算法、货架布局算法和任务分配模型等）对任务进行拆解，生成满足任务需求的业务流程规划方案，确保流程设备选用、执行效率最优化。

作业指令执行。依据作业指令派发的命令顺序执行，并根据指令信息，针对各作业设备依次发出控制指令，采用自动输送设备替代传统人工推运模式，自动输送系统会根据信息管控服务平台的转运指令，应用自动导引输送车（AGV）将产品由高密度贮存库转运至指定位置，输送过程中 AGV 沿规划的导引路径自动行驶，同时具备避障功能，到达指定位置后，采用视觉识别、机器人等完成部组件更换等，全过程均自动化实现，从而达到缩减流程运行时间，减少操作人员的目的，最终完成产品维修、出库等作业流程。

7.4.2 美国海军基于 5G 无线技术的智能仓库

美国圣地亚哥军事智能仓库项目使用美国电报电话公司数据网络以追求智能操作，增加资产的可见性。

美国国防部利用 5G 无线数据网络演示了一套智能仓库解决方案。在圣地亚哥科罗纳多海军基地的演示中，美国电报电话公司在现场安装了一个私有的 5G 网络，以展示 5G 平台相对于传统技术的优势，如目前大多数智能手机和连接设备使用的 3G 和 4G 系统。在该项目中，5G 更快的速度和更短的延迟使虚拟现实和增强现实（VR/AR）、视频监控、人工智能（AI）、机器学习（ML）及改善网络安全等方面应用软件成为可能。

美国海军可利用智能仓库项目提高保障业务的效率和真实性，包括识别、记录、组织、存储、检索等，利用 5G 条件下的应用软件可进行智能操作，大幅度提高资产可见度。

目前5G试验的具体技术包括：

1）用虚拟现实和增强现实能力支持军事训练和行动，用于维修、原型设计和其他应用。

2）使用互联网协议（IP）摄像机实现高清视频监控，提供流媒体及直接访问放置在专用网络上的任何摄像机。

3）将人工智能和机器学习从云端扩展到网络边缘，支持对移动传送带上的聚氯乙烯"弯头"进行实时识别和分类演示。

4）使用增强现实来支持通过免提移动设备操作的先进投放/采摘技术，提高准确性并减少处理时间。最终实现将这种方法与机器人搬运工、智能存储设备和优化算法相结合。

5）通过"零信任"改善网络安全支持，使用微分割加密，为5G智能仓库网络提供保密性和隐私。

参考文献 ▸

[1] 黄韬，薛元飞，赵劲松. 陆军装备保障资源统筹管理［J］. 军事交通学院学报，2019，21（3）：33-37.

[2] 黄世广，何怡萱. 装备维修器材精准配送保障研究综述［J］. 物流技术，2022，41（7）：130-133.

[3] 李伟玮，刘永志，甘洁，等. 备件消耗保障智能预测系统［J］. 现代信息科技，2022，6（12）：165-168.

[4] 何珮洋，李昆鹏，李文莉. 智能制造环境下的备件生产与运输协同调度问题研究［J］. 运筹与管理，2022，31（8）：93-100.

[5] 张晓庆. 备件智能化管理设计与探索［J］. 现代制造技术与装备，2020（279）：62-64.

[6] 胡玉茹，葛爽，夏晓毛. 基于图像识别和大数据预测的备品备件管理系统［J］. 机电工程技术，2022，51（1）：164-167.

[7] 祝东攀，曹继平. 面向任务的装备维修保障资源调度与动态优化系统研究［J］. 舰

船电子工程，2022，42（8）：155-159.

［8］　王亚彬，王帅，王金帼. 数字孪生应用于维修器材保障的 SWOT 战略分析［J］. 国防科技，2022，43（3）：1-8.

［9］　王铁宁，曹钰，刘旭阳，等. 装备保障物流系统规划与仿真［M］. 北京：电子工业出版社，2021.

［10］　陈晓慧，盛天文，易树平. 等周期预防维修下多部件系统的备件订货策略［J］. 华南理工大学学报（自然科学版），2009，37（4）：95-99.

［11］　阮旻智，李庆民，黄傲林.（R，Q）库存策略下消耗件的协同订购方案优化［J］. 北京理工大学学报（自然科学版），2013，33（7）：680-684.

［12］　赵建忠，李海军，叶文，等. 改进系统备件满足率约束下的备件优化配置建模［J］. 兵工学报，2013，34（9）：1187-1192.

［13］　RUAN M Z, LUO L, LI H. Configuration model of partial repairable spares under batch ordering policy based on inventory state［J］. Chinese Journal of Aeronautics, 2014, 27（3）：558-567.

［14］　阮旻智，傅健，周亮，等. 面向任务的作战单元携行备件配置优化方法［J］. 兵工学报，2017，38（6）：1178-1185.

［15］　阮旻智，钱超，王睿，等. 定期保障模式下舰船编队携行备件配置优化［J］. 系统工程理论与实践，2018，38（9）：2441-2447.

［16］　滕尚儒，何成铭，赵嵩. 装备维修器材供应保障优化决策问题研究［J］. 兵工自动化，2020，39（12）：66-71.

［17］　李忠猛. 舰船装备维修保障资源规划技术发展研究综述［J］. 兵器装备工程学报，2019，40（12）：131-135.

第 **8** 章　数智维修决策与优化

　　在信息化战争条件下，装备维修保障过程具有高度的动态化特征，战略、战役和战术等不同层级维修保障任务之间的协同应当更加紧密和广泛，业务处理的分布式特征将更加突出，这导致各层级保障力量的构成更加复杂，其结构和要素也在动态变化。现行的维修保障系统结构相对固化，其决策链条漫长且缺少必要、高效的协同，一体化保障能力很难形成，无法保证时变环境下保障策略的动态生成。

　　本章以数智维修为背景，在分析探讨战略、战役、战术三个层级典型应用场景的基础上，结合大数据分析、人工智能等相关技术，给出融合业务规则的数智维修决策流程，并利用模糊神经网络、关系网络等技术，构建装备维修保障业务数据分析模型，再针对维修数据特征和规模，提出装备维修保障决策自适应生成与优化方法。

8.1　数智维修决策应用场景

　　装备维修保障业务横向上涉及工业部门/供应商和部队战术层、战役层、战略层等相关业务组织，纵向上则覆盖装备的全寿命周期。本节主要讨论装备投入使用后的维修保障决策，数智维修在各层级的典型应用场景如图 8-1 所示。

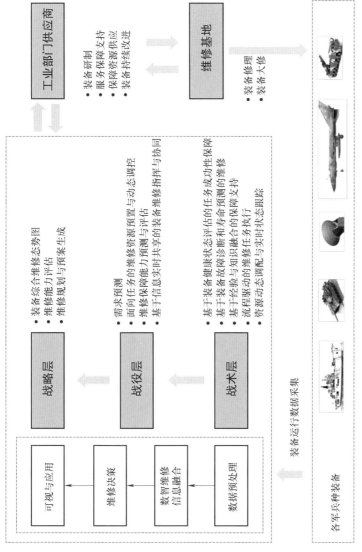

图 8-1　数智维修在各层级的典型应用场景

（1）战略级数智维修

战略级数智维修主要是针对长远的、全局性的作战使命或作战任务，对装备保障的能力储备、力量运用重点及方向等进行评估、规划和预案推演，辅助生成战略级保障方案，并监控方案的执行。其典型场景包括：

装备维修保障综合态势图。通过掌握作战使命、重大作战任务所需的核心装备完好性状态，保障力量能力状态，维修资源分布状态等大规模、分布式和多维动态数据，识别装备保障能力生成与建设中的关键短板，为装备性能提升和保障能力提升明确重点或努力方向，辅助装备维修资源的筹措和采办决策。

维修能力评估。面向装备作战任务和保障需求，以"装备维修保障满足作战行动的损耗即可"为想定，通过全局掌握维修人员构成、维修器材分布、维修设施能力状态、维修装备情况、维修经费概算等数据，利用模糊神经网络模型、关系网络模型等机器学习手段进行维修能力评估。

维修规划与预案生成。面向重大作战任务，在掌握战役、战术级作战准备情况、装备技术状态及故障规律、部队保障单位和供应商保障能力等数据的基础上，根据战略级作战想定，对作战任务的完成能力进行评估，对作战过程中可能发生的状况进行推演，辅助生成相应的应对预案。

在战略级别，数智维修可以发挥信息优势，形成对作战环境和维修保障态势的统一理解，借助于智能化技术，协同生成一体化最优决策，极大降低了投入的维修资源规模，减低了保障费用。

（2）战役级数智维修

战役级数智维修主要针对战略级作战任务所设定的装备保障目标，根据不同战役阶段，辅助战役级作战指挥机构，进行装备保障任务规划，调度维修资源，最大化装备保障力量的运用成效和效率。其典型场景包括：

需求预测。根据临时抢修、定期装备维修保障、重大任务保障等各类保障活动维修资源消耗的历史规律进行数据统计分析，可在战区、基地、旅团等各层级上预测年度维修资源需求，提前进行采购、预置或跨组织调拨，保持和保证资源满足率和供应速度要求。

面向任务的维修资源预置与动态调控。对所属的需要参与任务的装备，基于装备历史状态数据、历史故障统计数据，进行寿命预测、装备寿命预测、性能评估，预测未来持续保障需求，从而优化军地组织协调，高效协调军地多方保障力量，区域资源自适应调度与优化，精准调拨和提前预置，辅助作战任务所需保障链的快速形成。在任务过程中，实时感知装备状态、故障报警情况和资源消耗情况，按需进行响应式动态调控和保障。例如：为最大限度地满足不同军事任务的用船需求，多艘舰船可同时部署的能力评估尤为重要，以确保多艘舰船处于可随时执行作战任务的状态。在数智维修阶段，可利用关系网络模型分析舰船入役时机、计划维修间隔期、维修期控制等多因素对同型舰船部署能力的影响。从任务需求出发，构建多艘同型舰船部署能力度量指标体系，从而合理编排舰船维修结构，组织装备维修保障活动。

维修保障能力预测与评估。随时掌握装备完好性状态、装备维修保障进度状态、保障单位能力状态、维修资源分布状态、维修资源调拨规则等数据，以便根据作战任务不同阶段的需求，支持对作战任务的装备准备度、维修资源（人员、器材、保障装备的规模、准备周期、保障速度）等进行预测和评估，从而进行高效的资源规划和力量部署，辅助作战任务预案快速形成。

基于信息实时共享的装备维修指挥与协同。在作战部队、指挥机关之间实时传递和共享装备状态、任务进程状态、维修资源状态及各类保障要素信息，使各级管理和指挥机构基于实时一致的信息达成统一态势认知，打破传统的逐层汇报和下达的低效流程，促进业务流程并行化和扁平化，并且基于上下实时一致的可视化信息，支撑紧急情况的零延迟指挥授权。

对指挥员而言，战役级别的数智维修，可以提高装备系统的态势感知能力和任务需求满足能力，提高了装备系统的完好性和可用度，为指挥员、任务规划人员和保障人员提供了更优化的任务决策和任务分配所需的信息。通过将各装备/平台故障预测与健康管理状况转达给指挥员和参谋机构来进行跨域跨兵种的资源规划、力量部署和动态调度协同，并预测未来的持续保障需求，达成精确快速保障，提升多兵种联合作战下的机动性和协同性，从而支持部队"打胜仗"。

（3）战术级数智维修

战术级数智维修主要面向战术级作战单元、各级保障力量及其作业单位，辅助定位装备故障、评估装备状态，及时请领装备维修资源，合理安排维修活动，恢复装备状态，从而提升装备作战效能发挥的可靠性和持续性，使部队"能打仗"。其典型应用场景包括：

基于装备健康状态评估的任务成功性保障。通过实时感知装备状态、各分系统和装备参数指标，对装备健康状态、性能指标、任务所需功能的可靠性进行评估，辅助一线作战/使用人员以最佳效能装备投入训演任务，提高任务成功率或对抗取胜率。

基于装备故障诊断和寿命预测的维修。通过装备运行参数和故障诊断预测模型，提供故障报警和寿命预测，提前准备配套维修资源，及时安排计划性/阶段性维修，确保装备时刻保持完好状态。例如，传统的装备维修保障方式以定期检测为主，通过定时检测来确定装备潜在故障发生的时刻，并采取提前维修或者等待装备发生故障后维修等方式进行保障，从而避免装备状态变坏产生的不利影响。这种方法极易出现"维修过度"或"维修不足"的现象，会减低装备的经济性，影响装备功能发挥与作战效能。采用数智维修，借助马尔科夫决策等机器学习模型，在获取装备状态信息特征量的前提下，综合装备的历史状态信息及维修信息等，预测装备维修保障时间，实现智能化维修决策。

基于经验与知识融合的保障支持。充分利用装备技术资料、使用和维修历史数据（电子日志、技术状态信息、历史故障及解决方案等），综合利用信息融合技术、虚拟现实或增强现实技术等，开展面向单兵和现场的维修作业指导（包括故障诊断与定位、故障件拆解与修复、修后检验等），提升基层维修保障能力。

流程驱动的维修任务执行。建立流程驱动的维修任务管理体系，基于装备的故障报告、寿命预测、维修计划、性能预测等输入，触发相应类型的维修任务，并根据预先设定的维修任务流程（包括任务发起、任务策划、资源准备、任务执行、任务记录等环节）驱动维修任务的执行，从而实现任务闭环、资源闭环、问题闭环、质量闭环。

资源动态调配与实时状态跟踪。根据服务保障任务要求，结合维修资源（包括人力人员、保障设备/工具、器材、设施、技术资料等）及当前的可用状态、库存状态、分布状态，以满足装备维修保障时间要求和维修费用约束，采用维修资源调配辅助决策模型，确定科学合理的维修资源调配方案，进行维修资源的动态调配。

以器材采购或调配需求为输入，基于物联网与物流管理系统集成，实现物流信息的共享，实时或及时获取器材在发货运输环节的状态信息，可对物流实时状态进行跟踪，出现问题时可及时进行协调处理，以保证器材按时到达目的地。

8.2 维修业务数据分析模型

实现数智维修，重点在于如何依据人工智能等技术挖掘多装备多维维修指标数据，以及各网系、各系统、各层级间的维修业务数据等复杂维修数据间的关联，从而形成维修业务数据分析模型，为智能维修决策生成提供重要依据。

8.2.1 基于模糊神经网络的维修规则构建模型

挖掘装备多指标之间的关系可以体现指标间的内在关联程度，为健康评估和分析提供重要支撑，为装备维修保障提供参考建议。模糊神经网络是模糊系统与神经网络相结合的产物，其基本思想是对输入数据进行模糊化处理后，将其输入神经网络的模糊计算层中。通过神经网络的反馈机制对各层间的连接权值和阈值进行调整，使其具备自学习能力和推理能力。基于模糊神经网络的维修规则发现能力对不同装备各指标之间的关联度进行评估，通过规则发现分析确定装备各指标间的关联度。如图 8-2 所示，基于模糊神经网络的维修规则构建模型由 5 层神经元节点组成。

装备ID	性能指标	指标值
ID_1	瞄准度	A
ID_1	使用时间	B
ID_2	抗干扰能力	C
ID_2	可用度	D
⋮	⋮	⋮

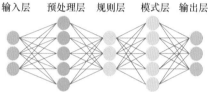

输入层　预处理层　规则层　模式层　输出层

维修规则	模式
规则1	1
规则2	2
规则3	1
规则4	2
⋮	⋮

图 8-2　基于模糊神经网络的维修规则构建模型

输入层：装备维修保障系统中采集的不同装备的指标类别数为 n，故在输入层中输入的是 τ 个 n 维指标数据，用 $\boldsymbol{X}=\left[\boldsymbol{X}_1,\boldsymbol{X}_2,\cdots,\boldsymbol{X}_\tau\right]^{\mathrm{T}}$ 表示，其中 $\boldsymbol{X}_\tau=(x_1,x_2,\cdots,x_n)$。如图 8-2，指标维度 n 为 3，分别为装备 ID，性能指标，指标值。

预处理层：针对输入的 τ 个 n 维指标数据，通过此层的级别映射函数，用以实现指标数值和指标状态的模糊化映射。

规则层：规则层用于指标规则的分析发现。不同时隙下不同指标的关联关系有多种可能性，要全覆盖这种关联关系需要数目庞大的神经元。此处神经元同上层神经元建立全连接关系，然后通过算法训练连接权重以实现对这种关联关系的表达。本层每个神经元节点输出一条规则，这些规则的表达通过指标权重 $W=\left\{\omega_{xy}\right\}$ 体现。

模式层：对应异常模式和无异常模式两类。本层神经元节点与规则层神经元节点共同建立全连接，进而可基于输入的各种规则及组合权重计算输入指标处于对应模式的概率 P。模式层输出的映射关系是反向传播（Back Propagation，BP）网络的学习结果，其与规则层的输出及对应的权重组合 $V = \{v_{ij}\}$ 相关，可用于发现和表达各类规则组合及异常出现的关系，从而形成各类表征系统状态的模式。

输出层：将模式层中概率最大的模式作为结果输出。

通过规则层的输出可以看到利用模糊神经网络的学习能力和模糊推理能力，可以用于装备维修保障系统中多指标和异常触发间的规则分析和发现，进而实现挖掘各指标间关联度掌握维修保障规则的目标。

8.2.2　基于关系网络模型的维修业务关系构建

基于上述得到的指标间关联规则，形成指标关系网络模型，利用该模型实现装备维修保障业务数据自分析，具体如图 8-3 所示。首先，我们需要设计具有信息关系推理结构的关系网络模型，包括多层感知机特征提取 f_φ 与特征关系映射 g_θ。关系网络体系结构具有计算关系的能力，因此可将关系网络应用于装备维修保障各指标间的关系分析过程中。该学习模型与传统神经网络的不同之处在于，它可以在不标注的情况下训练模型，处理网络结构的演化，并推断数据之间的间接关系。

关系网络模型的最简单形式是如式（8-1）的复合函数。在式（8-1）中，函数式表示考虑了知识库之间的潜在关系。这意味着不一定知道实际存在的是哪种关系，也不一定知道任何特定关系的实际含义。此时的输入是身份库 $I = \{I_1, I_2, I_m, \cdots, I_n\}$，行为库 $B = \{B_1, B_2, B_p, \cdots, B_n\}$，指标状态库 $S = \{S_1, S_2, S_k \cdots, S_n\}$。$f_\varphi$ 与 g_θ 这些参数是可学习的突触权值,使关系网络是端到端可微的。g_θ 的输出是关系,因此,关系网络的任务是推断 I_m,B_p,S_k 之间的关系。利用 g_θ 计算关系信息,实现指标关系量化操作,完成维修数据自分析过程。

$$R = f_\varphi \left(\sum_{i,j} g_\theta (I_m, B_p, S_k) \right) \tag{8-1}$$

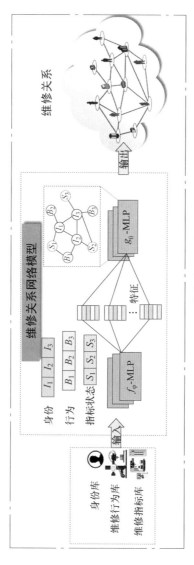

图 8-3　维修关系生成过程

装备维修保障业务数据分析的目的是理清各网系、各系统、各层级维修业务间的逻辑关系与关联关系。利用上述关系网络模型生成的维修关系，能够为智能维修决策提供依据，进而保障维修资源调度的高效性。

8.3　数智维修决策生成与优化方法

作战环境动态变化，装备损坏状况复杂，生成与外部环境相适配的装备维修保障策略至关重要。但装备维修保障系统各层级的保障业务视角与任务需求差异性依然显著，面向不同层级的多样化保障任务需求，制定数据驱动的智能化装备维修保障决策，有助于形成多层级、全链条的装备维修保障体系，从而实现多种维修资源协同作用的全链条智能化保障。

面向多种装备维修保障业务的模型自适应匹配流程如图 8-4 所示，针对不同层级保障业务需求多样化的现状，从样本数据规模视角出发，遵循"大规模样本强化学习，小规模样本迁移学习，多个小规模样本联邦学习"的整体原则，实现面向多装备维修保障任务的决策自适应生成。

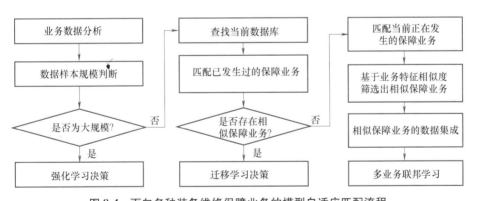

图 8-4　面向多种装备维修保障业务的模型自适应匹配流程

在维修决策时，首先需要对业务数据的样本规模进行判断。不同格式数据（如文本、图像等）的样本规模判断标准也存在一定的差异性。样本规模的大小是相对变化的，其制定标准可参照历史数据给出。若样本规模较大，则利用强化学习决策方法以制定装备维修保障决策；若为小样本数据，则查找当前数据库，并匹配已发生过的保障业务。当存在相似保障业务时，则利用迁移学习决策输出装备维修保障策略。当未匹配到相似业务时，则快速计算当前已发生的保障业务间的特征相似度，基于特征相似度筛选出相似保障业务；然后通过相似保障业务的数据集成，构成较大规模的学习样本，通过多业务联邦学习完成装备维修保障决策的生成过程。

总之，针对大样本规模的业务数据集，利用基于强化学习的装备维修保障策略生成机制，实现原子策略自组合；当装备维修保障业务数据集规模较小，不足以得到符合预期的模型时，采用基于迁移学习的装备维修保障策略生成方法，通过迁移强化训练，输出可用的决策模型；当存在多个相似保障业务的小规模数据集时，利用基于多业务联邦学习的装备维修保障策略制定方法，在保障敏感数据安全的前提下实现适用于多个装备维修保障业务的决策模型。

8.3.1　基于强化学习的装备维修保障决策

无数据标注下基于强化学习决策主要适合于战术级数智维修决策。强化学习作为机器学习的一个重要分支，通过选取动作，更新环境状态，再对所选取的动作给出奖励值，依次迭代。其基本原理是：智能体采取某一动作后，使环境或者其自身状态发生变化，产生一个奖惩信号，再通过奖惩信号去优化决策算法。基于上述分析，针对无数据标注下样本规模较大的维修数据集，可以利用基于强化学习的装备维修保障策略生成方法，制定与环境相匹配的维修策略。下面以某一装备维修保障示例来说明具体的决策过程，如图 8-5 所示。

首先，根据各装备的使用完好情况、部件需要维修更换与否、故障监测情况等，通过深度 Q 网络（DQN）强化学习决策制定与需求相适配的各原子策略（如由于设备损耗，需要补给更换零件），并通过每一条原子策略中的调优参数对原子策略进行调整（如更换的零件数目、补位人员的人数）；根据数据仓库所传来的信息及装备系统的实时状态调整原子策略中的调优参数，规划装备维修保障任务及调配装备维修资源。即根据各部分装备维修保障业务需求实时生成匹配性最高的原子策略库。

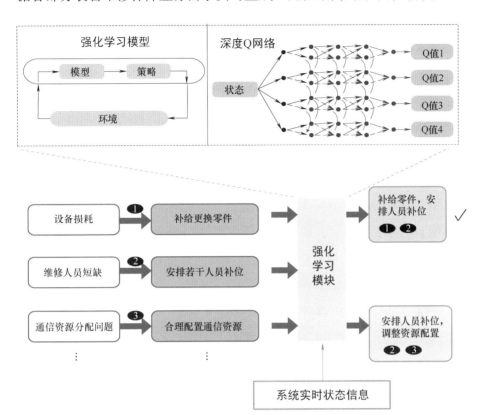

图 8-5　基于强化学习的维修策略生成

　　上述过程采用 DQN 对策略组合过程进行训练，以实现维修策略的自动生成。DQN 框架主要包括以下几部分：构建 Q 神经网络和目标神经网络模块，训练 Q 神经网络模块，依据新生成维修策略的实际执行效果更新目标神经网络模块并根据 Q 值选择相对应的策略组合。DQN 通过增加目标网络的方式降低了当前 Q 值和目标 Q 值的相关性，以此提高算法的稳定性。同时，DQN 采用了经验回放机制，通过保存历次迭代得到的奖励与状态更新情况，用于目标 Q 值的更新。

　　利用强化学习将策略库的细粒度策略组合起来，智能地生成维修策略的过程重点包括以下两个方面，首先建立细粒度策略的信息模型和数据模型，并根据模型将细粒度策略写入策略库。其次，引入强化学习决策，将各种细粒度策略重组为新的策略。具体来说，智能维修策略生成机制的本质是通过细粒度策略的动态集成来找到满足维修任务需求的组合，最终建立与装备维修保障业务需求匹配性最高的维修策略组合。

8.3.2 基于迁移学习的装备维修保障决策

大数据场景下基于迁移学习的装备维修保障决策主要适用于战役级数智维修决策。考虑到在装备维修保障领域，针对不同层级的多样化维修任务需求，与任务直接相关的数据集规模存在差异性，当与保障任务需求相关的数据集为小规模数据集时，为了提升维修决策生成效率，将采用基于迁移学习决策，通过迁移已有的相似保障任务相关的模型，再利用与当前保障任务相关的数据进行强化训练得到与之相匹配的装备维修保障决策模型。

迁移学习与传统机器学习的比较如图 8-6 所示。传统的机器学习算法总是从零开始学习每个任务并训练模型，如图 8-6a 所示。然而，迁移学习试图将之前任务中的相关知识迁移到目标任务中，以解决相关领域的高质量训练数据不足的问题，如图 8-6b 所示。

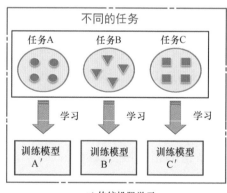

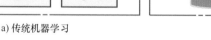

图 8-6 传统机器学习与迁移学习的比较

两者的不同之处在于，迁移学习更加关注学习任务之间的相关性，并利用这种相关性来进行知识迁移,降低了对训练数据的要求,训练数据和测试数据不需要完全同分布,不需要足够的标记数据,并且可以重复使用以前训练过的模型。在实际应用中,迁移学习的效果与不同领域共享的因素有关。如果共享因素多,则意味着迁移学习更容易实现。否则,容易产生负迁移。

基于迁移学习的装备维修保障决策生成方法具体过程如图 8-7 所示。首先,发现相似的装备维修保障任务,其含义为:从当前装备维修保障任务的特征出发,匹配已发生过的装备维修保障任务,其特点是样本规模较大足以得到性能较好的预训练模型。所匹配到的已有装备维修保障任务称为当前保障任务的相似保障任务。其次,利用与相似装备维修保障任务相关的数据集训练得到性能满足要求的预训练模型。最后,利用与当前保障任务相关的小规模数据集,对上述预训练模型进行强化训练,得到适用于当前保障任务的学习模型,从而用于装备维修保障决策的生成。

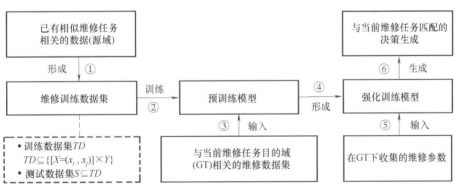

图 8-7 基于迁移学习的维修保障决策生成

8.3.3 基于多业务联邦学习的维修决策

异构场景下基于多业务联邦学习的维修决策主要适用于战略级数智维修。在装备维修保障过程中,不同层级产生的装备维修保障任务需求具备多样化特征。针对不同需求的维修任务,保障数据极大可能均以小规模状态散乱分布在不同地域、不同系统，样本规模不足以训练生成符合预期的模型用于维修决策。如何充分挖掘并利用小样本维修数据的潜在价值，适应异构场景下的智能化维修决策至关重要。联邦学习采用分布式学习方法，参与学习的多方无须上传本地数据，只需将训练后的模型参数更新上传，再由中心服务器节点聚合，进行参数更新后下发给参与学习的各方。联邦学习的数据无须出本地，即可完成分布式模型训练，有效降低了敏感数据泄漏的风险。

经上述分析，利用联邦学习机制实现异构场景下小样本维修数据训练，为维修决策提供了依据。其决策模型生成具体过程如图 8-8 所示。由于不同层级的维修任务需求具有差异性，某些维修任务产生的数据样本规模较小，且未匹配到已发生的相似维修任务，使多个小规模数据样本间通过协同训练，形成可用的决策模型是必然的选择。考虑到某些数据可能为敏感数据，不宜直接交换集成使用，引入联邦学习方式，可以实现数据可信交互。联邦学习可以在不交互数据的前提下完成神经网络模型的训练与传递，利用联邦学习训练的神经网络模型可作为维修任务决策模型以最后生成装备维修保障决策。

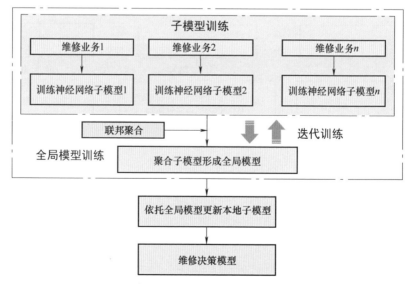

图 8-8　基于多业务联邦学习的维修决策模型生成

当联邦学习需求发起时，利用多个相似维修任务产生的历史数据参与神经网络模型训练，形成针对每个维修任务的训练子模型，然后由联邦聚合用户收集所有子模型，并根据所有子模型聚合生成全局模型。经过全局模型的多次迭代训练后，将全局模型应用到本地神经网络模型，完成模型更新。更新后的各子模型可以作为适用于每个维修任务的决策模型以完成决策制定。

8.3.4　机器学习—专家系统双反馈协同的维修决策优化

利用机器学习方式制定维修决策的本质在于将动态复杂的维修环境进行计算机模拟，通过将维修相关的数据进行数字化表示，转化为机器学习算法模型可处理的模式，进而生成维修建议。这种方式很大程度上提升了维修决策过程的智能性，但也对决策的有效性、合理性提出了极大的挑战，因此在对此做出判定的同时，实现决策优化也是很有必要的。目前利用较多的维修决策优化方法包括遗传算法、禁忌搜索、模拟退火算法及蚁群算法等。

利用上述算法通常以特定维修情境下的某个目标或者多个目标作为优化对象，生成优化策略，并未充分考虑专家知识和经验对维修决策的影响。为了弥补这一缺憾，提升维修决策的有效性与合理性，引入专家系统与机器学习引擎等智能工具间的交互机制，如图 8-9 所示。其中机器学习引擎中包含各种维修业务的相关模型，如装备故障趋势预测模型、寿命预测模型、维修决策模型等。而专家知识与经验也需要转换为计算机可识别的数据形式输入整个系统。

基于机器学习模型，结合装备、人力资源、维修任务需求等多维度的实时状态信息，将历史策略的相关参数作为机器学习算法的输入进行训练，实现特定场景下相关性能的预测，同时将专家知识与经验数据输入系统，通过两者间的交互反馈，得到稳定且相对准确的模型。若有突发事件到来，则需根据突发事件的优先级评估现有决策是否应该调整，进而实现装备维修保障决策自主优化，形成决策闭环，确保维修决策保持最优。上述交互反馈方法的目的是通过计算机对高度动态的维修环境进行逼近极限模拟，以保障维修决策的自优化，为维修提供有效的决策依据。

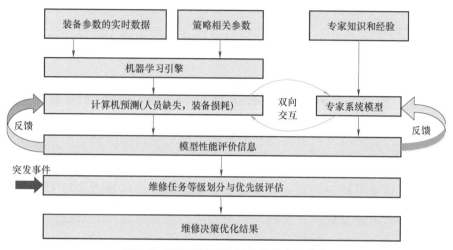

图 8-9　基于双反馈协同的维修决策优化

8.4　典型应用

8.4.1　美国陆军战术、战役、战略级决策支持

推进数智维修不单是系统和装备维修保障的问题，必须将其纳入整个寿命周期过程中。在装备的全寿命周期过程中，各项工程活动都需要考虑数智维修的实施，并为其创造条件。数智维修是美国陆军装备维修保障中应用大数据的典型。图 8-10 所示为美国陆军实施数智维修的一些典型案例示意图。

在战术级别，其决策支持主要是预测装备平台故障；确定发动机汽缸是否应当报废；哪个平台机油压力低；对车体的持续性影响程度。需要收集的参数举例如下：发动机参数包括加速踏板位置、大气压力、发动机冷却剂温度、发动机负载、发动机油压、发动机油温、发动机转速

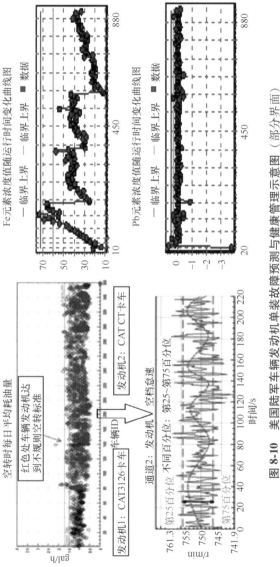

图 8-10　美国陆军车辆发动机单装故障预测与健康管理示意图（部分界面）

等。制动器参数包括前轴速度、前轴左轮相对速度、前轴右轮相对速度、车速、制动转换器。传动箱参数包括传动箱油温、传动箱输出轴速度、传动箱输入轴的速度、传动箱实际的齿轮速比等。含发动机、传动箱和制动器的故障诊断代码。

在战役级别,其决策支持主要包括加强维修任务的规划;提高维修作业的效率和效益;提高装备完好性;提高装备维修资源供应的可用性。

例如,陆军使用洞察车队状况的工具箱(FIT)融合维修、健康状态和使用数据,并分析维修,实现基于健康状态数据、车辆及车队使用数据等的智能维修,使被动或反应式的维修转变为主动式的维修。在掌握车队和单个装备健康状况的前提下,可进一步使多个决策层次前后呼应,从而驱动维修进度表,并保持合理的维修进度。

维修人员可通过车辆健康告警情况确定维修安排,改善车辆的战备完好性和可用性——确定事故的原因,了解任务规划。对于车队级分析,发现和鉴别车队系统性问题、进行车辆的重新调度,必要时提出车辆设计改进/工程更改建议(ECP)、改进诊断/交互式电子技术手册。实现从单装的数智维修到整个车队的战备完好性管理。车队状况工具箱界面示例如图 8-11 所示。

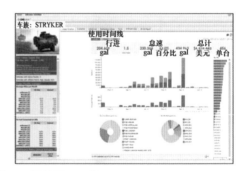

图 8-11 车队状况工具箱界面示例

在战略级别,其决策支持主要包括提高整个陆军部队的战备完好性,促进更加全面的业务资源一体化集成,提高供应链管理水平。并进一步提高装备的深入了解,以便用于现役装备改进改型或者新装备研发,如图 8-12 所示。

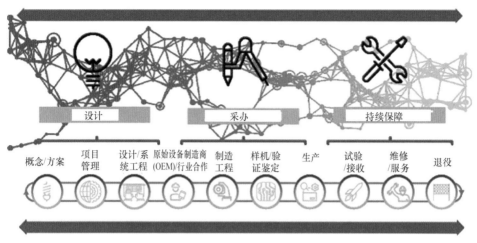

图 8-12　美国陆军战略层级维修决策示例

8.4.2　F-35 战斗机基于作战数据集成网络的决策与优化

美国空军的 F-35 战斗机正在通过将自主式保障信息系统转换为更加先进的作战数据集成网络，推动其装备维修保障向数智维修进行重大改变。

（1）F-35 战斗机维修信息化建设历程

自主式保障信息系统（ALIS）是美军为 F-35 战斗机设计的一种实时全球保障网络系统。自主式保障系统的原理是，通过故障预测与健康管理系统（PHM），大幅度减少维修工作量，缩短飞机再次出动准备的时间，提高飞机出动强度，节省使用与保障费用，提高飞机的战备完好性。

自主式保障系统的总体架构如图 8-13 所示，主要由以下 3 层构成：

1）维修作业层：图 8-13 中虚线框内的部分。除传统维修作业（如故障诊断、修复和定期预防工作等）外，它借助故障诊断、故障预测与健康管理（PHM）系统和自主式保障信息系统（ALIS），并广泛采用便携式维修辅助设备（PMA）和交互式电子技术手册（IETM），有重点地实施装备性能监控与状态评估，根据关键部件性能退化状况预测其剩余使用寿命，做出使用与维修决策。

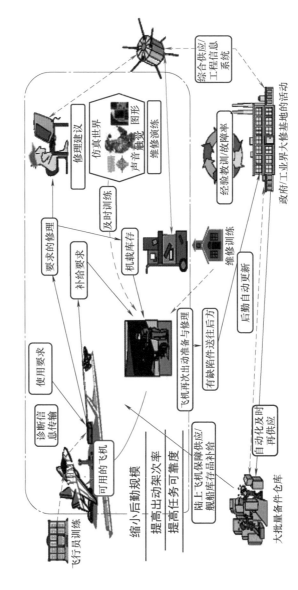

图 8-13　F-35 战斗机自主式保障系统的总体框架

2）保障（支援）层：图中虚线框外的部分。由大修基地和生产单位服务部门等组成，通过网络化手段对维修作业层进行技术支援。主要职能包括：维修人员培训、维修器材供应、软件保障包自动化升级、远程诊断和技术指导、维修数据管理等。与传统装备维修保障的主要区别在于，借助自主式保障信息系统，通过信息化手段，以电子数据交换（EDI）方式，信息流部分地代替和减少物质流。

3）决策（管理）层：负责装备维修保障管理，包括平时和战时维修组织、计划、监督、控制和协调等职能。它是装备维修保障指挥的一个重要部分。

自主式保障信息系统的信息管理与流动方式如图 8-14 所示。

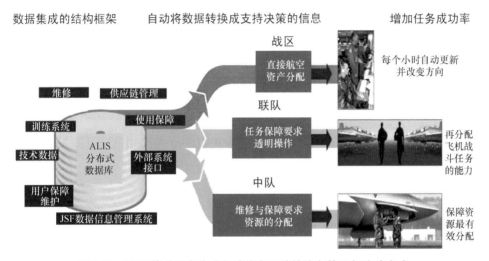

图 8-14　F-35 战斗机自主式保障信息系统的信息管理与流动方式

（2）从自主式保障信息系统向作战数据集成网络的过渡

F-35 战斗机的自主式保障信息系统原设计用于实现飞机实时故障预测与健康管理。即便在现在，这套理念也十分先进。但由于 F-35 战斗机自主式保障信息系统是 20 世纪末与 F-35 战斗机一起设计的，在美军信息系统全面向云端迁移的今天，用于构建这套系统所使用的技术已经严重过时，且 F-35 战斗机自主式保障信息系统自身因为采用过时的技术也存在各种缺陷，导致美国国防部最终决定以作战数据集成网络（ODIN）替换自主式保障信息系统。

作战数据集成网络本质上可视为一套可在云端运行的自主式保障信息系统。与由洛克希德·马丁公司（以下简称洛马公司）主导开发的自主式保障系统不同，作战数据集成网络由美国政府所有，并由国防部和工业部门共同开发，研究团队包括：美国空军"凯塞尔航线"（Kessel Run）团队、第 309 软件工程大队、美国海军信息战中心、洛马公司和 F135 发动机供应商普拉特·惠特尼公司。作战数据集成网络将利用"凯塞尔航线"团队试行的敏捷软件开发和交付实践及洛马公司的投资，更好地部署 F-35 机队，提高战备完好性，满足作战需求。

在传统自主式保障信息系统向作战数据集成网络过渡工作的早期，F-35 项目办设想能在这些系统之间实施快速转换。但他们很快认识到：这种快速转换是轻率的、不可能实现的。随后，他们制定了一种分阶段的方法来解决自主式保障信息系统最紧迫的硬件和软件过时的问题，同时向作战数据集成网络发展。美军将这种转换称为自主式保障信息系统到作战数据集成网络的过渡或 A2O（Analytics on Analytics）。保障信息系统的现代化是 A2O 转换的核心，涉及多个要素：软件、硬件、数据和基础设施。每个元素都以不同的速度成熟，并为用户提供价值。

2021 年，项目继续以用户为中心，更频繁地推出自主式信息保障系统软件，及时解决用户最紧迫的问题，同时加强网络安全。到 2022 年上半年，各相关单位已经安装了两个软件版本。这些自主式保障信息系统的更新，大大提高了用户的系统性能，并将维修人员等待便携式维修辅助同步到飞机或自主式保障信息系统服务器的时间缩短了 45%。此外，通过提高软件效率，下载飞行器便携式存储设备（PMD）数据的时间减少了 35%，新的作战数据集成网络基本套件硬件处理 PMD 的速度比传统的标准操作单元快近 50%。软件和硬件的结合交付，必要时可使飞行员在不到 5min 的时间内面对面汇报可操作的维修代码，大大提高了周转时间和出动架次率。

（3）作战数据集成网络的功能及效果

作战数据集成网络是一个基于云的原生态系统，包含了一个新的集成数据环境和一套新的以用户为中心的应用程序和升级的保障和维修数据库系统，旨在确保 F-35 战斗机飞行和信息管理工作的安全、高效。这一系统执行了许多高速诊断的关键功能。其中之一是通过机载传感器和计算机监测飞机飞行系统，如发动机旋转或冷却功能，还将检查整个飞机上的机载软件和硬件（如航空电子和其他电子装备）等组件的健康状况，其目的是在出现任何类型的故障之前就预测到潜在的故障，以保护飞机的安全和生存能力，简化维修和持续保障过程。

作战数据集成网络将使 F-35 战斗机的保障数据与传感器信息、威胁信息及其他类型的关键飞行信息紧密融合一体。例如，利用人工智能评估发动机性能，计算推力或加速度，这关系到 F-35 战斗机在接近敌人或目标区域执行近距离空中支援任务的速度。人工智能算法可收集传感器数据和机载系统的输入数据，利用基于以往庞大数据构建的规范、技术细节数据库，做出判断，进行分析，并为飞行员和维修人员提供快速、有用的解决方案。信息共享、数据汇总、传感器输入和实时分析是F-35 战斗机在联合全域作战演习中考察的关键因素。

作战数据集成网络为 F-35 机队引入一个比自主式保障信息系统更现代化的维修架构，为 F-35 维修人员提供一个现代化的硬件和软件环境，并将使用敏捷开发来提高计划用户和 F-35 机队在面对不断变化的作战需求时的响应能力。新系统将减少装备维修保障工作量，提高机队战备水平。作战数据集成网络是便携式的，比自主式保障信息系统更具部署性。

尽管在软件、硬件、数据和基础设施的方面仍有大量工作，但项目仍在以其他方式努力改善用户体验并降低成本。一个例子是最近将无线条形码扫描仪部署到机队仓库。这些扫描仪取消了手动数据输入，从而取消了手动过程中（可能出现）的错误，加快了接收零件的过程，并使零件可以更快被使用。近年来，项目还进行了多项软件改进和系统增强，并成立了国家自主式保障信息系统支持中心，为系统管理员提供集中的远程支持。自主式保障信息系统支持中心整合了可远程执行的通用活动，并允许在所有系统中应用实践并改进，且只需要较少的专家。空军已经对自主式保障信息系统支持中心的性能进行了评估，发现它能提高F-35战斗机保障信息系统管理效率并降低成本，满足了军方的需求。美国空军已经批准减少训练和试验单位的自主式保障信息系统管理员，转为使用自主式保障信息系统支持中心进行一级响应。

美空军2024财年的计划是完成"ALIS到ODIN的软件集装箱化工作，以及软件和数据现代化基础设施的开发，以提高用户能力"。其2024财年的目标是"继续开发Linux平台和ODIN数据架构；完成当前一代硬件更新，继续分析支持ODIN开发和测试计划下一代硬件技术插入的替代方案，以及当前未包含在基线设备中的能力要求；优化基于ODIN云的基础设施，同时继续促进ODIN复杂组织体的整合和现代化；利用非密开发工作建立的现代软件体系结构，开发和发布F-35战斗机维修系统ODIN复杂组织体的保密部分；以及开发和部署改进的功能，以取代老旧应用程序。"

8.4.3 波音公司 AnalytX 数智维修规划与管理工具

（1）主要功能

波音公司（以下简称波音）开发的AnalytX是一系列软件和装备维修保障咨询服务的集合，能帮助航空公司从运营中收集数据，实现对装备状态的洞察和管理，以提高运营效率，更好地分配维修资源，降低维修成本，如图8-15所示。AnalytX利用波音在航空领域的专业知识和基于数据的信息，给用户提供了有力的决策支持，并优化了飞机使用和任务分配。使用波音预测分析工具，用户可以洞察飞机未来的整体准备态势，并有更多的时间来评估、计划和管理解决方案。

波音AnalytX提供了多种相互关联的分析产品和服务，用户可综合运用这些功能，以满足其在飞机整体运行使用方面的需求和目标，如

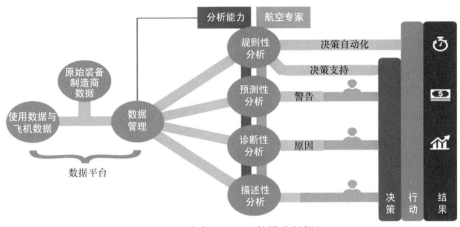

图 8-15 波音 AnalytX 数据分析框架

图 8-16所示。在维修方面的产品和服务大致可分为监控记录与健康管理和飞机维修辅助两大类。

（2）飞机状态监控记录与健康管理

波音 AnalytX 可对用户飞机的状态进行监控和记录，形成对飞机健康综合管理的能力，其主要模块包括以下三个。

波音移动维修日志。该工具可为整个机队提供高效、准确的技术日志。让飞行员、乘员和维修团队轻松查看、记录、解决和分享任何类型飞机的计划外维修问题和运行数据，同时确保每份技术日志记录的完整和准确。波音移动维修日志可帮助用户降低管理纸质日志的成本，消除手工作业和从一个应用程序到另一个应用程序耗时的数据传输，从而确保飞行活动、机舱和整个维修体系的合规性和效率。该工具用高效的预填下拉菜单和逻辑工作流程取代了手工流程，通过执行完成所有必要步骤的技术日志工作流程，确保了飞机各项操作遵守法规。所有授权用户均可便捷访问当前飞机的状态和历史信息，并自动传输数据，减少手工作业，从而提高装备状态数据的准确性和完整性。飞机驾驶员可查看飞机状态更新、无缝地输入问题建议、简单填写表格、审查使用过程问题、自动发送记录数据到维修计划系统，记录燃料消耗和剩余燃料，进行飞行前检查，记录自动降落和除冰事件。

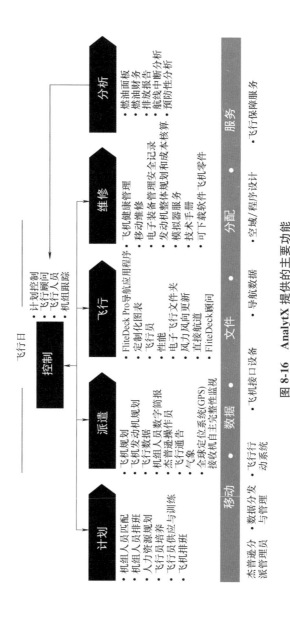

图 8-16　AnalytX 提供的主要功能

记录管理工具。记录管理工具是一个基于云的技术记录管理解决方案，可提供安全的标准化飞机技术记录，使飞机使用单位和飞机拥有单位随时随地管理、保护和共享飞机的大量扫描技术记录。

飞机故障预测与健康管理。波音 AnalytX 工具可对飞机使用状态进行监控，通过数据分析提高飞机飞行架次率。通过访问来自飞机的实时故障信息，结合机队量身定制的预测工具，降低装备维修保障成本，避免影响任务准备和停飞。在波音 AnalytX 的支持下，飞机故障预测与健康管理作为一种通过实时故障报警和数据分析驱动的诊断工具，提高了机队的效率，可在飞机飞行过程中，检查、排除故障并制订维修计划。飞机故障预测与健康管理带来的优势包括：利用飞机上的实时信息，更好、更快地进行维修，评估维修决策；通过对各种系统和部件的自定义警报和分析，减少计划外维修；通过实时性能监测，优化飞行计划和燃油效率。

（3）飞机维修辅助工具

波音 AnalytX 提供维修绩效工具箱、优化维修任务、维修周转时间管理及发动机规划和成本计算的功能，用于管理飞机维修活动。

维修绩效工具箱。该工具箱为用户的跨平台机队提供了一个维修文件系统，可为波音和非波音飞机提供单一来源的文件管理解决方案，维修团队能够在飞机、机库、维修设施中使用一个现代化的界面访问维修文件，并在一个平台上整合和管理关键任务，如编写、管理、分发文件，任务卡和工程订单开发，以及存档。该工具箱可与现有的维修计划系统集成，通过快速获取技术文件来缩短飞机维修周转时间，简化对维修文件和任务卡的修订管理，如图 8-17 所示。

优化维修计划。波音 AnalytX 的数字分析能力可支持优化维修计划，分析用户维修计划中的每项任务，以确定最有效的维修间隔，并通过建立每个维修任务的最佳间隔来支持飞机的安全性和可靠性。在此基础上，该工具可考虑各类用户特殊的业务模式、能力和限制，协助制定最优化

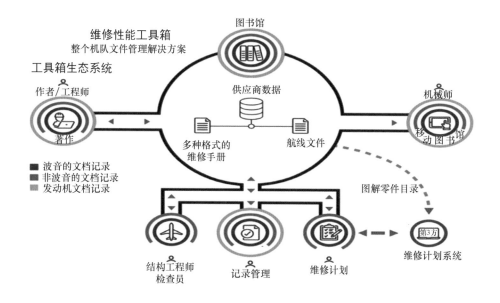

图 8-17　维修绩效工具箱

和最有效的飞机维修方案，通过高效的维修使机队获得最大收益。利用波音的数据分析技术，可降低使用成本，减少停飞时间，减少劳动力和材料需求，减少器材持有成本，提高飞机的可用性。

　　维修周转时间管理工具。该工具可帮助机队快速反应，解决并准确记录计划外的维修事件，提高维修记录的准确性，减少飞机维修时间。该工具可实时排查和跟踪非定期维修工作，提供实时机动协作，使技术人员和工程团队能够在整个故障排除过程中轻松地交流和分享照片、维修履历和其他重要的飞机信息。该工具可轻松拍摄、分享照片，记录飞机上需要进行保养或修理的区域，在三维模型上记录飞机结构损坏区域，并将信息传递给维修项目，从而轻松获取关键的维修文件。

　　发动机规划和成本计算。发动机维修和再制造是产生飞机维修成本的主要活动之一。用户的目标是努力减少发动机拆卸和车间维修的次数。发动机规划和成本计算工具通过考虑使用数据、技术状态数据和财务数据，帮助飞机机队、维护修理和大修单位建立高效的车间维修计划。该工具不仅是一个计划工具，也是一个完整的发动机寿命周期管理工具，能够帮助用户节约成本，可将飞机年度发动机车间维修成本降低 15%。该工具建立车间维修计划时考虑到所有的拆除驱动因素、操作限制，以及最重要的车间维修成本，解决了手动创建车间维修计划带来的复杂性。该工具可建立一个对未来 5 年、10 年、20 年或发动机全寿命周期的车间维修预测方案，以确定节约成本的机会或成本带来的影响，最大化提升发动机的可用时间。

8.4.4　美国海军面向大数据分析的维修决策工具

美国海军东部机群战备中心一直负责收集和分析海军航空装备使用和维修数据，然后将这些信息可视化，从而帮助各级领导做出维修决策。中心每年在对几十架飞机和数百个部件进行维修作业时都会产生大量的数据，包括预定的周转时间、维修器材申购状态及工程输入。维修分析师的主要工作是使用 Qlik Sense 数据分析平台进行数据分析，并将结果生成报告，对正在维修的飞机和部件及所有相关信息进行详细说明，同时分析可能导致维修延误的潜在因素。

东部机群战备中心使用大数据分析工具在帮助简化沟通流程、减少高度优先的积压订单、改善飞机维修周转时间及强化业务方面发挥了重要作用。中心的主要做法是使用数据分析软件开发出一种数据可视系统，所需数据来自于内部资源及合作伙伴和相关单位，包括国防后勤局、海军陆战队和海军航空中队，从几个数据库中提取信息，并将这些信息集成显示。研发团队不仅关注收集和整理数据，而且为维修人员提供了将数据可视化的方式，其优势在于：

1）生产维修数据可视化，有助于管理人员及时做出可靠的、以数据为基础的管理决策。

2）简化维修人员与装备、合作伙伴之间的沟通，以便节省时间，提高效率。例如，维修人员现在可以简单地一次性调出与维修任务相关的所有资源，而不是花 30min 调出各种报告或者向合作伙伴寻求帮助来获得他们所需要的信息。

3）帮助维修人员确定每天各项工作的优先顺序，以及与维修任务相关的任何潜在风险或问题，以便及时进行改进。

4）简化任务流程，节省劳动强度，并为领导和维修人员提供更加清晰且近乎实时的维修态势图。

参考文献

[1]　MA Z, REN Y, XIANG X, et al. Data-driven decision-making for equipment maintenance [J]. Automation in Construction, 2020, 112: 103103.

[2]　王金帼，王亚彬，王帅. 基于系统动力学的战时装备维修器材需求预测分析 [J]. 军事交通学报, 2022, 1 (9): 32-36.

[3]　FEI J, WANG Z, LIANG X, et al. Fractional sliding mode control for micro gyroscope based on multilayer recurrent fuzzy neural network [J]. IEEE transactions on fuzzy systems, 2021, 30 (6): 1712-1721.

[4]　GAO K, LIU B, YU X, et al. Deep relation network for hyperspectral image few-shot classification [J]. Remote Sensing, 2020, 12 (6): 923.

[5]　YANG H, ZHAN K, KADOCH M, et al. BLCS: Brain-like distributed control security in cyber physical systems [J]. IEEE Network, 2020, 34 (3): 8-15.

[6]　PATERIA S, SUBAGDJA B, TAN A, et al. Hierarchical reinforcement learning: A comprehensive survey [J]. ACM Computing Surveys (CSUR), 2021, 54 (5): 1-35.

[7]　DEHGHANI N L, JEDDI A B, SHAFIEEZADEH A. Intelligent hurricane resilience enhancement of power distribution systems via deep reinforcement learning [J]. Applied energy, 2021, 285: 116355.

[8]　冯利. 深度 Q 网络在炮兵连智能作战演练中的研究与应用 [D]. 太原：中北大学, 2021.

[9]　ALIBABAEI K, GASPAR P D, ASSUNÇÃO E, et al. Comparison of on-policy deep reinforcement learning A2C with off-policy DQN in irrigation optimization: A case study at a site in Portugal [J]. Computers, 2022, 11 (7): 104.

[10]　GUPTA V, CHOUDHARY K, TAVAZZA F, et al. Cross-property deep transfer learning

framework for enhanced predictive analytics on small materials data ［J］. Nature Commu-nications, 2021, 12 (1): 1-10.

［11］ ALZUBAIDI L, AL-AMIDIE M, AL-ASADI A, et al. Novel transfer learning approach for medical imaging with limited labeled data ［J］. Cancers, 2021, 13 (7): 1590.

［12］ LI W, HUANG R, LI J, et al. A perspective survey on deep transfer learning for fault diagnosis in industrial scenarios: Theories, applications and challenges ［J］. Mechanical Systems and Signal Processing, 2022, 167: 108487.

［13］ 张雪晴, 刘延伟, 刘金霞, 等. 面向边缘智能的联邦学习综述 ［J］. 计算机研究与发展, 2022: 1-27.

［14］ 康海燕, 冀源蕊. 基于本地化差分隐私的联邦学习方法研究 ［J］. 通信学报, 2022, 43 (10): 94-105.

［15］ NGUYEN D C, DING M, PATHIRANA P N, et al. Federated learning for internet of things: A comprehensive survey ［J］. IEEE Communications Surveys and Tutorials, 2021, 23 (3): 1622-1658.

［16］ 马维宁, 胡起伟, 曹文斌, 等. 考虑维修任务分配的装备选择性维修决策优化 ［J］. 系统工程与电子技术, 2022: 1-13.

［17］ 张友鹏, 苏中集, 石磊, 等. 基于嵌套粒子群结构的复杂系统维修决策优化方法 ［J］. 计算机集成制造系统, 2021: 1-17.

［18］ 马维宁, 胡起伟, 杨志远. 考虑退化相关的装备多部件系统维修决策优化模型 ［J］. 系统工程与电子技术, 2022, 44 (4): 1424-1432.

第 9 章 数智维修实践和应用展望

数智维修是装备维修保障未来的发展方向，将为装备的维修保障和作战任务提供重要的支撑，目前国内在各类项目中对数智维修的关键技术进行了初步探索和局部应用研究，并在多个行业和领域开展了有益探索。本章基于国内在装备数据采集、健康管理、维修保障信息融合、维修资源管控、数据驱动的维修过程执行及基于保障数据的决策支持等方面的实践，对数智维修的总体业务框架和典型应用场景进行探索和研究，通过对数智维修平台预期成效的分析，可以看出未来装备维修保障模式升级到数智维修后，必将通过数据驱动的智能化维修建立保障信息优势，进而提升战略决策优势、战役协同优势和战场行动优势。

9.1 数智维修基本能力构成

在数据智能时代，装备维修保障面临着诸多挑战，包括如何进行复杂装备数据的实时采集，装备状态的全面监测、准确评估，故障的快速诊断定位，故障及性能趋势可信预测，装备维修决策和备件保障决策的科学制定等，从而实现对航空、航天、船舶、兵器、电子等装备的全寿命周期保障，提高装备保障效能，以此为基础支撑装备保障决策的制定。为应对上述挑战，迫切需要引入数智维修的理念，以实现装备维修保障模式的转变。

现场故障诊断和快速恢复能力。借助传感器、自动测试设备等数据采集技术和手段，提供对武器装备和各类维修资源状态信息的全面感知能力，及时发现和恢复故障，提升装备的完好性水平。

基于作战效能的任务保障能力。基于装备健康数据科学判断装备的健康状态和作战性能，为任务的可靠和持续执行提供评估和决策支持。

远程协同和快速响应能力。通过远程状态监控，实时掌控装备状态，通过信息共享、即时通信、知识推送等手段，协调专家远程排故和指导，快速响应现场保障需求。

面向预测性维修的精确保障能力。利用数据驱动的故障诊断与预测技术，实现基于预测模型的装备故障和性能趋势预测，提供以预测性维修为主，以预防性维修和故障维修为辅的维修策略，提前预测保障需求，预置维修资源，实现精确保障，满足装备快速恢复、保障装备可用度的需求。

多层级的资源优化协调能力。全面利用物联网等新一代信息技术，构建网络化的资源保障体系，实时"感知"资源供应保障网络各节点的资源状态和需求，提供跨战区跨旅团多层级的资源优化协调能力，满足维修资源需求的快速响应和应急处置需求。

信息资源战略管理能力。借助大数据手段，实现装备全寿命周期、全业务流程、全体系要素信息的融合，将信息资源作为战略资源进行统一管理，支撑装备全寿命周期信息汇聚、追溯和分析能力。

全资可视化与保障决策能力。结合大数据分析、人工智能等相关技术，面向战略层、战役层、战术层决策支持需求，融合各层级、各角色的装备保障业务场景，提供装备保障全局态势和保障决策支持能力。

通过上述分析可以看出，数智维修是应用物联网、大数据、人工智能等新技术，通过采集和监控各级保障体系的装备、任务、资源、组织及保障活动等数据，基于状态感知、故障诊断、性能评估、趋势预测、态势分析和辅助决策等使能分析技术，实现装备维修模式从事后被动型维修向主动预测型维修转变，保障力量从前沿存在型向战场预置型转变，保障响应从数量规模型向速度效益型转变，维修资源从被动补给型向主动配送型转变，最终实现装备维修能力的跃升。

9.2 数智维修平台业务框架设计

国内的一些重点预研项目，以及国家级基金等课题中对装备的数据采集、健康管理、维修保障信息融合、维修资源管控、数据驱动的维修过程执行及基于维修决策支持等系统和平台建设方面都进行了探索和建设，在军地多个行业和领域都开展了具体的实践应用，结合应用情况和数智维修的业务特点，对数智维修平台框架进行总体设计。

聚焦装备状态监控、维修保障、资源优化、故障分析、故障预测等核心能力，按照"以信息化牵引打通壁垒，以信息链打通保障链，以信息流改进保障流程"的原则，通过数智维修平台建设，实现装备保障业务的数字化、规范化、流程化，以及装备保障决策的智能化。

数智维修平台主要组成如图 9-1 所示，图中 PHM 是指故障预测与健康管理系统。

PHM 快速开发平台。提供通用的装备故障预测与健康管理系统快速开发能力，支持装备结构、故障预测与健康管理业务场景、健康模型及故障预测与健康管理界面的低代码配置能力，可快速开发出不同类型装备的故障预测与健康管理系统。

现场级 PHM 系统。与装备同步交付的故障预测与健康管理系统，提供装备状态感知与评估、故障诊断与预测能力，支持装备数据分布式采集、现场级的装备故障预测与健康管理。

装备大数据中心。融合装备全周期、全流程、全体系要素数据，提供装备保障大数据管理能力，实现对所有装备故障预测与健康管理数据和保障数据的汇集和集中管理，为装备的数智维修业务提供支撑。

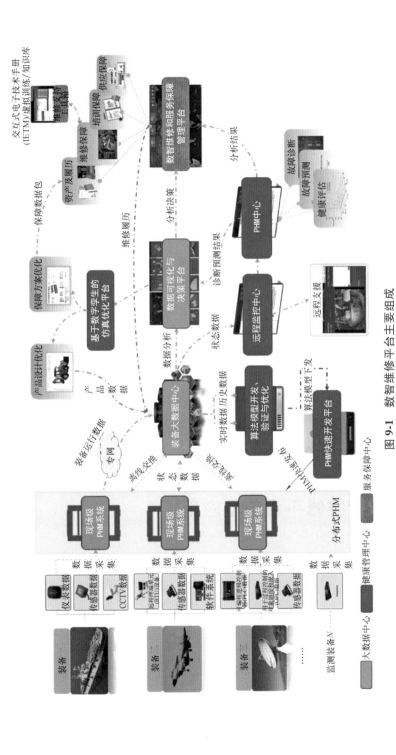

图 9-1　数智维修平台主要组成

远程监控和 PHM 中心。远程监控装备状态，提供专家协同支援，并基于装备保障大数据中心汇集的各装备的故障预测与健康管理数据和服务保障数据，实现对所有装备的健康状态集中监控，并可基于装备保障业务大数据，实现故障预测与健康管理算法优化、装备状态监控与评估、故障对比分析与预测、装备性能退化分析与预测，为装备的保障决策提供支持。

数智维修和服务保障管理平台。以装备的健康状态和预测结果为输入，开展数智维修和服务保障任务策划、维修资源调配、保障任务执行结果记录、装备履历管理等，实现流程驱动的维修保障。

维修支持工具箱。通过交互式电子手册（IETM）、AR/VR 培训、专家知识库等工具、手段，提升维修保障效率。

数据可视化与决策平台。基于装备保障大数据，面向各层级领导，对装备态势、实力态势、任务态势、资源态势等信息进行实时监控，为装备的维修决策和作战指挥决策提供支持。

基于数字孪生的仿真优化平台。基于装备的运行和故障情况，结合数字孪生技术，对装备的性能指标和维修方案进行仿真评估，实现装备设计的优化和维修方案的优化。

9.3　数智维修平台典型应用

9.3.1　应用一：装备状态感知与评估

如图 9-2 所示，以某装备状态感知与评估业务流程为例，装备状态感知与评估主要通过装备的机内测试（BIT）、传感器和仪器仪表等外部设备进行数据的采集，并对采集到的数据进行解析与处理，实现对装备状态的感知，在此基础上基于监控和评估模型实现装备的状态监控和健康状态评估。

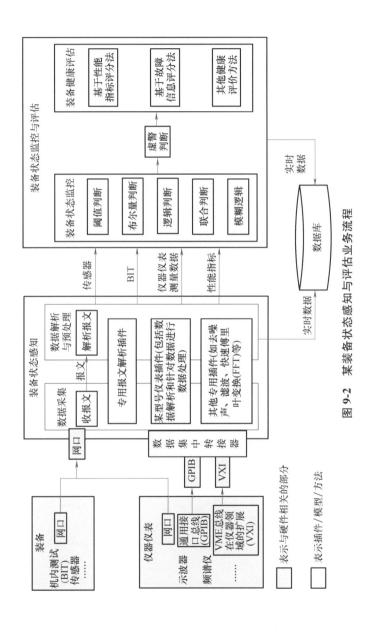

图 9-2 某装备状态感知与评估业务流程

（1）装备状态感知

针对装备及需要获取的参数的特点，通过多种方式进行数据采集，如通过内置传感器、外部装传感器、机内测试、自动测试设备等方式实现装备状态数据，包括系统、分系统、设备、组件、模块等层级，机械类（振动、噪声、转速等参数）、电子类（温度、电压、电流等参数）、液压类（压力、流量、油液等参数）等类型的状态数据采集，通过网络接口、GPIB、通用串行总线（USB）等接口实现数据的传输，然后对数据进行预处理和特征提取，从而实现对装备状态的感知。为后续的装备状态评估、故障诊断和预测、性能趋势预测提供输入。

（2）装备状态监控

对装备系统中各分系统和部件进行健康指标数据在线实时监测和健康状态的实时评估，通过组态图、功能图和列表参数，以不同颜色标识进行区分，直观地展示分系统或部件的健康状态。

某装备健康状态监测所用的主要模型和监控参数类型如图9-3所示。

分系统/组件类型	状态监测与故障诊断算法及模型					
	阈值比对	逻辑判断	周期比较法	快速傅里叶变换(FFT)	故障字典	依赖模型
系统A	√				√	√
系统B	√				√	√
设备A	√				√	√
设备B	√				√	
组件	√				√	√
性能指标类型						
温度	√	√				
湿度	√	√				
振动	√			√		
电压	√		√	√		
电流	√		√	√		
气流	√					
压力	√			√		
信号强度	√	√		√		
输出功率	√	√		√		

图9-3　某装备健康状态监测主要模型及监控参数类型

（3）装备健康状态评估

通过装备健康状态评估功能支持的定性方式直观展示指定场景下装

备、系统/分系统的健康度，并可定量显示系统/分系统的健康值。

在故障预测与健康管理平台中基于当前的实时监控数据，通过调用特定的健康状态评估算法，对系统、分系统和部件进行评价，并将健康状态评估结果进行展示。各系统/组件状态监测所用的典型模型包括层次分析评分法、健康状态转移模型、神经网络、灰色关联法、模型评判法等，图 9-4 所示为某装备健康状态评估模型示例。

分系统/组件类型	健康状态评估模型		
	层次分析评分法	健康状态转移模型	人工神经网络
系统A	√		
系统B	√		
设备A	√	√	√
设备B	√	√	
组件	√		

图 9-4 某装备健康状态评估模型示例

在图 9-4 的各系统/组件状态评估结果的基础上对装备整体进行评估，确定装备整体的健康状态，某装备健康状态等级评估示例如图 9-5 所示。

功能	关键性能参数稳定	关键性能在设计范围内，非关键性能不超过设计范围10%	关键性能不超过设计范围10%	关键性能超过设计范围10%。
可实现所有设计的功能	I	II	III	IV
丧失部分功能，但能实现作战要求的基本功能	II	III	III	IV
丧失作战要求的基本功能	V	V	V	V

图 9-5 某装备健康状态等级评估示例

以某装备为例，通过上述评估模型对分系统、设备、组件评估完成后，再对装备健康状态等级进行评估，得出装备健康状态等级为 III 级，处于可用状态，但存在部分功能丧失或关键性能下降的情况，建议进行重点关注或检测。

9.3.2　应用二：装备故障诊断与预测

（1）故障诊断

支持在故障预测与健康管理系统中通过加载故障诊断模型、隔离策略，或者通过交互式电子技术手册接口，调用交互式电子技术手册的故障隔离程序数据模块（Data Model，DM），用户可以对装备的故障进行自动隔离或人工隔离。如在某项目中选用基于故障字典的故障隔离和基于失效率的推理模型对某装备进行故障诊断，如图9-6和图9-7所示。

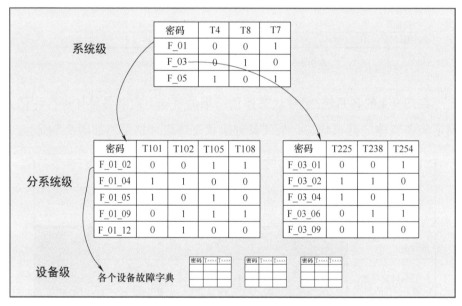

图9-6　基于故障字典的故障隔离

故障预测与健康管理系统中支持对故障诊断的结果进行人工处理，当故障隔离结果产生时，可根据现场实际诊断结果（比如现场仪器检测或在系统中查看故障相关组件的参数状态综合判断），选择是否推送该条诊断结果形成数智维修需求，若确定为虚警，则无须生成保障需求。

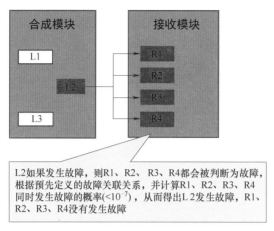

图 9-7　基于失效率的推理模型

（2）故障和性能趋势预测

基于装备的历史监控数据和实时监控数据，通过调用特定的性能预测算法，自动对历史数据进行分析，并对未来趋势进行预测，并可用曲线图的方式更加直观地进行展示。

以下以某装备的故障预测与健康管理系统中功能为例，对故障和性能趋势预测进行介绍。该装备的故障预测与健康管理系统预测类型包括基于状态的预测和基于可靠性的预测。基于状态的预测算法有拟合趋势外推预测、时间序列分析法、状态基线；基于可靠性的预测模型包括统计使用寿命、自回归滑动平均模型（Autoregresssive Moving Average Model，ARMA）失效率预测、基于故障机理模型等。某装备各系统、设备及组件适用的预测算法和模型如图 9-8 所示。

性能预测功能可展示装备在当前场景下，系统/分系统的性能指标预测结果，且可直观展示该装备的系统/分系统的性能指标和性能指标预测结果。某装备关键指标性能趋势预测曲线如图 9-9 所示。

故障预测功能可展示装备在指定场景下，系统未来可能发生的故障及时间。如上图中横坐标为时间，纵坐标为装备某参数的值，通过对某参数的值的历史数据监控，采用拟合趋势外推预测模型，给出某个置信

分系统/组件类型	基于状态的预测算法			基于可靠性的预测模型		
	拟合趋势外推预测	时间序列分析法	状态基线	统计使用寿命	ARMA模型失效率预测	基于故障机理模型
设备A	✓				✓	✓
设备B	✓	✓			✓	✓
设备A		✓		✓		✓
设备B			✓	✓	✓	✓
组件					✓	✓

图 9-8　某装备各系统预测模型

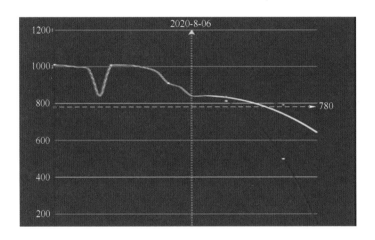

图 9-9　某装备关键指标性能趋势预测曲线

度下的性能参数变化曲线和预计的可持续工作时间。

（3）维修建议

根据状态监测、故障检测隔离、健康状态评估、预测等数据给出维修建议，并结合预防性维修计划和寿命件定义形成综合维修方案。

9.3.3　应用三：维修保障信息融合

通过装备大数据中心，实现对所有装备健康数据和服务保障数据的汇集和集中管理，在此基础上以装备保障信息融合的关键技术和数据模型为基础，面向单装、作战部队、基地/军兵种、战区，贯穿作战部队、保障机构、维修基地、工业部门等机构，实现以人、机、料、法、环为核心的后装保障信息在多方协同保障下的共享融合，将分散的保障要素转换为形成合力的保障能力，为基于保障大数据的资源优化、效能评估和保障决策提供支持。

图 9-10 所示为某装备保障数据示例，将装备研制和使用保障的全寿命周期保障信息进行汇集并分类。

面对上述来源分散、格式复杂、类型众多的数据，参照欧洲航空航天与国防工业协会 S5000F 标准制订维修保障数据模型，建立基于装备结构树的数据关联模型，实现设备—系统—装备—部队的数据纵向关联，建立基于装备类型、装备型号等相关属性的关联模型，实现同类、同型装备数据横向关联，覆盖装备使用阶段所需收集的信息，融合后的某装备保障数据模型如图 9-11 所示。

通过维修保障信息的融合，实现了以装备技术状态为载体，以装备作战和维修保障任务为主线的服务保障信息的融合和贯通，为装备服务保障业务提供了有效的支撑。

9.3.4　应用四：维修决策与优化

（1）基于装备状态的任务保障

在装备执行重大任务前，为装备进行维修保障任务规划，确定需要执行的保障任务及任务执行中预计要执行的时寿件更换和维修工作。对维修保障任务具体描述如下：

1）对要执行任务的装备，策划保障任务，汇总执行任务前保障任务所需维修资源，快速进行资源准备。

2）根据执行任务装备状态和任务周期预测，制定任务执行中的时寿件更换计划及维修计划，汇总任务中保障任务所需维修资源，提前进行资源调配，保障任务顺利执行。

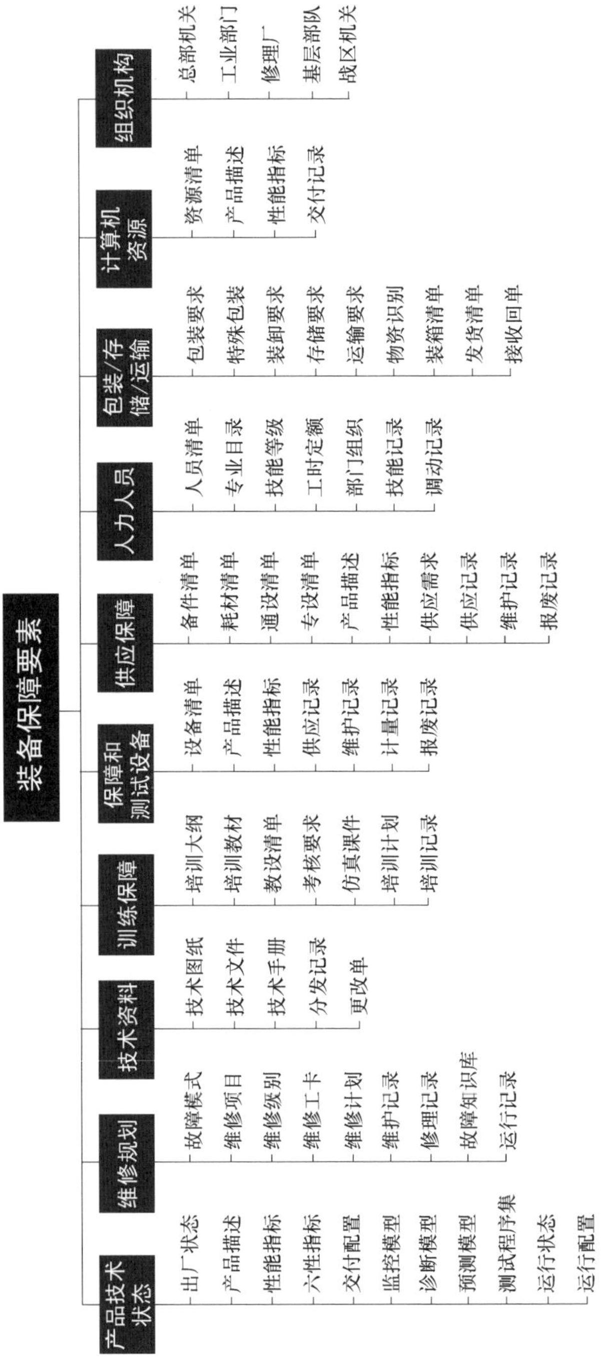

图 9-10　某装备全寿命周期保障信息分类

装备保障要素

产品技术状态
- 出厂状态
- 产品描述
- 性能指标
- 六性指标
- 交付配置
- 监控模型
- 诊断模型
- 预测模型
- 测试程序集
- 运行状态
- 运行配置

维修规划
- 故障模式
- 维修项目
- 维修级别
- 维修工卡
- 维修计划
- 维护记录
- 修理记录
- 故障知识库
- 运行记录

技术资料
- 技术图纸
- 技术文件
- 技术手册
- 分发记录
- 更改单

训练保障
- 培训大纲
- 培训教材
- 教设清单
- 考核要求
- 仿真课件
- 培训计划
- 培训记录

保障和测试设备
- 设备清单
- 产品描述
- 性能指标
- 供应记录
- 维护记录
- 计量记录
- 报废记录

供应保障
- 备件清单
- 耗材清单
- 通设清单
- 专设清单
- 产品描述
- 性能指标
- 供应需求
- 供应记录
- 维护记录
- 报废记录

人力人员
- 人员清单
- 专业目录
- 技能等级
- 工时定额
- 部门组织
- 技能记录
- 调动记录

包装/存储运输
- 包装清单
- 特殊包装
- 装卸要求
- 存储要求
- 运输要求
- 物资识别
- 装箱清单
- 发货清单
- 接收回单

计算机资源
- 资源清单
- 产品描述
- 性能指标
- 交付记录

组织机构
- 总部机关
- 工业部门
- 修理厂
- 基层部队
- 战区机关

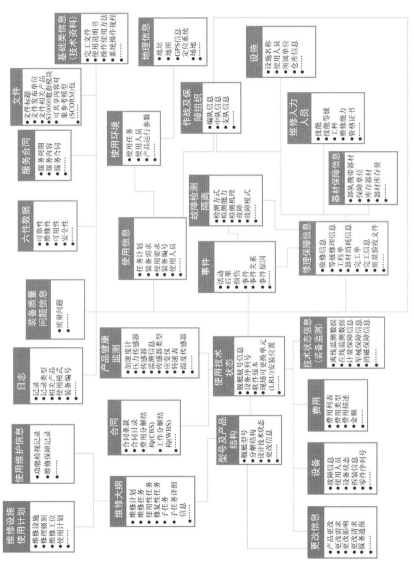

图 9-11　融合后的某装备保障数据模型

基于装备状态的任务保障流程如图 9-12 所示。

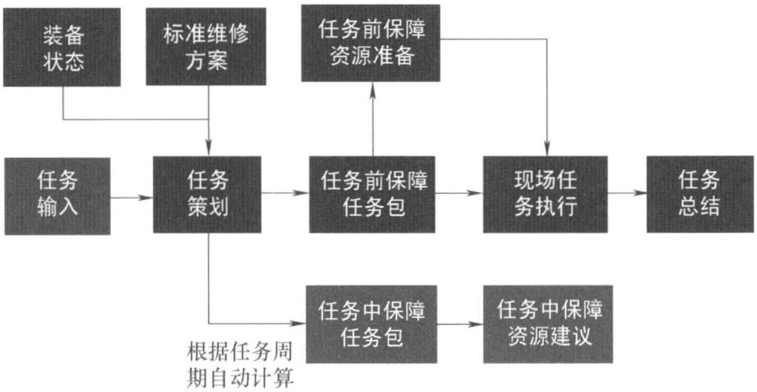

图 9-12　基于装备状态的任务保障流程

（2）流程驱动的一体化服务保障管理

对各类保障任务实现全过程、全要素的统一流程化任务管理，从服务请求、任务上报、任务规划、任务派工、任务监控、出差报告、遗留问题记录的电子化处理流程和规范化的数据记录，以及故障件返修管理和质量闭环管理，建立端到端的任务系统和闭环管理，强化数据采集，重大任务提前预警，并及时协调。流程驱动的服务保障流程示意如图 9-13 所示。

（3）全资可视化与决策支持

为各层级领导全局掌控装备、任务、资源态势和精细化穿透跟踪问题，提供可视化驾驶舱，实现装备分布及完好性态势可视化、任务分布可视化、资源分布可视化，并提供装备、任务、资源、故障等维度的可视化报表，支持对关注数据的逐层穿透和追溯，从而实现对各层级决策的支持。

以下通过某装备保障全资可视化平台案例介绍通过装备保障全资可视化实现对装备决策的支持。

基于地理信息系统的装备态势可视化。通过将装备分布与状态、装备关联查询、装备健康度查询、装备实时告警、保障活动分布及状态、

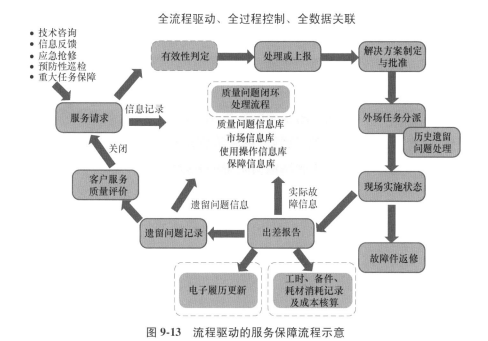

图 9-13　流程驱动的服务保障流程示意

维修资源分布及状态、保障组织分布及状态集成展示在地理信息系统图上，可以直观地查看装备、保障活动、维修资源的地理空间分布，方便管理中心管理员、维护人员、上级快速定位装备、保障活动、维修资源，以获取其状态信息，尤其在战时可以实时获取装备的实力和战力，支持基于装备状态的灵活调配，有效保证装备战斗力的发挥，为战斗最终胜利提供决策依据。

保障任务态势可视化。通过地理信息系统图可按任务类型、任务状态、任务分布、任务完成情况等指标实现装备维护任务从战区再到基层部队的纵向穿透，以及装备维护任务的在进行中、完成、遗留的可视化分布，可对任务状态实时监控，并可按照装备预期的使用需求对任务的优先级进行调整。

维修资源态势可视化。通过地理信息系统图实现器材可视化、设备工具可视化、人员可视化，可实时监控和跟踪资源的状态、分布情况，为资源的科学合理调配提供支持。基于地理信息系统图可按类型、装备、厂家、完好性等指标进行器材可视化，可实现器材从战区再到基层部队的纵向穿透与在途、在用、在库的可视化分布。基于地理信息系统图进行机构可视化，可按区域、类型等查看保障/维修机构的分布及能力信息。

装备 KPI。提供基于装备数量统计和质量问题两个维度的统计；其中装备数量统计维度从使用单位、装备类型、各年度交付的装备数量、在保质期内的装备数量这四个方面做了详细统计和展示；质量问题维度又从装备完好率、质量问题数量、使用单位、使用单位排名这四个方面进行详细统计和展示，可为装备的采购决策和改进优化提供支撑。

任务 KPI。提供基于任务数量统计、任务人员消耗和器材消耗三个维度的统计；其中任务数量统计维度从使用单位、任务类型、任务领域、任务时间这四个方面做了详细统计和展示；任务人员消耗维度从总人天消耗、人员任务类型、人员任务领域、任务时间这四个方面做了详细统计和展示；器材消耗维度从器材消耗数量、任务器材类型、器材任务领域、器材月度统计这四个方面进行了详细统计和展示，可为资源的配置决策提供支撑。

9.3.5 应用五：多层级维修资源精准调控

通过对器材、工具、设备、设施、耗材等维修资源的可视化管控，可以有效地实现站点、基地、承制方等不同单位、不同器材仓库间的快速调拨和供应，并可对资源的消耗情况进行分析，辅助制定科学的资源需求计划。

下面以某维修资源管控项目为例，介绍多层级维修资源可视化管控业务，如图 9-14 所示。

1）各资源仓库（包括工业部门仓库、部队各级仓库）通过网络将仓库信息、物资信息、库存信息等上传到保障资源中心，也称维修资源大数据中心。

2）基于维修资源大数据中心的维修资源数据，对各级仓库的维修资源动态信息进行可视化监控，及时了解各仓库的资源和库存动态。

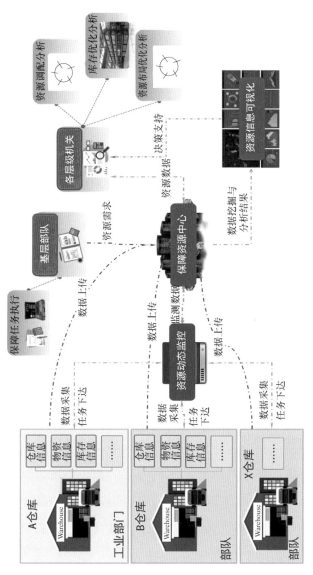

图 9-14　多层级维修资源可视化管控业务

3）各基层部队基于装备故障维修需求、装备预防性维修需求、预测性维修需求，确定所需的维修资源，提出维修资源需求。

4）各层级机关基于基层部队提出的维修资源需求，结合资源的库存情况，采用资源决策分析模型，进行库存优化分析、资源布局优化分析、资源调配分析，生成库存优化方案、资源布局优化方案、资源调配方案，辅助决策的制定。

9.3.6 应用六：孪生数据驱动的设计改进与优化

聚焦设计持续改进需求，对维修保障数据可进行数字化映射、控制、分析优化和全面追溯，提供单机档案追溯、设计仿真优化、可靠性优化、故障模式优化、初始器材优化等服务。

单机档案追溯。针对单机装备的任何系统/部件，通过定位三维位置，以对象为主线，展示其全寿命周期档案和电子履历。

设计仿真优化。将单装实际运行参数或多装综合分析结果反馈到设计数字样机，用于各层级的仿真分析，为设计改进提供数据依据。

可靠性优化。以装备实际故障履历数据为输入，提供与设计预计故障率或平均故障时间等可靠性指标的对比分析，展示可靠性优化的重点设备/部件。

故障模式优化。以基于装备实际故障汇总分析确定的故障模式为输入，提供与可靠性、保障性故障模式的对比分析，形成已发生的预计故障模式、未发生的预计故障模式、实际发生但未预计的故障模式分析报告，方便对高频常见故障模式和预计的故障模式进行重点分析，以改进设计和维修方案。

初始器材优化。以装备实际器材消耗数据为输入，提供每年每台套消耗数量与初始器材规划配比数量的对比分析，方便按装备规模和初始保障期对初始器材规划进行优化。

9.4 数智维修应用展望

通过数智维修平台的建设，将数据智能融入各级装备保障业务，实现数据增值增效、信息实时共享和信息驱动下的业务流程优化，优化装备维修保障决策，支撑任务的快速响应。

（1）态势感知可视化

采取智能感知、动态识别、故障诊断与自主组网技术，使每个保障要素成为智能感知节点，基于任务自适应感知保障态势，构建透明可见的装备保障环境。在物联网支持下，将隶属于不同部门、分布在不同空间的装备、系统、平台、资源等要素有机整合，全面掌握武器装备的运行状态、使用程度，以及自身保障力量和物资器材的储备、位置、实力、状态等信息，形成基于一张图的装备保障态势。通过大数据处理技术，共享共融保障动态，从而达到对作战全过程装备保障的透彻感知、透明掌控，支撑任务的快速响应。

（2）需求认知适时化

通过构建装备保障算法模型，智能预测保障态势发展，辅助指挥员制定决策。各类传感器、信息终端将作战人员、装备、供应等信息数据交互分享至装备保障中心，利用智能数据处理技术，对装备保障信息进行深度挖掘，准确预测装备保障需求，及时将海量保障数据转化成保障情报，甄别信息、辅助决策，统一调度和使用装备维修资源，适时、适地、适量进行保障，缩短甚至消除需求与响应的时间差。通过智能研判保障态势，适时掌控"要什么—有什么—谁负责—在哪里—怎么给"，大大提高装备保障效率。

（3）决策指令自主化

综合利用特征识别、虚拟现实、深度学习等技术，分析识别保障力量在战场中的行动特征，为自主决策提供支持。通过物联网实现战场环境、保障态势、保障需求和各类维修资源信息互联、智能交互、预测预判，由系统综合考量功能需求、紧迫程度、位置关系、安全威胁等因素，自动计算生成保障方案，自动匹配相关资源，智能分配保障任务，自适应协调保障行动。同时还可根据战场变化情况，自动比对保障计划，随时告警异常，并在预定的计划方案中匹配合适的解决方案，实现保障决策处置的自主智能。

（4）保障行动精确化

借助物联网技术，精确化装备保障从概念转变为现实，可以精确运用保障力量，精准释放保障效能，精细调控保障行动。综合运用故障自动诊断、远程技术支援等先进手段，快速诊断故障，修复装备，实现灵活、精确、高效的装备保障。在实施保障行动的同时，自主完成多手段保障效果评估信息的采集汇聚、分级分类，进行基于大数据的分析比对，精准获得即时保障行动效果。

通过数智维修体系建设，在战略上，可实现对作战环境保障态势的共同理解和综合决策，使部队结合在一起并拥有信息优势和决策优势，提升面向信息化智能化体系作战下整个联合部队的安全性和同步性。在战役上，通过将各装备/平台故障预测与健康管理状况转达给指挥官和参谋机构来进行跨域跨兵种的资源规划、力量部署和动态调度协同，并预测未来持续保障需求，开展感知式精确快速保障，提升多兵种联合作战下的机动性和协同性。在战术上，通过实时的装备状态报告和趋势分析，及时配备资源和安排维修活动，保持装备时刻完好或及时恢复装备状态，提升装备效能发挥的可靠性和持续性。